全尾砂胶结充填体力学行为与调控

Mechanical Behavior and Control of Cemented Tailings Backfill

徐文彬 著

科 学 出 版 社

北 京

内 容 简 介

充填体的服役性能是确保充填采场稳定性的关键，针对不同服役环境下的充填采矿需要，本书主要借助室内试验、理论分析、数值模拟等系统分析充填体的力学性能、微观结构特征以及强度设计方法研究新进展。主要内容包括充填体三轴力学行为、充填体失稳破坏前兆多参数表征方法、缺陷充填体力学行为、层状充填体的力学行为、嗣后采场充填体的力学行为及其强度设计方法，以及充填体改性方法等。

本书可供从事采矿工程、岩土工程、环境工程等方面的工程技术人员参考和使用，也可作为高等院校相关专业的高年级本科生和研究生的教学用书。

图书在版编目(CIP)数据

全尾砂胶结充填体力学行为与调控=Mechanical Behavior and Control of Cemented Tailings Backfill / 徐文彬著. —北京：科学出版社，2021.4

ISBN 978-7-03-067923-9

Ⅰ. ①全… Ⅱ. ①徐… Ⅲ. ①矿山-胶结充填法-研究 Ⅳ. ①TD853.34

中国版本图书馆CIP数据核字(2021)第017430号

责任编辑：李 雪 乔丽维 / 责任校对：王萌萌
责任印制：吴兆东 / 封面设计：无极书装

科学出版社出版
北京东黄城根北街 16 号
邮政编码: 100717
http://www.sciencep.com

北京中石油彩色印刷有限责任公司 印刷
科学出版社发行 各地新华书店经销
*
2021 年 4 月第 一 版 开本：720 × 1000 1/16
2021 年 4 月第一次印刷 印张：13 1/4
字数：277 000

定价：128.00 元

(如有印装质量问题，我社负责调换)

序

分析和设计井下采场充填体性能与强度一直是充填采矿必须解决的重要科学与工程问题。选择既经济又稳定的充填体是充填采矿研究的核心任务。金属矿床地下开采，特别是有色金属和黄金矿床开采，皆是以充填法开采为主，中国、加拿大、澳大利亚、南非等国家和地区都很重视充填采矿问题，尤其是加拿大，在20世纪50～70年代开展了大量的充填采矿法研究工作，取得了一些重要的学术成果。我国的充填法采矿研究在80～90年代十分活跃，如大直径深孔充填法采矿在凡口铅锌矿试验成功(1982年)、全尾砂高浓度充填法在金川镍矿应用(1994年)等有力地促进了充填法采矿研究与发展。近年来，由于环境保护要求日趋严格，加之浅地表资源开采殆尽，矿床开采逐渐加深，深部环境影响充填体稳定性日益凸显。《全尾砂胶结充填体力学行为与调控》一书从充填体的失稳破坏特征、强度设计方法以及充填体改性等方面介绍了充填体力学研究的基础理论、方法和进展，相信研究成果对从事充填法采矿相关专业的学者及管理人员有参考作用。

徐文彬博士多年来一直从事充填法采矿的研究工作，在充填体力学理论分析、充填体强度设计、尾砂固结处置等方面都有深入研究，取得了优秀的学术成果，在此祝贺作者出版此书，相信此书会对充填法采矿研究有积极推动作用。

王运敏

2020年12月

前　言

胶结充填体主要由尾砂、水、胶结剂以及少量添加剂等材料水化固结作用形成，是一种人工复合多相介质体，其最主要的特点是时效性和离散性，这使得充填体的变形和强度等力学性质不同于混凝土和岩土体等介质。目前，充填采矿工程领域的研究主要是从充填材料配比和浓度角度探求强度演化规律与固结机理，其实，充填至采场充填体的服役性能和强度匹配需要根据采场实际条件去解释与确定，这才是充填法采矿工程研究的关键切入点，从微观和细观角度进行机制分析也是未来充填体力学研究的发展趋势。全尾砂胶结充填采矿法是目前金属矿山应用较为普遍的一种矿床开采方式，在实际工程中，矿床开采产生的应力扰动、爆破冲击波、充填效果不佳等因素均可导致充填体内部产生大量的裂隙、缺陷，易降低充填体强度，进而引起充填体整体失稳及矿石贫化。此外，随着矿床开采深度的逐渐加深，高温、高渗透压也成为影响充填体力学性质的重要因素，多种因素共同作用影响着充填体的服役性能。由于充填体本身的复杂性，对不同条件下充填体力学性质的研究只是刚刚起步，与相对成熟的岩土体力学及相应的研究手段相比，充填体力学性质的研究还有许多工作需要开展。将室内试验、理论分析、数值模拟和现场监测有机结合是进行充填体力学性质研究的一种有效途径，研究成果不仅可以明确现场充填体的稳定状态，还可有依据地去调整灰砂配比，以降低充填成本。

根据矿床的开采赋存条件，充填采矿方法可分为上向水平分层充填采矿法、下向水平分层充填采矿法和房柱式嗣后充填采矿法。上向水平分层充填采矿法的特点是人员和机械设备在充填体上活动作业，因此需要充分重视胶结充填体的早期强度、崩落矿石和循环轮载对充填体劣化等基础研究。下向水平分层充填采矿法是人员和机械设备在充填体下活动作业，充填体的抗拉强度和断裂强度是维护该类采场安全的关键因素，尤其是深部全尾砂充填采场。对该类充填体应充分重视温度、水以及尾砂级配对充填体断裂性质的影响，并从开采设计、开采顺序、采场尺寸以及布筋参数上解决下向充填采场的稳定性问题。房柱式嗣后充填采矿法的特点是将矿块划分为矿房和矿柱，先采充矿房，后采充矿柱，矿房里的充填体要维护自身和支撑后续采场围岩的稳定，因此需要充分重视充填体的尺寸、顶部载荷以及侧向限制等条件分析与解决充填体的稳定性和强度设计问题。本书基本包括了上述三种充填采矿类型。

全尾砂连续浓密技术与装备、料浆输送理论与技术、充填胶凝材料研发以及充填体力学是充填采矿法的四个重要研究方向。随着采用充填法开采的矿山逐渐增多以及深部采场环境日益复杂，采场充填体问题更加突出。前人们曾开展了一些尾砂浓密、输送技术与装备等相关方面的研究工作，也出版了一些充填采矿方面的学术著作，相对而言，专门的充填体力学方面的著作较少。本书是作者多年来在充填体力学领域的最新研究成果，也反映了充填采矿研究的发展趋势。作者及其所领导的课题组从 2010 年开始对全尾砂胶结充填体的力学行为进行研究，以室内试验为基础，对不同服役条件下充填体的力学行为进行了系统研究，并在充填体失稳破坏前兆多参数表征方法、缺陷充填体力学行为、层状充填体力学行为、嗣后采场充填体力学行为及其强度设计方法，以及充填体改性方法等方面提出了自己的见解。作者主持和参与了多项国家自然科学基金项目和其他科研项目，已在国内外发表相关论文 40 余篇。希望本书的出版能起到抛砖引玉的作用，为充填体力学问题的研究打下基础。

本书的部分研究成果得到了国家重点研发计划项目(2018YFC0808403、2018YFE0123000)和国家自然科学基金项目(51504256)的资助，在此表示衷心感谢。同时感谢左小华、刘斌、陈伟、洪明、杨加亨、李乾龙等在本书编排、整理和校阅过程中所付出的辛勤劳动。

由于作者水平有限，书中不足之处，敬请读者批评指正。

徐文彬

2020 年 6 月

目　　录

第 1 章　全尾砂胶结充填体的三轴力学行为

胶结充填采矿技术是释放我国“三下”资源，盘活矿山资源量，保护生态环境的有效途径之一。由水、骨料(尾砂、矸石等)以及胶凝材料按照一定比例配制成一定浓度的浆体，经由管道输送至地下采空区，置于采空区的胶结充填料浆，通过水化反应逐步凝结，最后固结硬化，形成具有一定强度的充填体，从而达到防止上覆岩层变形和保障邻近采场人员、设备安全的目的[1]。因此，加强胶结充填体力学特性及破坏过程中相关特征参数监测与分析不仅有利于深入认识充填体损伤破坏机理，保障矿山安全生产，还可为充填体赋存状态的预测、预报方法奠定基础。胶结充填体作为一种复合人工多孔介质，其结构形式类似于岩土材料，在外界荷载的作用下，充填体内部微观结构变化势必会引起其电阻率和热效应(温度)的改变[2]。因此，通过测量充填体应力变化时的电热效应来描述其内部结构损伤程度和掌握充填体破裂前兆信息，不仅可以明确现场充填体的稳定状态，还可有根据地去调整灰砂配比，以显著地降低充填成本。

1.1　胶结充填体单轴压缩破坏前兆多参数表征

1.1.1　试验材料来源及准备

试验原材料选取武汉钢铁集团矿业有限责任公司下属一铁矿山选厂大井底流的全尾砂，该全尾砂矿物的组成成分主要有石英、方解石、绿泥石和透辉石，还有其他少量的石膏、绢云母和黄铁矿，主要化学成分别为 SiO_2、Al_2O_3、CaO、FeO 和 MgO。粒径组成中 25μm 以下颗粒占 56.7%，细颗粒成分较多；中值粒径为 24μm，平均粒径为 45.13μm，比表面积达 $6400cm^2/cm^3$，属于超细粒级尾砂。胶结材料选取矿山使用的标号为 32.5 号水泥。

将上述全尾砂材料按照灰砂配比为 1∶6、1∶8，质量浓度(以下简称浓度)为 65%、68%、70%的组合配制试验试样，试样模型规格为直径 50mm、高度 100mm 的标准圆柱体。每次按要求配制完试样后皆将其放入养护箱内进行养护，养护条件为：温度(20±1)℃、相对湿度 90%以上[3]，养护时间分别为 14d、28d。

1.1.2　试验系统及方法

本次自主设计的试验系统主要由加载控制系统、应变采集系统、电阻采集系统以及红外成像系统四个同步试验系统共同组成。加载控制系统采用最大荷载

60kN 的电子万能材料试验机控制，试验机精度为示值的±0.5%，试验过程中压力加载和数据监控均由试验机控制系统自动完成。应变采集系统采用多通道静态应变仪(型号为 DRA-30A)与分析系统，每通道皆配有 112 字节的数据存储器，且都装有 A/D 转换器，用于同步测量并保存通道的数值，应变测量方式采用 1/4 桥连接。电阻采集系统采用美国 AGI 公司的高密度电阻率成像系统采集，依据 Winner 法测试原理，在试样 2 个端部建立 A、B 极，在靠近试样上、下端部 1/4 处分别建立 M、N 极，如图 1.1(a)所示，由稳定电源 E 向外侧 A 和 B 电极供电，在介质中建立电场，可在电极 M、N 测得其电位差，从而可由供电电流和 M、N 两电极间电位差计算出介质电阻率。加载期间试样电阻率发生变化，可根据供电电流和 M、N 两电极间电位差计算出变化了的电阻率值。试验时，启动电阻采集系统，开始记录电阻率值并可自动保存至指定文件夹。红外成像系统采用 IR913A 型平面红外热像仪，光谱范围为 8～14μm，温度测试范围为–10～350℃，分辨率为 0.06℃，测量温度精度为±(1±1%)℃($X\leqslant 110$℃)和±(2±2%)℃(110℃$<X\leqslant$350℃)，图像分辨率为 320 像素×240 像素，最高图像采集速度可达 60 幅/s，可连续实时采集并储存红外数据。

试验系统装置图如图 1.1 所示。压缩加载采用应变速率控制，始终保持在 0.1mm/min，压力机通过上压力盘对充填体施加轴向压力。针式电极与电线连接，通过电线与电阻采集主机对应的四个电极相连，以备实时收集电阻率信息；红外热像仪装置放置在距充填体试样 1～1.5m 的位置，以观测并收集试样在加载破坏过程中的红外辐射信息。因此，在对充填体进行加载的过程中，电流沿充填体轴向传导，此时，充填体内部微观结构对电流传导敏感度产生影响。试验开始对充填体施加荷载，同时也采集充填体的应变、电阻率以及温度信息数据。

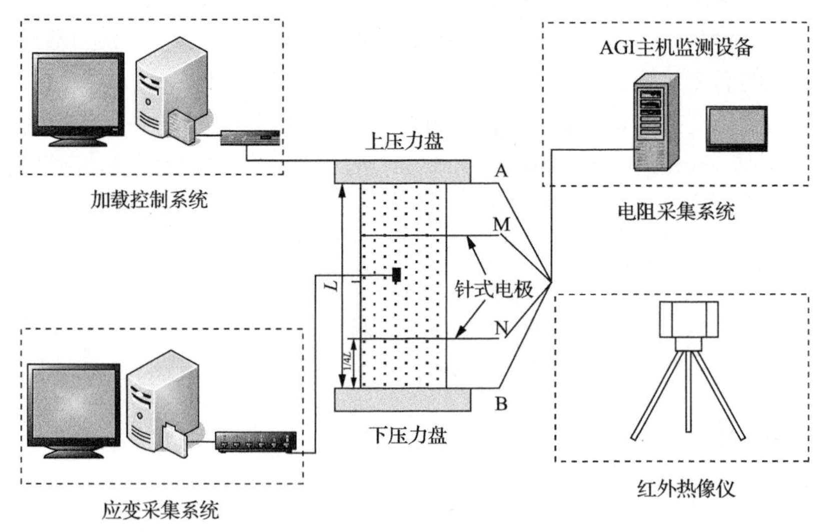

(a) 试验系统示意图

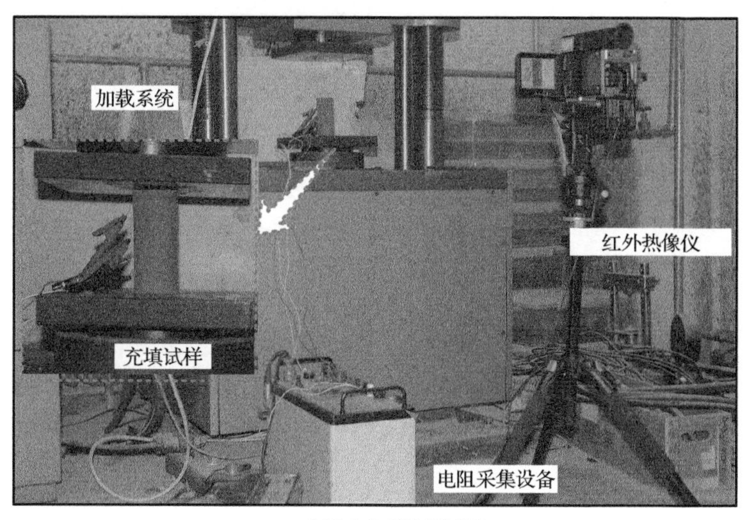

(b) 实验室各系统测试图

图 1.1　试验系统装置图

1.1.3　充填体单轴压缩应力-应变-电阻率变化特征

图 1.2 给出了不同条件下胶结充填体单轴压缩破坏全过程应力-应变-电阻率曲线。从图中可以看出，电阻率变化规律大致可以分为三种类型：从加载到充填体塑性屈服前(*OC* 段)的急剧减小、应变软化阶段(*CD* 段)的先增加后减小和塑性破坏阶段(*DE* 段)的急剧增加。急剧减小现象出现在充填体发生塑性屈服之前，主要反映受压充填内部结构发生了明显的变化，直接导致内部导电性能突然发生转折；先增加后减小变化主要出现在充填体进入应变软化阶段，表现为突然转折、反向增加，随后减小；急剧增加幅度与前期急剧减小幅度差异不大，表现为反向突然大幅度增加，这类异常主要出现在充填体发生塑性滑移阶段，电流导电通道被断开，说明充填体内部结构已发生重大变化。从充填体受压全过程电阻率变化规律可以得出，电阻率变化规律可以反映受载充填体损伤、变形和破坏全过程。

对比图 1.2 中不同条件下充填体电阻率变化规律可以得出，充填体的养护龄期、灰砂配比以及浓度对其受压全过程电阻率变化规律影响较小，但对充填体的初始电阻率值影响较大，浓度越高、灰砂配比越高、养护龄期越长，充填体试件初始电阻率值越大，这主要是因为不同条件下充填体内部水化固结硬化过程中自由状态水分子固化成固结体中结晶水，且含水率随养护龄期的改变而变化[4,5]。

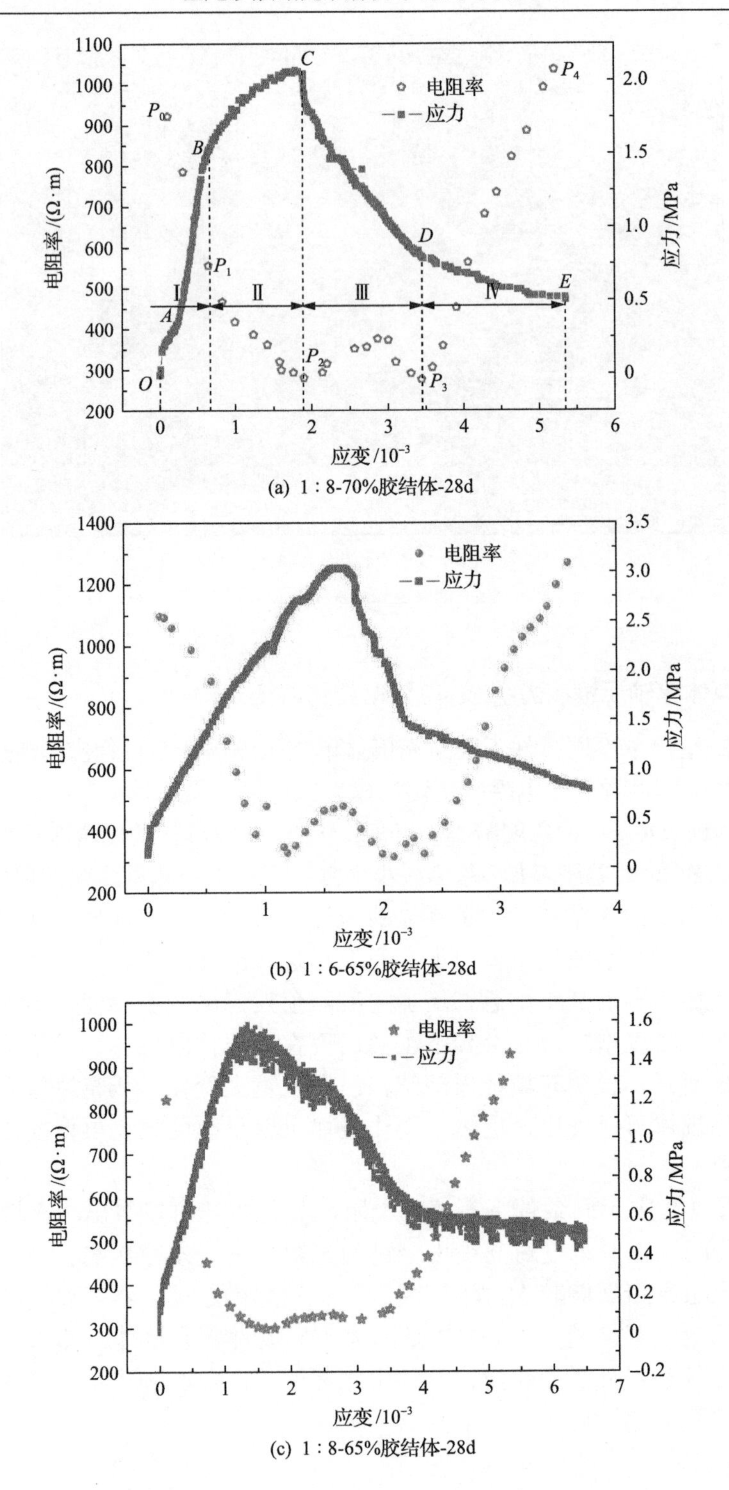

(a) 1∶8-70%胶结体-28d

(b) 1∶6-65%胶结体-28d

(c) 1∶8-65%胶结体-28d

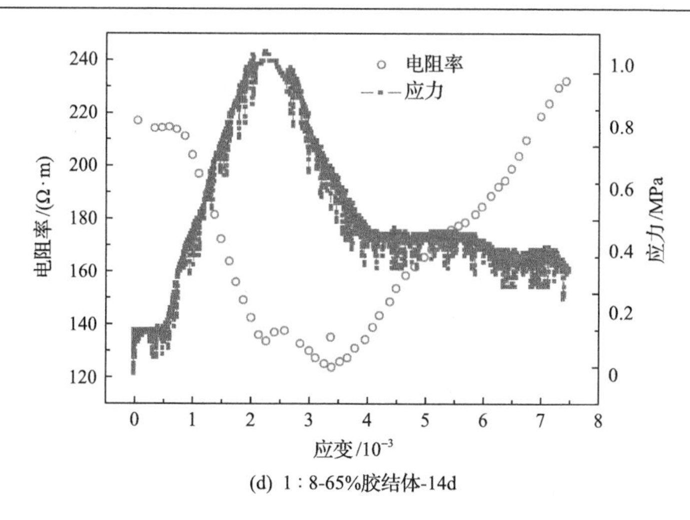

(d) 1∶8-65%胶结体-14d

图 1.2　胶结充填体单轴压缩破坏全过程应力-应变-电阻率曲线

综上所述，充填体在单轴压缩破坏过程中，电阻率变化多次出现“突变”异常现象，一般表现为先加速下降、突然转折、反向小幅度上升，上升到小峰值后又突然下降，最后大幅度上升；整个电阻率变化过程会出现急剧变化的短期异常现象，即两个谷值和一个峰值。电阻率变化规律中“突变”异常现象充分体现了充填体变形破坏的前兆信息。

在岩石力学方面，应力-应变全过程曲线是描述岩石变形破坏孕育演化进程的有效手段，电阻率变化特征曲线也可以反映受载充填体变形破坏过程。分析图 1.2 可以得出：

(1) 非水饱和胶结充填体单轴压缩破坏全过程中，电阻率变化与其所受应力水平密切相关；在充填体达到屈服临界状态前(即图 1.2(a) 中 C 点)，应力越大，电阻率越小，表明在此阶段，充填体承载强度与电阻率成反比；充填体在弹性状态和弹塑性状态期间，电阻率减小速率不同，进入弹塑性阶段时，电阻率减小速率明显变缓。

(2) 随着应变水平的增加，应力逐渐增大，电阻率则逐渐减小，充填体发生屈服破坏时，电阻率第一次降到最低值，即充填体发生屈服破坏前监测到电阻率前兆突变，电阻率变化趋势出现“突变”异常。

(3) 充填体发生屈服后，当应变增加到图 1.2(a) 中 D 点时，轴向应力突然减小，应力-应变曲线减小速率突然变缓，电阻率曲线呈现上升趋势，说明充填体在压缩变形破坏过程中电阻率随时间演化具有明显的阶段性。

1.1.4　电阻率-应力-应变关系特征阶段性划分及机理

由图 1.2 可以看出，充填体受载变形破坏过程大致可划分为以下几个阶段：

压密线弹性阶段(*OB* 段)、塑性屈服阶段(*BC* 段)、应变软化阶段(*CD* 段)、塑性破坏阶段(*DE* 段)。现对各个对应阶段特征进行分析与讨论。

1)压密线弹性阶段

在受载初期，充填体内部细小的尾砂颗粒位置发生变化，填补至相邻周边较大的空隙、孔洞内，细小的微裂隙也被压密闭合，使充填体体积缩小，导致充填体内部相对含水率增大，在较小的压力下表现出较大的变形，宏观上表现为整体的均匀、稳定变形。由于在此过程中，充填体受压体积变小，内部微观结构间密实接触，微观上表现为晶粒的错位、孔隙度的改变致使其导电通道良好，电阻率随着应力水平的增加而急剧降低(图 1.2(a)中Ⅰ)，说明在低应力状态下，内部颗粒间孔隙度、微裂隙等介质结构会影响宏观电阻率值。

2)塑性屈服阶段

内部的微孔、孔隙被压实闭合后，随着应力水平的不断增加，充填体内部新的微裂隙、裂纹开始产生、发育并累积，充填体内部结构开始屈服弱化，产生不可恢复的塑性变形。此时充填体颗粒间导电性仍良好，但由于新生的微裂纹产生，与压密线弹性阶段相比，电阻率下降幅度明显变缓(图 1.2(a)中Ⅱ)，说明新生裂纹发育之后，虽然孔隙度小，但对宏观电阻率的影响较大。

3)应变软化阶段

随着加载不断进行，当外部荷载超过充填体承载极限(峰值强度)后，先前产生的微裂纹大量形成并且弱面间逐渐贯通，后期由于充填体颗粒间相互摩擦，对应的轴向应变明显变缓，充填体表现出应变软化特性，宏观上表现出可见裂纹的出现，由于充填体是由不同粒径尺寸的颗粒组成的人工复合多孔材料，屈服后应力-应变表现出非光滑曲线，内部结构出现大变形和滑移，但裂隙间仍紧密闭合，使原来良好的导电通道因大变形而改变，电阻率突然转折，先反向小幅度增加后降低(图 1.2(a)中Ⅲ)，说明裂隙等结构面的闭合状态也会影响电阻率变化规律。

4)塑性破坏阶段

由于裂隙的继续发育、演化和贯通，充填体濒临临界失稳破坏状态，从应力-应变的 *DE* 段曲线可以看出，应力发生微小变化，而应变不断增加，此时，张拉和剪切裂隙各向延伸并相互连通，最终导致充填体整体失稳，如图 1.3 所示。在这一阶段，由于充填体内部结构产生宏观裂缝，内部孔隙、裂隙间已全面贯通，且相互间存在相对位移，并且裂隙面出现张开状态，因而改变了原先的导电通道，降低了导电性能，使电阻率大幅度增加。

图 1.3　充填体试样破坏图

1.1.5　充填体压缩过程红外信息演化特征

图 1.4、图 1.5 分别给出了单轴压缩过程中充填体不同观测点的温度-时间曲线和部分热红外像图。从图中可以看出：

(1) 充填体表面观测点的温度与外界荷载密切相关，在加载初期(0～100s)，温度-时间曲线出现下降现象，其原因主要是由于充填体是一种人工固结离散型多孔介质，在受载后，其内部的微孔隙、裂隙等微结构被压密，在压密的过程中，存在于微结构内部的气体被排出，排出的气体带走内部和表面的热，此时对应应力-应变曲线的压密线弹性阶段，即图 1.2(a)的 *OB* 段。

(2) 随着外界荷载的增加，充填体进入塑性变形和受载升温阶段(100～290s)，对应图 1.2(a)的 *BC* 段。原始微孔隙结构闭合完全，新生微裂纹开始出现并相互间发生错动和摩擦，产生热量，导致充填体试件红外辐射量增加和温度上升，至此，充填体温度出现先下降后上升，即温度-时间曲线第一次出现拐点，可认为是充填体由弹性阶段进入弹塑性阶段的前兆信息点，如图 1.4(a)中的前兆点 1 位置。

(3) 当外部荷载临近其峰值强度时，试件承载能力达到最大值，先前裂纹相互贯通并形成宏观裂缝，当宏观裂缝贯通后，充填体内部积聚的热量通过裂缝导出，致使其表面温度继续上升，并达到受载后第一个峰值，即温度-时间曲线第二次出现拐点，可认为是充填体发生塑性屈服的前兆信息点，如图 1.4(a)中的前兆点 2 位置。随后由于拉裂隙和体积膨胀吸热降温作用，充填体温度降低。

(4) 充填体在压缩破坏过程中，温度表现出明显的降低-上升-降低现象，通过观测充填体的表面温度随时间的演化，也可体现充填体在压缩破坏全过程中的服役状态。

(5) 由热红外像图可以看出，充填体表面在 121s 和 290s 时出现明显的温度异常，分别对应应力-应变曲线中的 *OB* 段和 *BC* 段；充填体温度-时间曲线大约在

290s 达到峰值，对应的强度曲线达到最大点 C，正是充填体内部结构能量积聚最多的时刻。

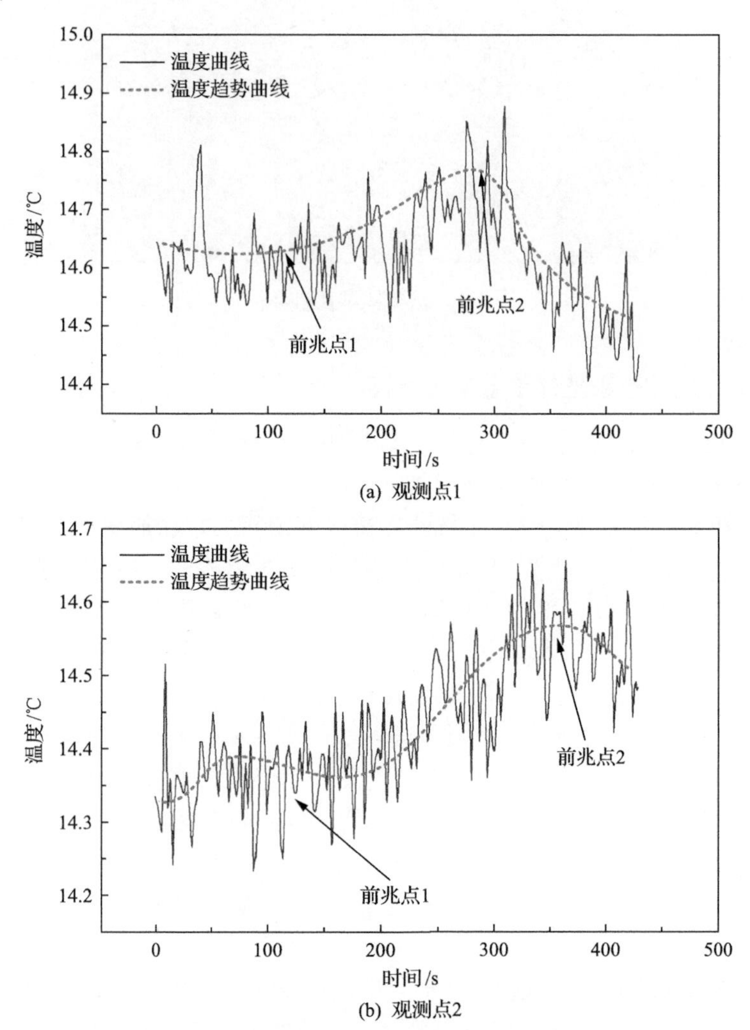

(a) 观测点1

(b) 观测点2

图 1.4 单轴加载过程中不同观测点的温度-时间曲线

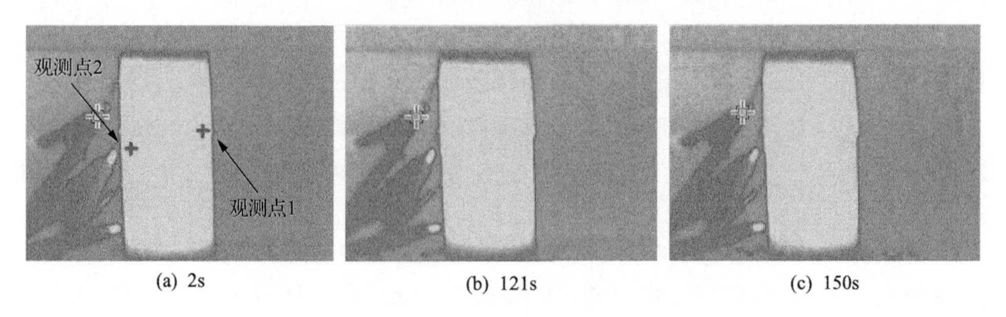

(a) 2s (b) 121s (c) 150s

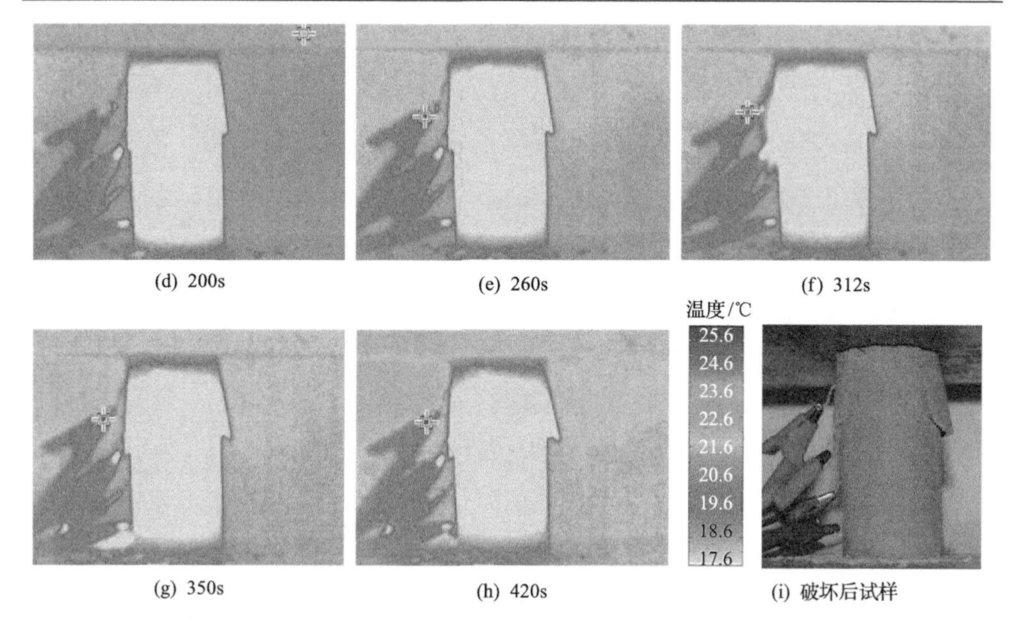

图 1.5　单轴加载过程中不同时刻充填体试件热红外像图

综合上述分析可知，充填体加载过程中温度表现出明显的下降-上升-下降规律，说明充填体在受压破坏过程中经历了能量的积聚和释放。与应力-应变-电阻率曲线特征综合分析表明，利用自主研制的系统研究充填体压缩过程中的电热-力学效应，通过电场、温度场和应力场的时间演化，可有效地监测和分析充填体的稳定性和破坏过程中各前兆信息变化。

1.1.6　充填体压缩破坏应力-电阻率-热效应前兆信息

在外界荷载的作用下，充填体内部微观结构变化引起其电性、热电性变化，说明压缩产生的电热现象是电、热等物理过程和动力过程共同作用的产物。为了分析充填体压缩破坏前兆信息参数特征，定义充填体进入弹塑性阶段时的应力（电阻率）与峰值应力（初始电阻率）的比值为充填体失稳初始应力（电阻率）前兆点，定义充填体发生塑性破坏时的应力（电阻率）与峰值应力（初始电阻率）的比值为充填体失稳最终应力（电阻率）前兆点。4 个比例常数对应的公式为[6]

$$\omega_1 = \sigma_{le}/\sigma_p \tag{1.1}$$

$$\omega_2 = \sigma_s/\sigma_p \tag{1.2}$$

$$\lambda_1 = \rho_{le}/\rho_0 \tag{1.3}$$

$$\lambda_2 = \rho_s/\rho_0 \tag{1.4}$$

式中，σ_{le}、σ_s 分别为充填体进入塑性阶段和发生塑性破坏时的应力，分别对应图 1.6 中 B 点和 D 点；σ_p 为峰值应力，对应图 1.6 中 C 点；ρ_{le}、ρ_s 分别为充填体进入塑性阶段和发生塑性破坏时的电阻率，分别对应图 1.6 中 P_1 点和 P_3 点；ρ_0 为初始电阻率，对应图 1.6 中 P_0 点；λ_1、λ_2 分别为初始、最终前兆电阻率比常数；ω_1、ω_2 分别为初始、最终前兆应力比常数。

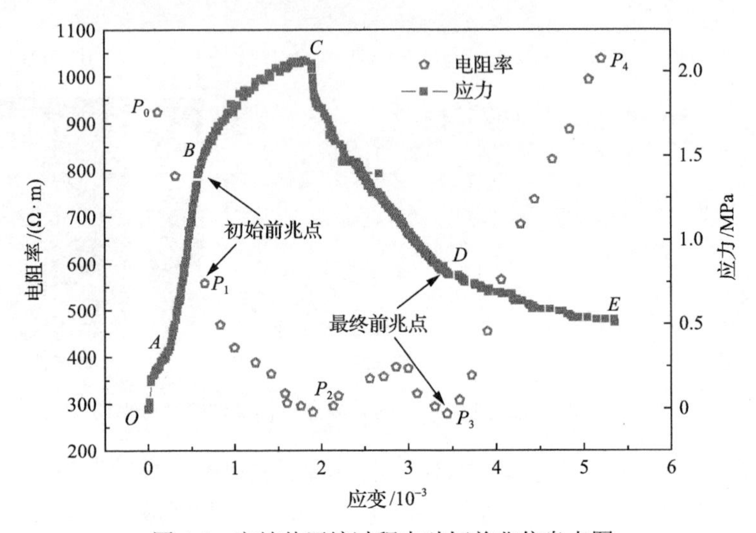

图 1.6　充填体压缩过程中破坏前兆信息点图

在单轴压缩条件下，不同灰砂配比、浓度和养护龄期下的充填体试件破坏前兆信息不同，综合分析不同条件下充填体单轴压缩破坏前兆信息，可以得出：

(1) 养护龄期对充填体试件破坏前兆信息点的影响较大。对于养护龄期达到 28d、灰砂配比为 1∶6 和浓度为 65%的充填体，59%的峰值强度点即认为是应力初始前兆点，41%的峰值强度点即认为是应力最终前兆点；同时，按照式(1.3)和式(1.4)计算法则，通过电阻率-应变曲线可计算出 45%和 27%的初始电阻率点分别为电阻率初始前兆点和电阻率最终前兆点(表 1.1)。对于养护龄期为 14d 的充填体，应力初始前兆点越小，充填体由弹性到发生塑性变化的时间越短，应力初始前兆点距峰值强度点越近，从这一角度可以说明养护龄期短的充填体压缩破坏过程中易表现出脆性体特征。

(2) 应力应变前兆、热红外前兆以及电阻率前兆之间存在相同性和可比性。充填体在发生破坏的过程中，在塑性屈服之前，应力应变与荷载是呈正相关的，随着荷载的增加，应力应变会增加并产生峰值，而后逐渐降低，因而应力-应变曲线在破坏过程中会出现一个明显的前兆信息点；而热红外在塑性屈服之前，红外辐射能先减少后增加，达到峰值后逐渐降低。温度-时间变化曲线有两个明显的前兆信息点，一个在弹塑性过渡阶段，一个在充填体发生塑性峰值处。通过热红外像第一个前兆点，可以捕捉充填体从弹性过渡到塑性的时刻；充填体在塑性屈服之前，电阻率变化与荷载呈负相关，在发生塑性屈服后，电阻率变化先增后减，因而充填体塑性屈服后的电阻率变化规律则可补充充填体发生塑性屈服后的征兆信息。

(3) 从整个压缩承载过程中表现的信息特征方面来看，电阻率变化更能详细表现充填体的受压过程特征，而热红外信息能体现充填体塑性屈服前的稳定性状态，应力-应变曲线次之，三者之间可相互补充、相辅相成。捕捉充填体压缩破坏前兆信息的多参数变化，可准确地监测充填体承载过程中的稳定性。

表 1.1　单轴压缩下充填体压缩破坏前兆信息

试件编号	ω_1	ω_2	λ_1	λ_2
C1	0.6190	0.3809	0.4865	0.2702
C2	0.5873	0.4126	0.4545	0.2727
C3	0.6875	0.4375	0.4512	0.3780
C4	0.2500	0.5625	0.6511	0.5581

注：C1 为 1∶8-70%胶结体-28d；C2 为 1∶6-65%胶结体-28d；C3 为 1∶8-65%胶结体-28d；C4 为 1∶8-65%胶结体-14d。

1.2　胶结充填体三轴压缩破坏特征

1.2.1　胶结充填体三轴压缩变形特征

图 1.7 给出了相同灰砂配比、不同浓度的胶结充填体在不同围压状态下三轴压缩全过程应力-应变曲线，曲线周围数字表示充填体试件施加的围压值。由图可以看出，在初始阶段，充填体试件的应力-应变曲线斜率随着围压的增加而变大，充填体的屈服应力和峰值应力均逐渐增大，且其弹性模量也随着围压的增加而增大，这主要是由于充填体介质在固结过程中内部存在较多的孔洞、空隙等不均匀海绵状结构，如图 1.8 所示。在三轴压缩条件下，充填体内部细小的尾砂颗粒位置发生变化，填补至相邻周边较大的空隙、孔洞内，细小的微裂隙也被压密闭合并增大其密实程度，充填体在较小的压力下表现出较大的变形，变形特征处于压密阶段，从而能使线弹性阶段(如图 1.7(c)中 *AB* 段)延续到较高的水平，最终提高充填体抵抗破坏的能力。内部的微孔、孔隙被压实闭合后，随着围压的加大，充填体内部新的微裂隙、裂纹开始产生、发育并累积，充填体内部结构开始屈服弱化，产生塑性变形，如图 1.7(c)中曲线的 *BC* 段；当外部荷载超过充填体承载极限(峰值应力)后，先前产生的微裂纹等弱面逐渐贯通，导致充填材料出现塑性破坏和应变软化，出现塑性流动状态，如图 1.7(c)中曲线的 *CD* 段；随着塑性变形的持续发展，充填体的强度不再降低，应变软化状态消失，呈现应变硬化，如图 1.7(c)中曲线 *DE* 段，曲线发展趋势上扬；随着围压的增加，充填体的峰值应变随之增大，两者呈正线性关系，且分别可表征为：

$\varepsilon_0 = 2.266\sigma_3 + 0.002$、$\varepsilon_0' = 3.029\sigma_3' + 0.136$、$\varepsilon_0'' = 1.480\sigma_3'' + 0.133$，相关系数 R^2 均在 0.95 以上，如图 1.9 所示。

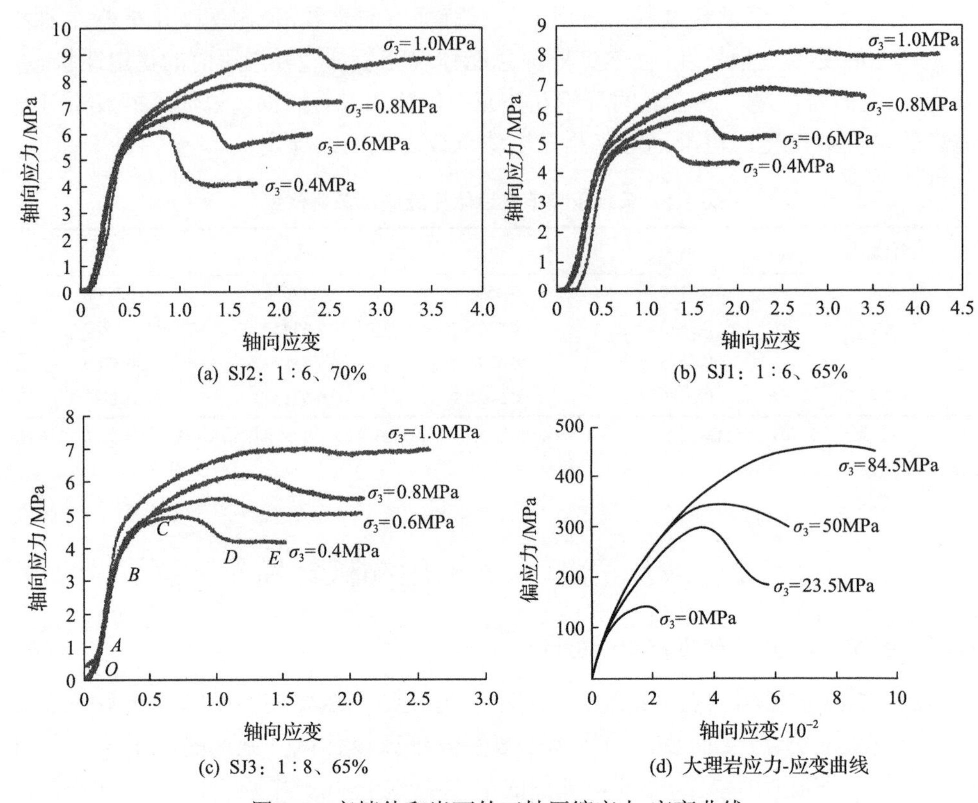

(a) SJ2：1∶6、70%　　(b) SJ1：1∶6、65%

(c) SJ3：1∶8、65%　　(d) 大理岩应力-应变曲线

图 1.7　充填体和岩石的三轴压缩应力-应变曲线

(a) 放大50倍

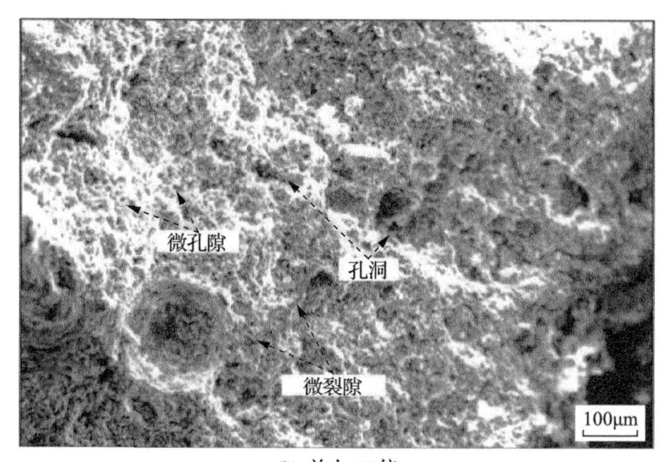

(b) 放大100倍

图 1.8　充填体内部微观裂隙形貌

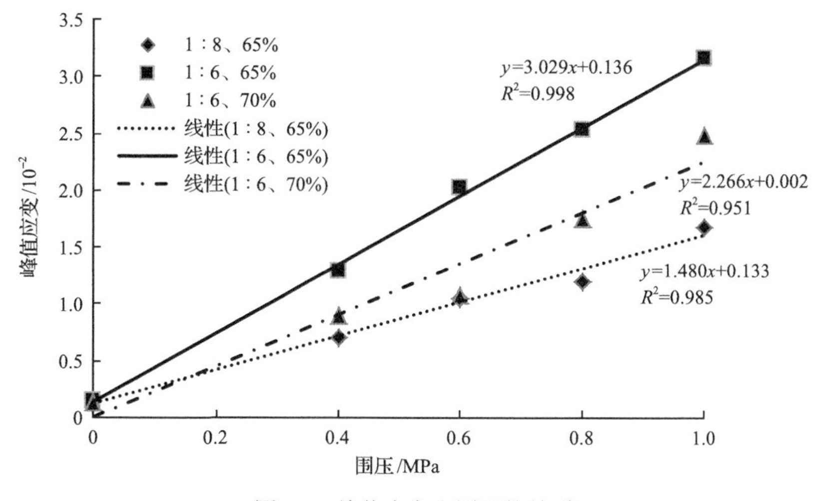

图 1.9　峰值应变和围压的关系

通过对充填体试件应力-应变曲线分析可以得出，随着围压的增大，不同试件的峰值应变逐渐增大；变形特征表现为在低围压(0、0.4MPa)下，充填体主要呈现脆性破坏，表现为应变软化特征；在高围压(0.6MPa、0.8MPa、1.0MPa)下，充填体则呈延性状态，表现为应变硬化特征。相关资料表明，岩石由脆性向延性转化必然存在一个临界转化围压值，为了分析充填体的脆-延性特征，对不同配比的充填体峰值应力与残余应力之差和围压进行回归分析，如图 1.10 所示。从图中可以得出，充填体峰值应力与残余应力之差和围压呈指数相关，不同灰砂配比、浓度的充填体从脆性向延性转化的临界围压值不同，灰砂配比 1∶8 和 1∶6、浓度65%的充填体临界围压值分别为 0.98MPa、0.94MPa，说明灰砂配比越大，临界围压值越高，但由于两者的灰砂配比相差较小，其临界围压值大小相当；灰砂配比1∶6、浓度70%的充填体临界围压值为1.39MPa，比灰砂配比1∶6、浓度65%的充填体的临界围压值大，说明充填体的变形破坏除与其内部结构相关外，还与其所处的围岩应力状态密切相关；相同灰砂配比的充填体，浓度越大，充填体从脆性向延性转化的临界围压值越大。

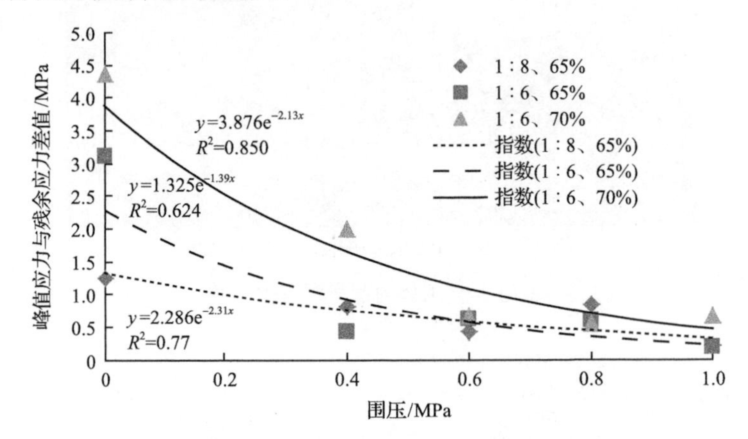

图 1.10　峰值应力与残余应力差值和围压的关系

与典型的大理岩三轴压缩应力-应变曲线相比[7]，充填体的应力-应变曲线特性与岩石应力-应变曲线变化规律近似相同，基本可划分为线弹性阶段(*AB* 段)、破坏阶段(*BC* 段)、应变软化阶段(*CD* 段)以及塑性阶段(*DE* 段)。但充填体的应力-应变曲线发展趋势在初始阶段和产生屈服后的塑性阶段存在较大差别，这是由于胶结充填体是尾砂基质、胶凝材料与水按一定比例制成，是一种人工复合多孔材料，在固结过程中内部存在较多的孔隙、空隙等不均匀海绵状结构，导致在加载初始阶段，其应力-应变曲线出现一段平直的曲线，如图1.7(c)中 *OA* 段。在围压为0.4MPa、0.6MPa时，充填体的残余应力曲线表现呈明显上扬趋势，表明充填体发生屈服破坏后，其残余应力仍可抵抗较大的荷载。充填体发生屈服破坏后，残余应力通常由破坏面的粗糙度决定，从后面充填体的主控破坏模式可以得到论证。

1.2.2　三轴压缩破坏模式特征

通过上述变形分析得到充填体的应力-应变曲线与围压息息相关，围压的大小也决定了充填体的破坏形态与机制。不同灰砂配比、浓度的充填体试件三轴压缩破坏情况如图1.11所示。由图可知，充填体的破坏形式多种多样，差异显著，但大部分以剪切破坏为主；裂纹发展形状大致可以分为单一、平行、交叉(X状、Y状)和复合4种类型。

(a) 部分原件

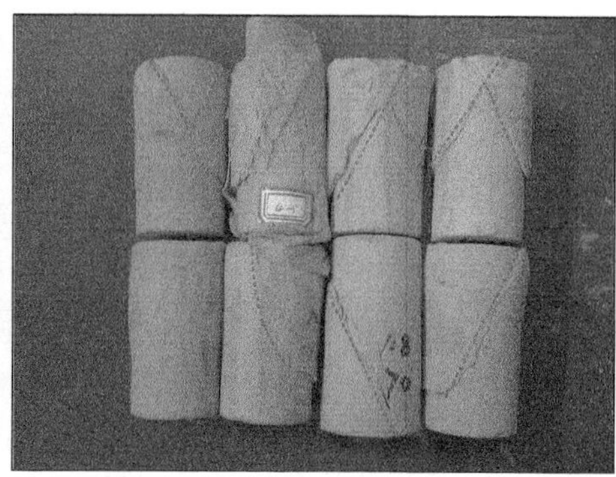

(b) 主要破坏类型试件

图 1.11　充填体三轴压缩试件图

图 1.12 给出了围压与充填体裂纹演化规律。从图中可以看出，随着围压的增大，充填体的破坏裂纹增多，在围压为 0.4MPa 时，充填体的破坏主要沿某一主

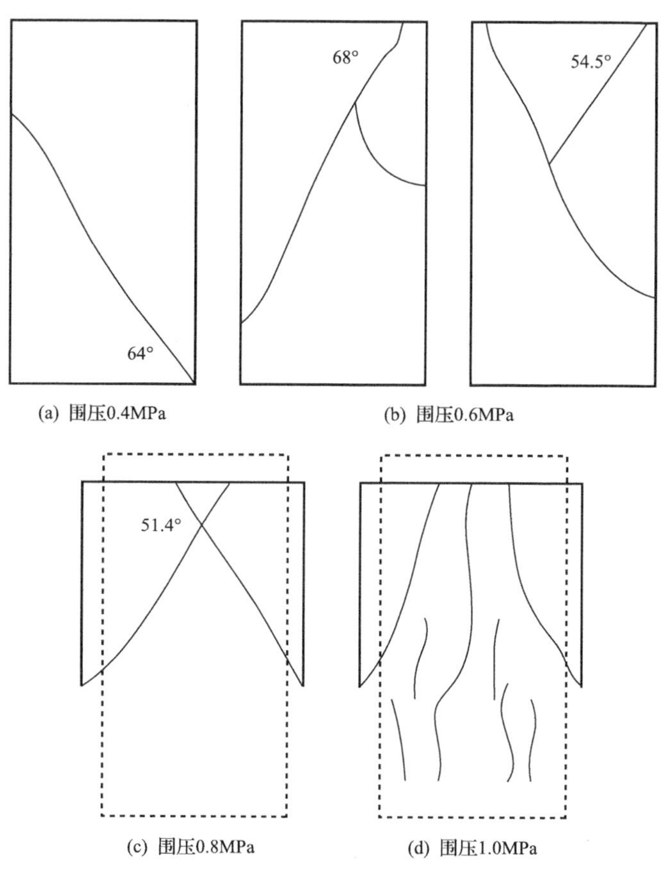

(a) 围压0.4MPa　(b) 围压0.6MPa

(c) 围压0.8MPa　(d) 围压1.0MPa

图 1.12　充填体的裂纹发展与围压关系图

裂纹发生，试件的主要宏观破裂面表现为整体剪切破坏；在围压为 0.6MPa、0.8MPa 时，充填体的破裂面增多，开始产生与主控裂纹面近似垂直的反翼裂纹，且与充填体的主控破坏裂纹贯通，宏观表现主要呈 X 状、Y 状剪切破坏模式；当充填体围压达到 1.0MPa 时，主裂纹数目急剧增多，裂纹面的倾角增大，主控裂纹附近产生较多与主控裂纹面相平行的次生裂纹，部分次生裂纹相互贯通，试件的破坏则从一个端面贯穿至另一端面，方向与最大主应力方向一致。

图 1.13 给出了充填体三轴压缩试验 4 种典型的宏观破坏面类型。由图可见，充填体的破坏面类型主要分为四种：直线式光滑破坏面、圆弧式破碎破坏面、直线式破碎破坏面以及台阶式破碎破坏面。充填体的峰后强度与其破坏模式及破坏面的粗糙度密切相关，破坏面的粗糙度直接决定充填体的峰后应力-应变曲线形态，即图 1.7(c)中 *DE* 段曲线走势；破坏面的粗糙度越高，峰后强度越大，峰后应力-应变曲线呈上扬趋势。

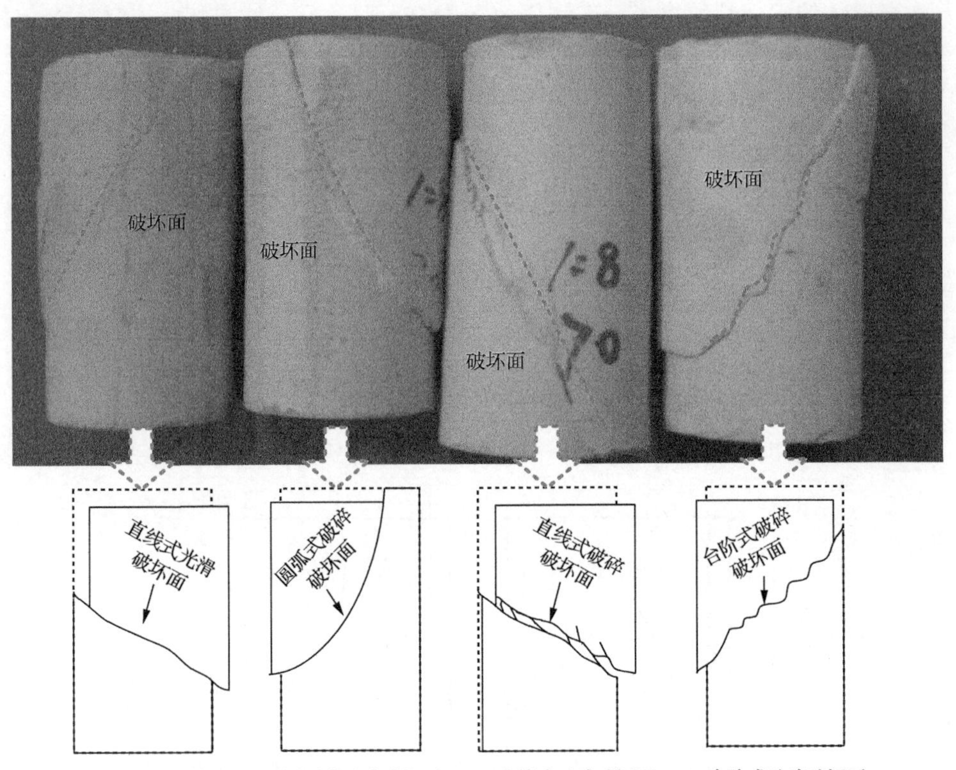

(a) 直线式光滑破坏面　(b) 圆弧式破碎破坏面　(c) 直线式破碎破坏面　(d) 台阶式破碎破坏面

图 1.13　充填体三轴压缩破坏面类型

综合分析不同充填体试件的破坏特征，进一步表明：①充填体试件的宏观破坏主要以剪切破坏为主，在低围压下呈单一纯剪切破坏，随着围压增大，宏观破坏多呈 X 状、Y 状剪切破坏；②随着围压增大，与主裂纹近似垂直的反翼裂纹开始出现、扩展、贯通，且数量增多，引起充填体侧向或接触区域滑移；③三轴压缩条件下，反翼裂纹很难扩展至充填体的端面，主要与主裂纹贯通，破坏裂纹的倾角随着围压的增大而加大；④主控破坏面的类型是充填体试件峰后应力-应变曲线发展的主要影响因素。

1.2.3　强度特征

为了分析充填体的强度特征，引入 2 个比例常数：

$$\pi_1 = \sigma_s / \sigma_c \tag{1.5}$$

$$\pi_2 = \varepsilon_s / \varepsilon_c \tag{1.6}$$

式中，σ_c 为峰值应力；ε_c 为极限应变；σ_s 为屈服应力；ε_s 为屈服应变；π_1、π_2 分别为应力、应变比例常数。

基于表 1.2 的试验结果，按式(1.5)及式(1.6)求得不同灰砂配比、浓度条件的胶结充填体在不同围压下的比例常数 π_1、π_2，如表 1.3 所示。由表可知，π_1 随围压增大并未发生明显变化，而 π_2 随着围压的增大相对变小；灰砂配比越大，充填体的应变比例常数越大。表 1.3 列出了 π_1、π_2 的平均值 $\bar{\pi}_1$、$\bar{\pi}_2$，灰砂配比 1∶6、浓度 65%充填体的 $\bar{\pi}_1$ 约为 0.81，$\bar{\pi}_2$ 约为 0.55；灰砂配比 1∶6、浓度 70%充填体的 $\bar{\pi}_1$ 约为 0.85，$\bar{\pi}_2$ 约为 0.25，灰砂配比 1∶8、浓度 65%充填体的 $\bar{\pi}_1$ 约为 0.65，$\bar{\pi}_2$ 约为 0.20。说明灰砂配比 1∶6、浓度 65%充填体的屈服应力点大致位于峰值强度的 81%、极限应变的 55%处；灰砂配比 1∶6、浓度 70%充填体的屈服应力点大致位于峰值强度的 85%、极限应变的 25%处；灰砂配比相同，浓度越高，充填体的屈服应变占极限应变的比例越小，发生屈服后的抗压能力越大。

表 1.2　不同条件胶结充填体试件三轴压缩试验结果

试样编号	灰砂配比	浓度/%	围压 σ_3/MPa	试样尺寸/mm		峰值应力 σ_1/MPa	主应力差 $(\sigma_1-\sigma_3)$/MPa	峰值应变/10^{-2}	残余应力/MPa	屈服应力/MPa	屈服应变/10^{-2}	峰值应力与残余应力差/MPa
				直径	高度							
SJ1-0	1∶6	65	0	39.5	87.2	3.63	3.63	0.149	0.52	2.960	0.083	3.11
SJ1-1	1∶6	65	0.4	38.5	85.5	5.01	4.61	0.706	4.20	4.297	0.538	0.81
SJ1-2	1∶6	65	0.6	40.7	84.9	5.56	4.96	1.058	5.12	4.613	0.613	0.44
SJ1-3	1∶6	65	0.8	39.8	84.9	6.23	5.43	1.208	5.38	4.915	0.557	0.85
SJ1-4	1∶6	65	1.0	39.8	87.1	7.08	6.08	1.687	6.86	5.370	0.646	0.22
SJ2-0	1∶6	70	0	38.5	87.4	5.05	5.05	0.137	0.68	4.195	0.557	4.37
SJ2-1	1∶6	70	0.4	40.7	81.6	5.26	4.86	1.287	4.83	5.078	0.408	0.43

续表

试样编号	灰砂配比	浓度/%	围压 σ_3/MPa	试样尺寸/mm 直径	试样尺寸/mm 高度	峰值应力 σ_1/MPa	主应力差 $(\sigma_1-\sigma_3)$/MPa	峰值应变 /10^{-2}	残余应力 /MPa	屈服应力 /MPa	屈服应变 /10^{-2}	峰值应力与残余应力差 /MPa
SJ2-2	1∶6	70	0.6	39.7	86.2	6.18	5.58	2.025	5.56	5.772	0.474	0.62
SJ2-3	1∶6	70	0.8	40.7	83.9	7.47	6.67	2.538	6.87	5.956	0.500	0.60
SJ2-4	1∶6	70	1.0	40.6	79.5	8.76	7.76	3.165	8.57	6.237	0.558	0.19
SJ3-0	1∶8	65	0	38.6	85.6	1.41	1.41	0.152	0.17	0.915	0.037	1.24
SJ3-1	1∶8	65	0.4	37.7	87.1	5.21	4.81	1.035	4.42	3.680	0.280	0.79
SJ3-2	1∶8	65	0.6	38.2	83.2	5.94	5.34	1.584	5.36	4.190	0.306	0.58
SJ3-3	1∶8	65	0.8	38.5	84.8	6.92	6.12	2.615	5.68	4.330	0.350	1.24
SJ3-4	1∶8	65	1.0	38.2	85.6	8.21	7.21	2.787	8.13	4.670	0.430	0.08

表 1.3 不同胶结充填体试件的变形参数试验结果

试样编号	围压 σ_3 /MPa	π_1	π_2	$\bar{\pi}_1$	$\bar{\pi}_2$
SJ1-0	0	0.82	0.56	0.81	0.55
SJ1-1	0.4	0.86	0.76		
SJ1-2	0.6	0.83	0.58		
SJ1-3	0.8	0.79	0.46		
SJ1-4	1.0	0.76	0.38		
SJ2-0	0	0.83	0.31	0.85	0.25
SJ2-1	0.4	0.97	0.32		
SJ2-2	0.6	0.93	0.23		
SJ2-3	0.8	0.80	0.19		
SJ2-4	1.0	0.71	0.18		
SJ3-0	0	0.65	0.24	0.65	0.20
SJ3-1	0.4	0.71	0.27		
SJ3-2	0.6	0.70	0.19		
SJ3-3	0.8	0.63	0.13		
SJ3-4	1.0	0.57	0.15		

从表 1.2 还可以明显得出，不同灰砂配比条件下充填体试件的轴向极限抗压强度均随着围压的增大而提高。当灰砂配比为 1∶6、浓度为 65%，且围压为 1.0MPa、0.8MPa、0.6MPa、0.4MPa 时，充填体的峰值应力分别达 7.08MPa、6.23MPa、5.56MPa、5.01MPa，分别为充填体单轴抗压强度的 5.02 倍、4.42 倍、3.94 倍、3.55 倍，说明在无围压或低围压(0、0.4MPa)时，充填体的轴向极限承载能力较低，随着围压的增大，充填体的屈服应力和峰值应力均相应提高，从另一个角度

说明，充填体三向受力提高了自身抵抗破坏的能力。

黏聚力和内摩擦角是体现岩石强度的重要指标，假设此时 Mohr-Coulomb 屈服准则对充填体的破坏依然成立，即可用黏聚力和内摩擦角来解释充填体的强度特性。对不同条件充填体的最大主应力 σ_1 与围压 σ_3 的拟合曲线分别为 $\sigma_1' = 4.058\sigma_3' + 4.749$ 、 $\sigma_1'' = 5.101\sigma_3'' + 3.403$ 、 $\sigma_1''' = 5.475\sigma_3''' + 1.991$ ，拟合系数 R^2 都在 0.93 以上，表明线性拟合与试验数据吻合较好，说明充填体能够承载的最大轴向应力与围压呈线性相关，如图 1.14 所示。由此可得到不同条件下充填体的强度参数分别为：$\phi' = 37.2°$ 、$c' = 0.75$ ；$\phi'' = 42.2°$ 、$c'' = 0.71$ 、$\phi''' = 43.7°$ 、$c''' = 0.44$ MPa；灰砂配比相同时，浓度越高，充填体的内摩擦角越小，黏聚力越大；浓度相同时，灰砂配比越大，充填体的内摩擦角越大，黏聚力越小。

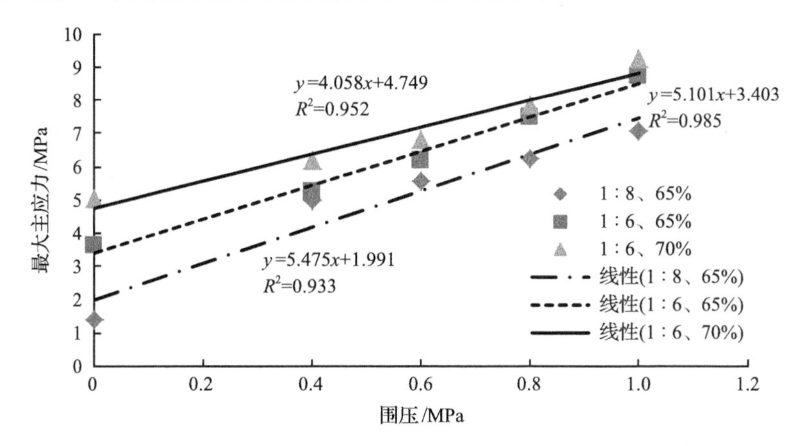

图 1.14　不同条件充填体试件最大主应力与围压的关系

1.3　胶结充填体三轴压缩能量耗散特征

1.3.1　能量耗散原理

充填体的屈服破坏与损伤实质上都是能量耗散的过程，三轴压缩状态下的充填体能量耗散主要来自两方面：轴向荷载对充填体做功 W_1 及侧向围压对充填体做功 W_2，各部分能量的计算公式如下[8-14]：

$$W_1 = \int F_1 \, \mathrm{d}u_1 = AL\int \sigma_1 \, \mathrm{d}\varepsilon_1 \tag{1.7}$$

$$W_2 = \int F_3 \, \mathrm{d}u_3 = 2AL\int \sigma_3 \, \mathrm{d}\varepsilon_3 \tag{1.8}$$

$$W = W_1 + W_2 = AL\int \sigma_1 \, \mathrm{d}\varepsilon_1 + 2AL\int \sigma_3 \, \mathrm{d}\varepsilon_3 \tag{1.9}$$

式中，F_1、F_3分别代表轴向荷载与侧向荷载；u_1、u_3分别为轴向位移和侧向位移；A、L分别为试件的横截面面积与轴向长度；σ_1、σ_3分别代表轴向应力与围压；ε_1、ε_3为对应的轴向应变与侧向应变。

由泊松比效应可知

$$\nu = \frac{\varepsilon_3}{\varepsilon_1} \tag{1.10}$$

式中，ν为充填体的泊松比。

因此，由式(1.9)和式(1.10)可以得到不同围压下充填体实际耗散的总能量为

$$W = AL\left[\int(\sigma_1 + 2\nu\sigma_3)\mathrm{d}\varepsilon_1\right] \tag{1.11}$$

1.3.2　总能耗变化的数值分析

利用上述能量耗散计算公式对不同条件下充填体三轴压缩破坏过程不同阶段的能量变化值进行计算，可以得出不同灰砂配比、浓度下的充填体三轴压缩能量，如表 1.4 所示。灰砂配比 1∶8、浓度 65%的充填体在初始围压为 0.4MPa 时，破坏所需的单位体积变形能为 0.114J/cm^3，当围压分别增至 0.6MPa、0.8MPa、1.0MPa

表 1.4　充填体试样三轴压缩的能量分析

试样编号	围压 σ_3 /MPa	轴向应力 σ_1 /MPa	峰前能耗/J	峰后能耗/J	破坏时单位体积变形能/(J/cm^3)	总能耗/J	峰前能耗占总能耗比例/%
SJ1-0	0	3.63	0.74	2.53	0.102	3.27	22.62
SJ1-1	0.4	5.01	16.24	25.66	0.142	41.90	38.76
SJ1-2	0.6	5.56	40.35	40.85	0.735	81.20	49.69
SJ1-3	0.8	6.23	80.36	67.15	1.397	147.51	54.47
SJ1-4	1.0	7.08	78.84	80.01	1.466	158.85	49.63
SJ2-0	0	5.05	0.95	2.76	0.143	3.71	25.60
SJ2-1	0.4	5.26	5.72	10.99	0.169	16.71	34.23
SJ2-2	0.6	6.18	22.98	55.45	0.794	78.43	29.30
SJ2-3	0.8	7.47	59.19	127.33	1.976	186.52	31.73
SJ2-4	1.0	8.76	104.46	140.2	2.552	244.66	42.69
SJ3-0	0	1.41	0.47	1.28	0.076	1.75	26.86
SJ3-1	0.4	5.21	3.54	8.54	0.114	12.08	29.31
SJ3-2	0.6	5.94	8.61	17.83	0.248	26.44	32.56
SJ3-3	0.8	6.92	22.47	25.47	0.439	47.94	46.87
SJ3-4	1.0	8.21	39.76	38.3	0.758	78.06	50.94

时，充填体发生破坏所需的单位体积变形能分别为 0.248J/cm³、0.439J/cm³、0.758J/cm³，分别为各试件初始围压时的 2.2 倍、3.9 倍、6.6 倍；灰砂配比 1∶6、浓度 65%的充填体在初始围压为 0.4MPa 时，破坏所需的单位体积变形能为 0.142J/cm³，当围压分别增至 0.6MPa、0.8MPa、1.0MPa 时，充填体发生破坏所需的单位体积变形能分别是初始围压时的 5.2 倍、9.8 倍、10.3 倍；灰砂配比 1∶6、浓度 70%的充填体在初始围压为 0.4MPa 时，破坏所需的单位体积变形能为 0.169J/cm³，当围压分别增至 0.6MPa、0.8MPa、1.0MPa 时，充填体发生破坏所需的单位体积变形能是初始围压时的 4.7 倍、11.7 倍、15.1 倍。说明随着围压的增大，充填体达到破坏所需的单位体积变形能越大；相同围压时，灰砂配比越大，浓度越高，充填体的单位体积变形能越高。

灰砂配比 1∶8、浓度 65%，灰砂配比 1∶6、浓度 65%以及灰砂配比 1∶6、浓度 70%的充填体在低围压(0.4MPa)时，峰前能耗占总能耗的比例分别为 29.31%、38.76%、34.23%，说明充填体在三轴压缩破坏过程中，峰前能耗占总能耗的比例较小，绝大部分能量消耗在充填体的峰后变形阶段；随着围压的增大，峰前能耗占总能耗的比例越来越高，说明随着围压的增大，越来越多的能量耗散在充填体的峰前变形阶段，间接体现出围压提高了充填体的屈服强度；充填体在弹性阶段吸收的能量越多，其在屈服阶段和破坏时所能承载的总能量越多。

结合表 1.4 中的试验数据，可得到充填体的峰前能耗、峰后能耗、单位体积变形能以及总能耗与围压的关系曲线。由统计回归分析得到上述参量与围压的函数关系式，峰前能耗、峰后能耗、单位体积变形能以及总能耗与围压呈二次函数曲线关系，R^2 都在 0.9 以上，说明相关性良好，充填体的能量耗散与围压具有很强的规律性；二者关系表达通式为 $y = ax^2 + bx + c$，其中，x 为围压，y 为各参量的能量指标，a、b、c 为试验系数，如图 1.15 所示。

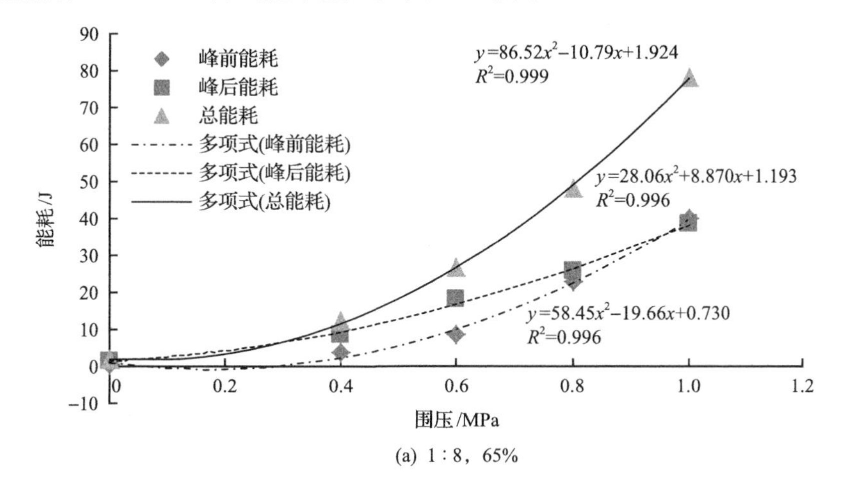

(a) 1∶8，65%

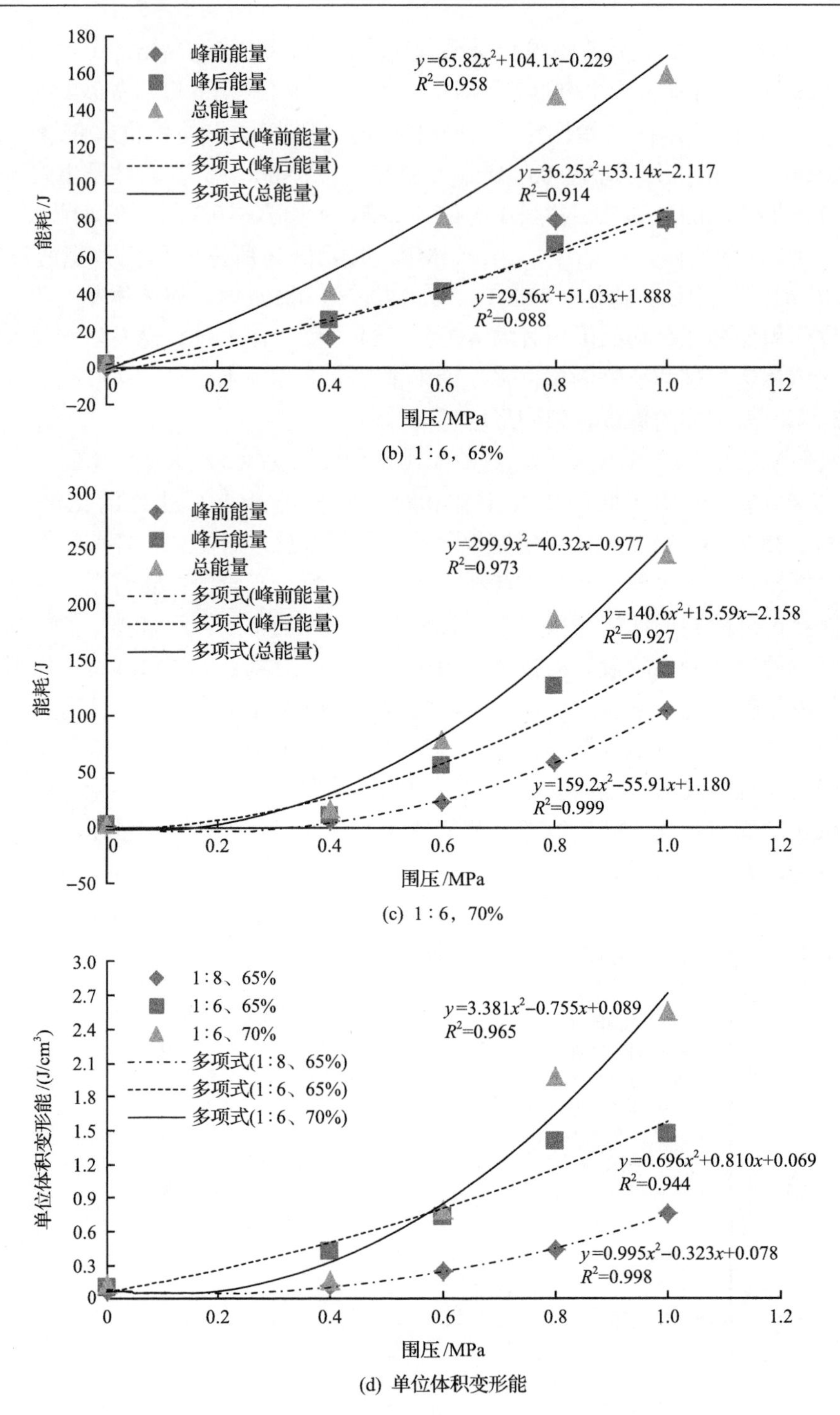

(b) 1∶6，65%

(c) 1∶6，70%

(d) 单位体积变形能

图 1.15　充填体的能量耗散与围压关系曲线

1.3.3　能耗特征与应力的关系

充填体在三向压缩的过程中会发生轴向变形、侧向变形和体积膨胀，且在不同的方向上能量变化的意义以及量值存在一定的差异。一般来说，在轴向上，充填体主要受压缩荷载而吸收大量能量，主要原因是充填体在轴向上的外荷载作用主要用于其内部微孔隙、裂隙的闭合以及颗粒结构间的弹性变形等。在侧向上，由于泊松效应，充填体发生破坏产生侧向变形而释放能量，属于能量耗散；且在不同的围压作用下，相同灰砂配比、浓度条件下的充填体试样轴向吸收的能量随着围压的增大而增大，如图 1.16 所示。图 1.16 反映了充填体试样在不同围压下的

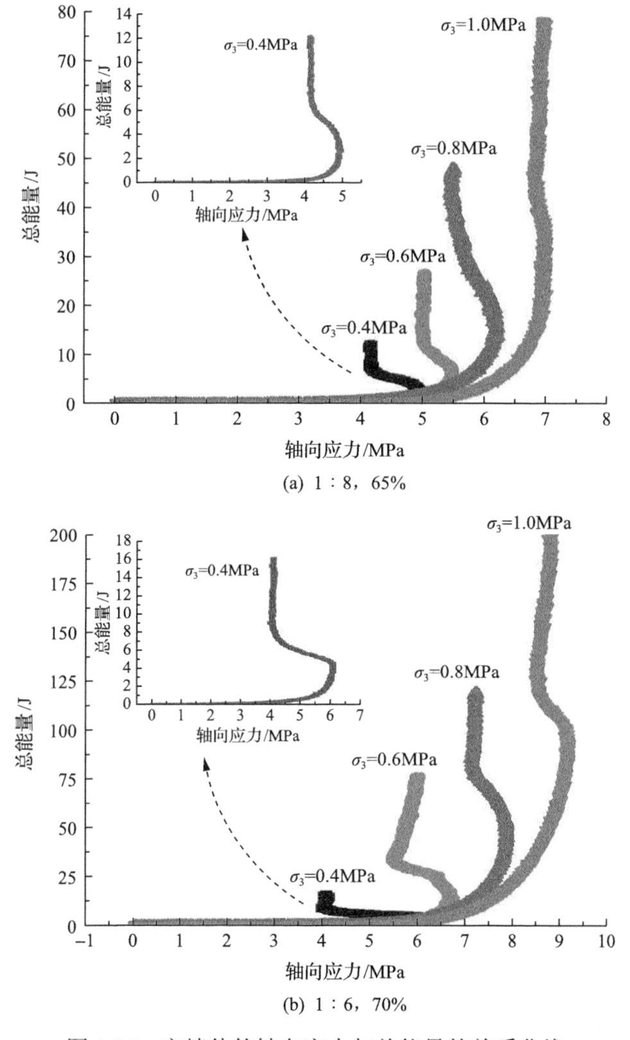

图 1.16　充填体的轴向应力与总能量的关系曲线

轴向应力与总能量的变化关系，由图 1.16 可以得出，在施加轴向荷载初始阶段，充填体试样的总能量随着轴向应力的增大呈线性增长且增速缓慢，此阶段内的能量主要转化为充填体内部结构的弹性变形，此时变形模量和泊松比近似为定值，在应力-应变曲线中对应为线弹性变形阶段；当轴向压力超过限定值时，总能量急剧增加，呈较为陡增的左凹型曲线，表明在此阶段充填体对侧向做功较明显，吸收的能量主要用于其内部裂隙的萌生、发育及扩展，此阶段在应力-应变曲线中对应为塑性变形破坏阶段。围压越高，总能量曲线非线性增长段越长，表明围压的增大能够在相当程度上提高充填体各阶段的能量承载限值。不同灰砂配比和浓度条件下充填体总能量与轴向应力的关系曲线变化规律基本类似，其主要差异在于灰砂配比大、浓度高的充填体试件所承受的轴压大，吸收的总能量高。

1.3.4 能耗特征与应变的关系

胶结充填体由尾砂基质、水、胶凝材料按照一定比例配置而成，为碎、散状颗粒介质，颗粒间相互胶结，属于非均质、弹塑性共存和各向异性的人工复合多相材料。充填体在受三向压缩的过程中，不同阶段吸收能量的能力可以从各向变形中得到宏观体现，充填体试件的各向变形也可通过能量的吸收与释放得到解释。

图 1.17 反映了充填体试样在不同围压下的偏应力与轴向能量、环向能量的关系。由图可以得出，在三向压缩过程中，随着轴向荷载不断增加，充填体环向、轴向吸收的能量持续增多。在加载初始阶段，环向能量和轴向能量的变化规律基

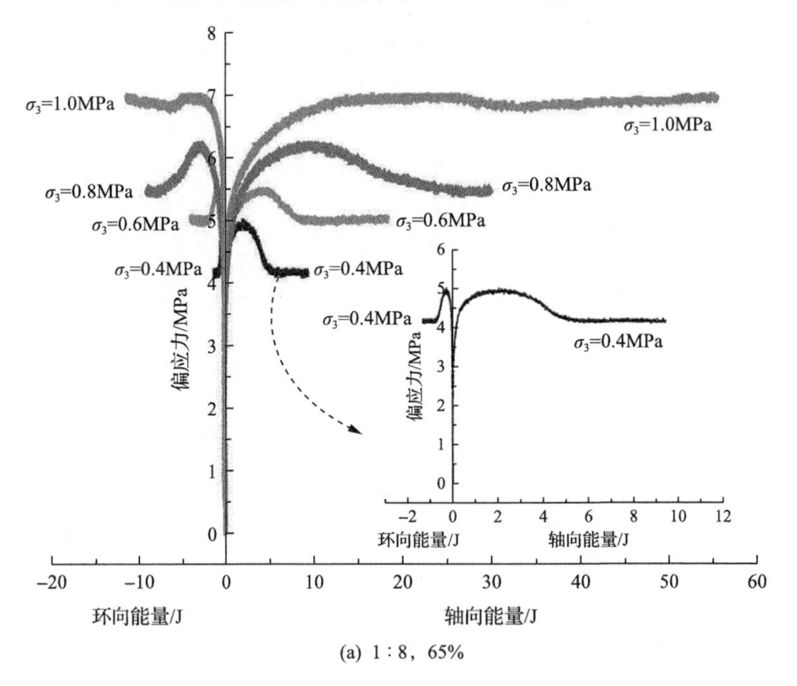

(a) 1∶8，65%

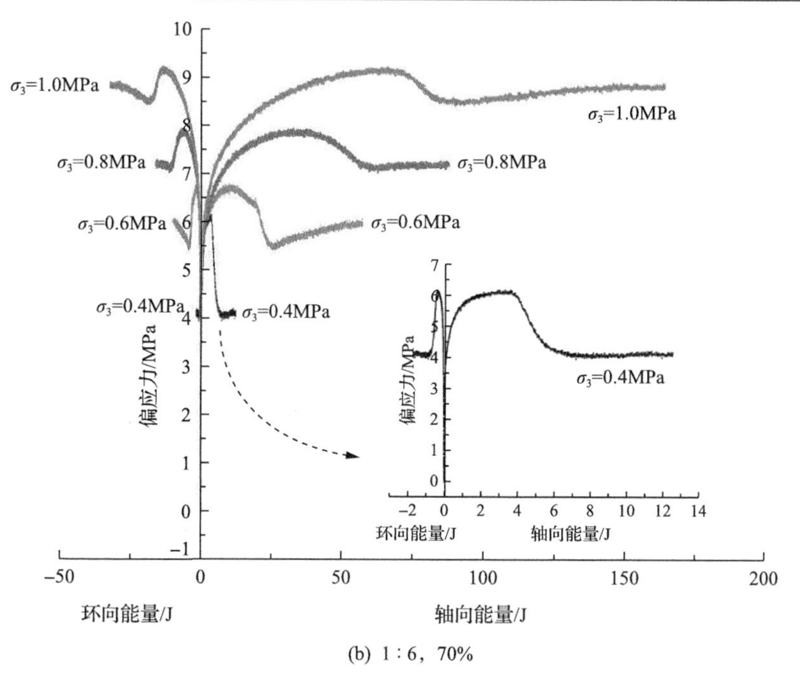

(b) 1∶6，70%

图 1.17　充填体的偏应力与各向能量的变化关系曲线

本一致，但随着偏应力增加，围压越高，各向的能量与偏应力关系曲线的斜率越小，能量随着偏应力增长的速度越慢，充填体在相同偏应力作用下吸收的能量越少。

图 1.18 反映了不同条件下充填体在三轴压缩过程中应变与总能量的变化关系。通过对比分析可知，随着充填体轴向应变的增加，其总能量也持续增长。施

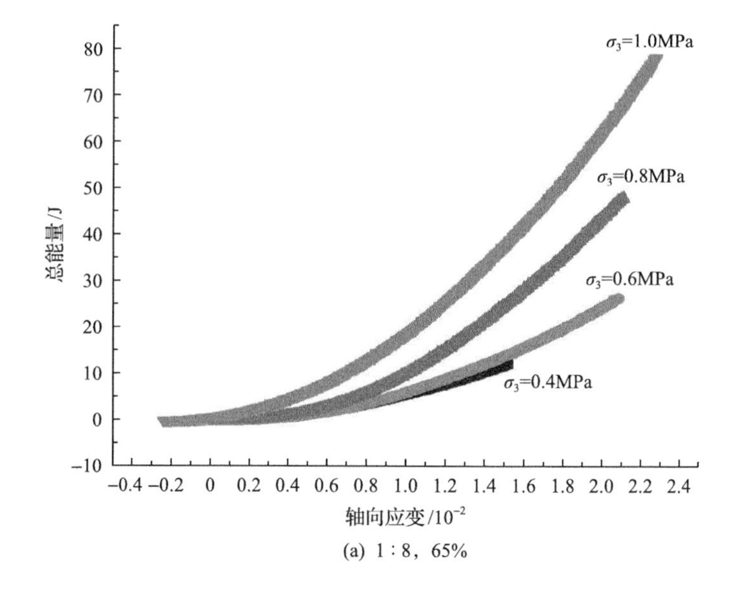

(a) 1∶8，65%

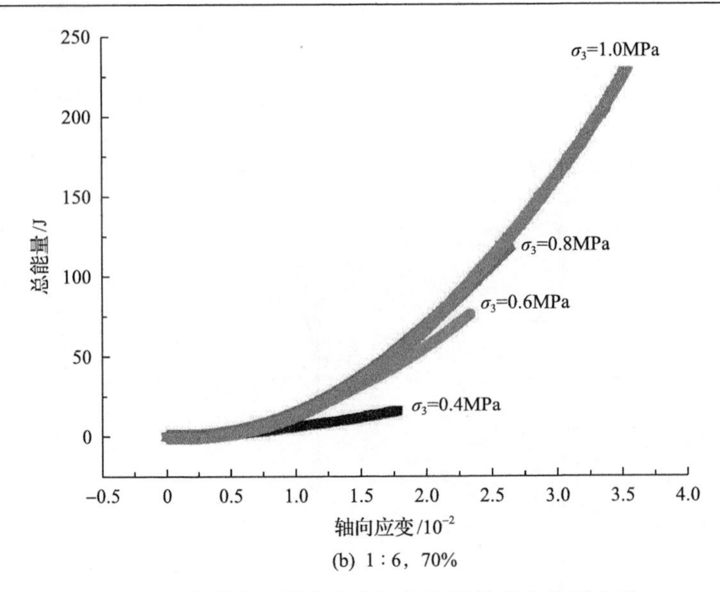

(b) 1∶6，70%

图 1.18　充填体试样的应变与总能量的变化关系曲线

加的围压越高，总能量与轴向应变关系曲线斜率越大，说明总能量随轴向应变的增长速度越快。充填体的总能量与轴向应变总体上遵循指数函数 $y = a\mathrm{e}^{bt} + c$ 增长模式，其中 a、b 取决于灰砂配比、浓度以及围压等影响因素，不同围压下的拟合结果如表 1.5 所示，拟合的相关系数都在 0.99 以上，表明相关性良好。

表 1.5　充填体试件的轴向应变与总能量关系拟合结果

试样编号	围压/MPa	拟合方程	系数 a	系数 b	系数 c	相关系数 R^2
SJ2-1	0.4	$y = a\mathrm{e}^{bt} + c$	2.616	1.182	−3.282	0.995
SJ2-2	0.6		5.054	0.907	−6.317	0.999
SJ2-3	0.8		8.494	0.937	−10.927	0.995
SJ2-4	1.0		15.692	0.797	−15.674	0.997

参 考 文 献

[1] 于润沧. 我国胶结充填工艺发展的技术创新[J]. 中国矿山工程, 2010, 39(5): 1-3.

[2] 徐文彬, 杜建华, 宋卫东, 等. 超细全尾砂材料胶凝成岩机制试验[J]. 岩土力学, 2013, 34(8): 2295-2302.

[3] 宋卫东, 李豪风, 雷远坤, 等. 程潮铁矿全尾砂胶结性能实验研究[J]. 矿业研究与开发, 2012, 32(1): 8-11.

[4] 姚志全, 张钦礼, 胡冠宇. 充填体抗拉强度特性的试验研究[J]. 南华大学学报(自然科学版), 2009, 23(3): 10-13.

[5] 杨宝根, 孙豁然, 王升铎. 新城金矿充填体弹性模量的正交回归试验研究[J]. 矿业研究与开发, 2001, 21(1): 14-16.

[6] 宋卫东，明世祥，王欣，等. 岩石压缩损伤破坏全过程试验研究[J]. 岩石力学与工程学报，2010，29(S2)：4180-4187.

[7] You M. Mechanical characteristics of the exponential strength criterion under conventional triaxial stresses[J]. International Journal of Rock and Mechanics and Mining Sciences, 2010, 47(2): 195-204.

[8] 邓代强, 高永涛, 吴顺川, 等. 复杂应力下充填体破坏能耗试验研究[J]. 岩土力学, 2010, 31(3): 737-742.

[9] 谢和平，彭瑞东，鞠杨. 岩石变形破坏过程中的能量耗散分析[J]. 岩石力学与工程学报，2004，23(21)：3565-3570.

[10] 谢和平, 鞠杨, 黎立云. 基于能量耗散与释放原理的岩石强度与整体破坏准则[J]. 岩石力学与工程学报, 2005, 24(17): 3003-3010.

[11] 杨圣奇, 徐卫亚, 苏承东. 岩样单轴压缩变形破坏与能量特征研究[J]. 固体力学学报, 2006, 27(2): 213-216.

[12] 杨圣奇, 徐卫亚, 苏承东. 大理岩三轴压缩变形破坏与能量特征研究[J]. 工程力学, 2007, 24(1): 136-141.

[13] 尤明庆, 华为增. 岩石试样破坏过程的能量分析[J]. 岩石力学与工程学报, 2002, 21(6): 778-781.

[14] 刘天为, 何江达, 徐文杰. 大理岩三轴压缩破坏的能量特征分析[J]. 岩土工程学报, 2013, 35(2): 395-400.

第 2 章　含缺陷充填体的力学行为

随着资源开采与环境保护间的矛盾日益凸显，充填采矿已成为减少矿山开采对地表环境破坏的一种有效方式，而充填体的稳定性是防止采场失稳及地表下沉的重要因素。全尾砂胶结充填采矿法是目前金属矿山应用较为普遍的一种矿床开采方式，在实际工程中，矿床开采产生的应力扰动、爆破冲击波、不良地质构造或充填效果不佳等因素，均可导致充填体内部产生大量节理、裂隙，易降低充填体强度，进而引起充填体整体失稳及矿石贫化升高；此外，随着矿井开采深度的逐渐加深，温度成为影响充填体强度的另一重要因素，二者共同作用影响着充填体的长期稳定性[1-4]。因此，综合考虑温度和裂隙等因素对全尾砂胶结充填体强度的耦合弱化效应，是研究评价充填体长期稳定性的关键；同时，对含裂隙充填体的裂纹萌生、扩展和贯穿全过程进行研究，可以从微观角度对充填体的稳定性进行判断，在达到临界强度之前做好防护措施，以确保充填采场安全。研究温度和裂隙等因素对充填体强度的耦合弱化效应及裂纹萌生、扩展和贯穿规律具有重要的工程意义。

2.1　温度-裂纹对充填体耦合弱化效应

2.1.1　裂隙胶结充填体压缩破裂全过程变形特征

研究含裂隙胶结充填体试样在应力加载下的破裂过程，并绘制相应的应力-应变曲线，可直观显示出温度-裂隙耦合作用下试样在各个阶段对应的强度及变形特征。对不同温度下含预制 45°单裂隙充填体试样进行单轴压缩试验，得到的应力-应变曲线如图 2.1 所示。试样的单轴压缩破裂过程大致可分为三个阶段：

(1) 压密及微裂隙闭合阶段（OA_i 段）。此阶段应力-应变曲线呈上凹状，试样的弹性模量增加，内部的微裂隙发生闭合。

(2) 裂纹萌生、扩展和贯穿阶段（A_iD_i 段）。对应应力-应变曲线的直线阶段和向右上方下凹曲线阶段，试样的弹性模量经历了基本不变→缓慢降低→突然降低→增大四个过程，直到曲线应力达到最大值为止；此阶段部分区间曲线应力突然下降，主要是因为预制裂隙尖端次生裂纹的萌生，充填体强度随之降低；按照裂纹扩展模式和发生的机理不同，可将裂纹分为翼裂纹和次生裂纹，翼裂纹的产生是由于裂隙尖端的拉应力作用，而次生裂纹的产生是由于裂隙面的剪切力作用。其中次生裂纹根据扩展方向不同又可分为沿着预制裂隙方向的次生共面裂纹和垂直预制裂隙方向并与翼裂纹方向相反的次生倾斜裂纹两种形式，其示意图如图 2.2 所示。

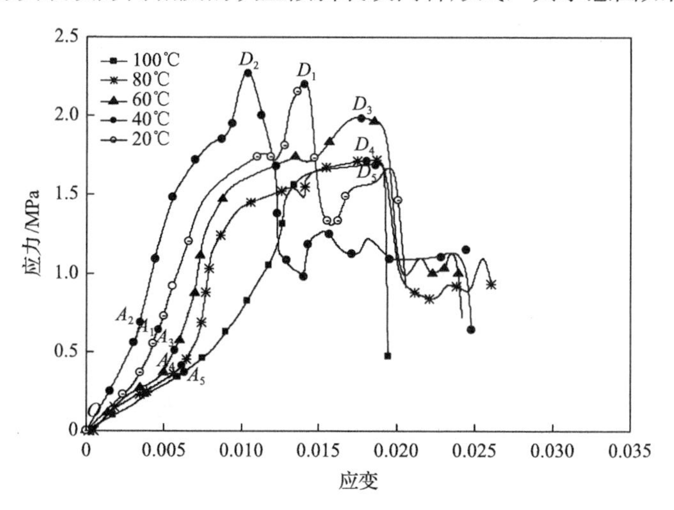

图 2.1　不同温度下含裂隙充填体试样应力-应变曲线

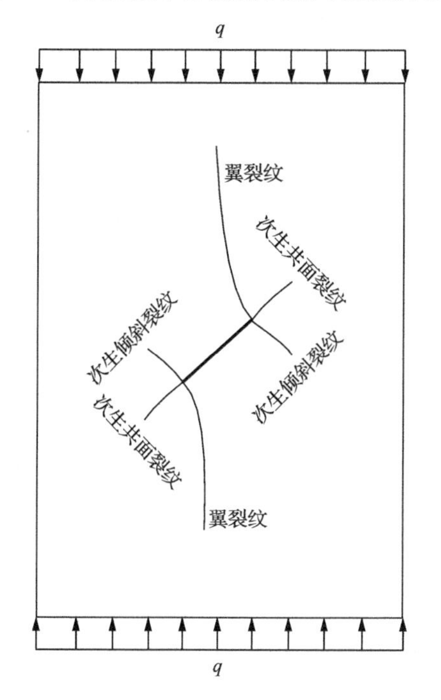

图 2.2　裂纹扩展模式示意图

(3)破坏与断裂阶段(D_i 点后)。应力-应变曲线前半部分呈急剧下降趋势，后半部分出现反复振荡后再急剧下降，此阶段试样结构加速破坏并逐渐分离，表现为翼裂纹的宽度不断增加，直至完全破坏；在较大应力作用下，预制裂隙发生闭合，上下表面颗粒彼此侵入，造成裂隙面摩擦力增大，从而使试样强度增加，曲线出现了上升阶段，随着应变的增加，原来侵入部分结构发生破坏，试样强度降低，曲线又出现下降阶段，这种裂隙面颗粒的反复“侵入-破坏”行为，使得应力-应变曲线呈现振荡趋势，这也是全尾砂胶结充填体与一般岩体的不同之处。

2.1.2 温度-裂隙耦合作用充填体强度弱化规律

为了分析温度和裂隙对胶结充填体强度的耦合弱化效应和试样变形参数特征，将含预制裂隙试样强度的减小值与完整试样强度的比值定义为裂隙因素下充填体强度弱化系数 $I_{\sigma 1}$；将完整试样在不同温度下的强度减小值与 20℃时强度的比值定义为温度因素下充填体强度弱化系数 $I_{\sigma 2}$；将不同温度下含裂隙试样强度减小值与 20℃完整试样强度的比值定义为充填体强度耦合弱化系数 I_σ；将含预制裂隙试样弹性模量减小值与完整试样弹性模量的比值定义为裂隙因素下充填体弹性模量的弱化系数 I_E[5]，即

$$I_{\sigma 1} = (\sigma_{c2} - \sigma_{c1}) / \sigma_{c2} \tag{2.1}$$

$$I_{\sigma 2} = (\sigma_{c2T_0} - \sigma_{c2T}) / \sigma_{c2T_0} \tag{2.2}$$

$$I_\sigma = (\sigma_{c2T_0} - \sigma_{c1T}) / \sigma_{c2T_0} \tag{2.3}$$

$$I_E = (E_2 - E_1) / E_2 \tag{2.4}$$

式中，σ_{c1}、σ_{c2} 分别表示含预制裂隙试样、完整试样的强度；E_1、E_2 分别表示含预制裂隙试样、完整试样的弹性模量；σ_{c1T}、σ_{c2T_0} 分别表示不同温度、常温 20℃下含裂隙试样的强度。

根据试验测得的试样强度及变形参数如表 2.1 所示，结合图 2.3 和图 2.4 可知，不同温度下完整试样的单轴抗压强度曲线表明温度与充填体强度非线性相关，在 100℃范围内，随着温度的增加，试样强度呈现先增加后降低的趋势，其弱化系数 $I_{\sigma 2}$ 在 40℃、60℃、80℃、100℃分别为–0.131、–0.065、0.165、0.170，说明温度对充填体强度起弱化作用发生在 60℃以后，而在 60℃之前(包括 60℃)，温度效应均强化了充填体强度。其中强度最大值位于 40℃附近，最利于充填体结构保持稳定，最小值位于 100℃，且在 80～100℃期间，其下降趋势变缓。主要是因为在 40℃之前，随着温度的升高，充填体试样发生膨胀，内部原有的微小裂隙在膨胀应力的作用下发生闭合，客观上增加了试样的完整性，提高了试样的强度；而随着温度超过 40℃继续增加，试样的膨胀应力加大，原有微裂隙尖端的集中拉应力超过了强度极限，引起裂纹的扩展，加剧了试样强度的损伤[6]；无论岩土、岩石还是介于二者之间的材料，均具有非均质性和各向异性，理想材料在自然界极少存在，这就意味着强度具有空间变异性，充填体内部的各微小单元的强度不尽相

同[7,8]。当试样膨胀应力大于某一微小单元的强度极限时，加载引起的微结构破坏可形成新的裂隙，这也是导致试样强度损伤的另一个不可忽略的因素。

表 2.1　不同温度条件下充填体强度及变形参数表

预制裂隙角度/(°)	温度 T/℃	含预制 45°单裂隙试样				完整试样			
		单轴抗压强度 σ_{c1}/MPa	弹性模量 E_1/GPa	弱化系数 $I_{\sigma1}$	弱化系数 I_E	单轴抗压强度 σ_{c2}/MPa	弹性模量 E_2/GPa	弱化系数 $I_{\sigma2}$	耦合弱化系数 I_σ
45	20	2.29	3.086	0.401	0.245	3.82	4.089	—	0.401
	40	2.43	3.927	0.438	0.206	4.32	4.946	−0.131	0.364
	60	2.02	2.561	0.504	0.368	4.07	4.052	−0.065	0.471
	80	1.72	2.549	0.461	0.243	3.19	3.367	0.165	0.550
	100	1.71	2.332	0.461	0.282	3.17	3.247	0.170	0.552

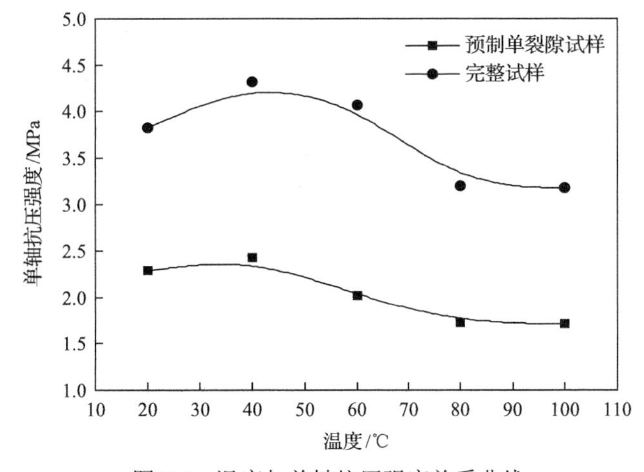

图 2.3　温度与单轴抗压强度关系曲线

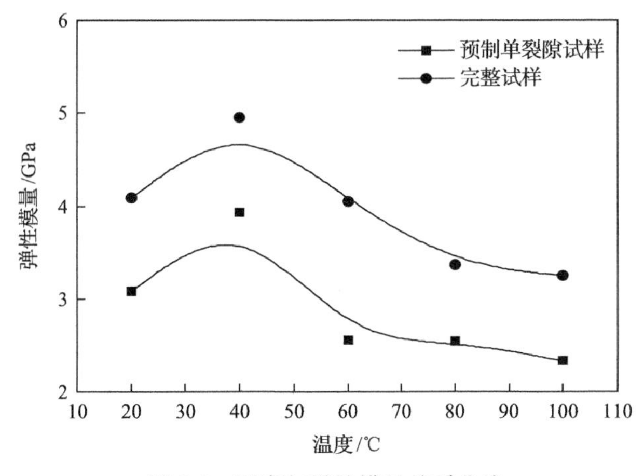

图 2.4　温度与弹性模量关系曲线

(1)裂隙对胶结充填体强度的影响。含预制45°单裂隙试样的单轴抗压强度弱化系数 $I_{\sigma1}$ 介于0.4～0.6，平均值分别为0.453，且随着温度的增加，弱化系数 $I_{\sigma1}$ 基本上呈现先上升后下降的趋势，但变化幅度不大。温度20℃对应的 $I_{\sigma1}$ 最小，为0.401；温度60℃对应的 $I_{\sigma1}$ 和 I_E 最大，分别为0.504和0.368。说明含45°单裂隙充填体在60℃附近的强度劣化严重，易发生失稳破坏，同时，弱化系数的均值也说明了裂隙的存在对充填体强度的弱化效应较明显。矿井充填应注重充填效果，尽量减少人为操作不当、采场爆破冲击波和采动影响等不利因素对充填体的完整性造成影响。

(2)温度与裂隙的耦合作用对充填体强度的影响。表2.1中数据显示温度和裂隙对完整充填体试样强度的耦合弱化系数 I_σ 在20℃、40℃、60℃、80℃、100℃时分别为0.401、0.364、0.471、0.550、0.552。随温度增加，其弱化系数先减小后增加，在40℃时最小，为0.364，温度与裂隙的耦合作用对充填体试样强度的弱化效应较小，充填体发生失稳破坏的概率比其他温度下低。在100℃时耦合弱化系数最大，为0.552，超过了0.5，此时充填体强度耦合弱化效应最明显，充填体的实际强度已低于常温下无缺陷胶结充填体强度的一半，在矿井压力较大或矿井来压的情况下极易发生失稳破坏，并有可能诱发“多米诺骨牌”效应，引起周围充填体的连锁破坏，诱发重大矿井灾害。此外，比较裂隙因素下的强度弱化系数、温度因素下的强度弱化系数和强度耦合弱化系数，不难发现充填体强度耦合弱化效应中，裂隙因素占主导地位，即裂隙的存在对充填体整体强度的弱化效应最明显。温度因素的存在同样影响着充填体的强度，只是所占比例较低，且在20～60℃条件下，温度增强了充填体强度，提高了充填体的稳定性，减小了充填体强度的耦合弱化系数。

2.1.3 裂纹扩展全过程特征

1. 裂纹萌生、扩展和贯穿全过程分析

通过试验观察，结合不同温度下含预制45°单裂隙试样的单轴应力-应变曲线和裂纹扩展图像可知，不同温度下灰砂配比为1∶4、浓度为78%的含预制单裂隙全尾砂胶结充填体试样裂纹扩展过程大致相似，现以环境温度40℃和60℃的试样为例，对其裂纹萌生、扩展和贯穿过程进行研究。

图2.5～图2.7分别表示40℃和60℃的环境温度下，含预制单裂隙全尾砂胶结充填体试样的应力-应变曲线和对应的裂纹扩展过程。

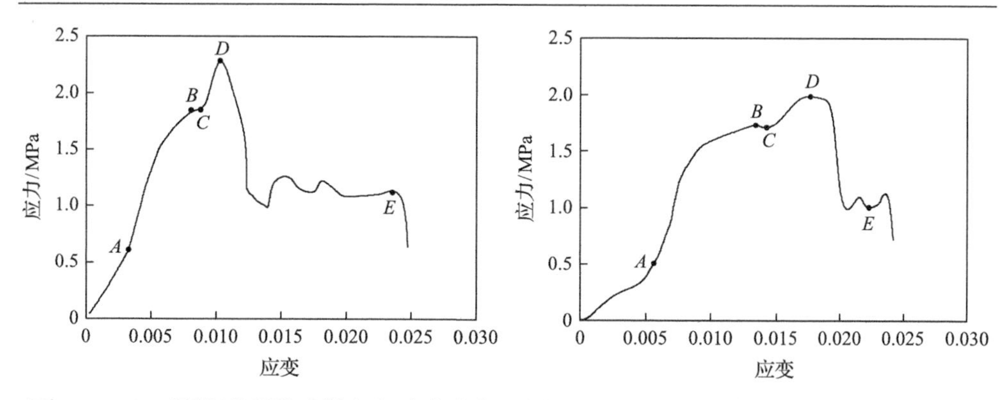

图 2.5　40℃下预制单裂隙试样应力-应变曲线　图 2.6　60℃下预制单裂隙试样应力-应变曲线

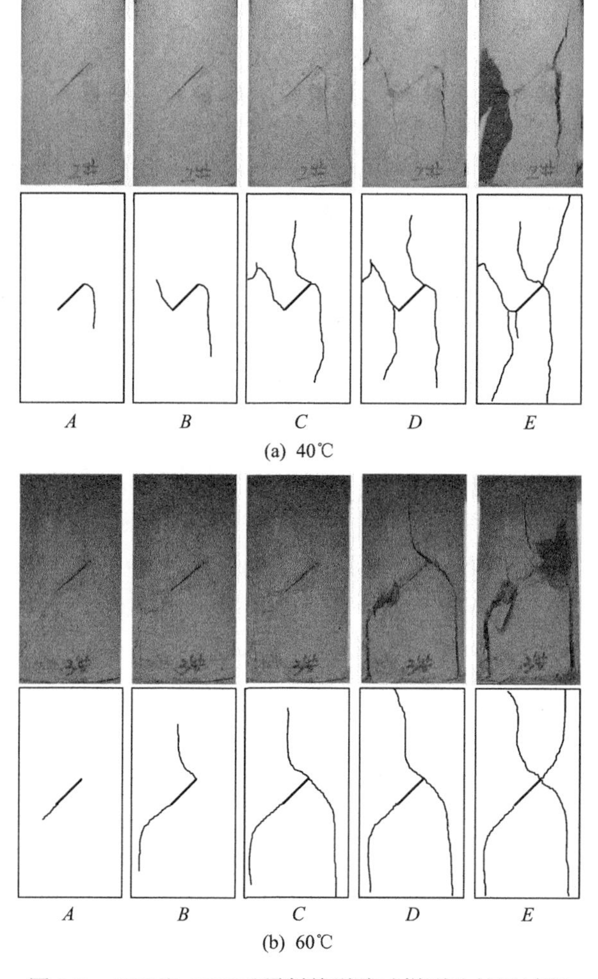

图 2.7　40℃和 60℃下预制单裂隙试样裂纹扩展过程

由图 2.5～图 2.7 可以看出，在应力-应变曲线弹性阶段末期，集中的拉应力引起充填体结构的破坏，在预制裂隙的尖端，一侧翼裂纹开始萌生。随后应力继续增加，翼裂纹长度增加并转向沿单轴加载方向不断扩展；当应力到达应力-应变曲线中的 *B* 点时，另一侧翼裂纹也开始萌生，充填体强度突然降低；当应力下降至 *C* 点时，可以发现次生裂纹已开始萌生，翼裂纹发生了扩展。之后，应力增加，此时胶结充填体试样已由拉应力破坏转化为沿裂隙面的剪切滑移破坏，次生裂纹扩展加速。翼裂纹扩展变缓慢，主要表现为裂纹宽度的增加。*D* 点对应充填体试样极限强度，翼裂纹和次生裂纹将贯穿整个试样，裂纹宽度已较大，在这以后，应力-应变曲线急剧下降，试样破坏速率加剧，裂纹宽度也快速增加，直至裂隙完全贯穿，充填体试样发生失稳破坏。

2. 裂纹贯穿形式

试验研究发现，不同温度下试样裂纹贯穿形式有所区别，按照翼裂纹的贯穿形式大致可分为四类。

第Ⅰ类翼裂纹形式：由于拉应力作用，预制单裂隙尖端萌生的裂纹沿着垂直于预制裂隙方向扩展，然后慢慢转向单轴应力的方向，最终扩展到试样的上下表面。此外，裂纹扩展路径比较平滑、顺畅。

第Ⅱ类翼裂纹形式：裂纹的萌生同样是因为拉应力作用，预制裂隙上下尖端发生破坏，而萌生的裂隙开始沿着预制裂隙方向扩展，稍后转向应力加载方向，最后到达上下表面，使得整个试样贯通。

第Ⅲ类翼裂纹形式：拉应力形成的预制裂隙尖端裂纹，一开始扩展方向既不垂直于预制裂隙，也不与之共面，而是沿着与单轴应力大致相同的方向在试样上下表面扩展，直至贯穿，同时裂纹扩展路径也不太顺畅。

第Ⅳ类翼裂纹形式：裂纹形成是因为抗剪切应力在尖端的应力集中，裂隙尖端裂纹扩展模式与第Ⅲ类相似，但方向相反；下部尖端的裂纹沿应力加载方向上部扩展，而上部尖端的裂纹扩展方向与之相反。

同种类型的试样在不同温度下裂纹扩展模式的变化影响着单轴抗压强度，如图 2.8 所示，温度在 20℃和 60℃时的裂纹扩展模式为Ⅰ型和Ⅱ型，40℃时的裂纹扩展模式为Ⅳ型，80℃时的裂纹扩展模式为Ⅰ型和Ⅲ型，100℃时的裂纹扩展模式仅为Ⅲ型。考虑到不同温度下试样的单轴抗压强度排序，从高到低依次为 40℃、20℃、60℃、80℃、100℃。这说明Ⅳ型扩展模式裂纹若要贯穿，所需的应力最大，在某种意义上，对含裂隙尾砂充填体的强度起到了强化作用；Ⅰ型和Ⅱ型扩展模式较为常规，一般常温下含裂隙尾砂试样的裂纹扩展模式均含其中一种或两种，这里将这种裂纹扩展模式的含裂隙尾砂充填体的强度称为标准强度；

80℃对应的裂纹扩展模式中含Ⅰ型和Ⅲ型，其单轴抗压强度大于 100℃只有Ⅲ型扩展模式的试样，说明Ⅲ型对含裂隙尾砂充填体的强度起到了劣化作用。在工程实践中，我们可以通过观察含裂隙充填体的裂纹扩展模式来对其是否会发生破坏进行预判。

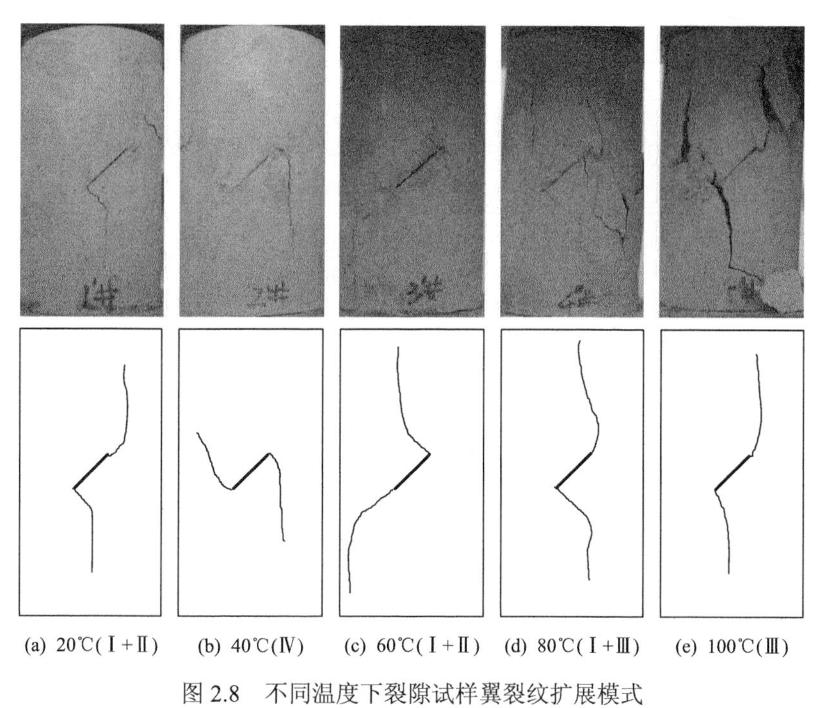

(a) 20℃(Ⅰ+Ⅱ)　(b) 40℃(Ⅳ)　(c) 60℃(Ⅰ+Ⅱ)　(d) 80℃(Ⅰ+Ⅲ)　(e) 100℃(Ⅲ)

图 2.8　不同温度下裂隙试样翼裂纹扩展模式

2.2　偏置裂纹充填体断裂行为

2.2.1　试件制备

试验所用原材料选取全尾砂，胶结剂选用 42.5 号水泥。全尾砂材料的化学成分如表 2.2 所示。由表可知，某铁矿全尾砂中 SiO_2 质量分数较大，占 82.052%；其余相对较多的是 MgO(2.413%)、Al_2O_3(3.849%)、CaO(2.461%)、Fe_2O_3(8.003%)，此四种共计 16.726%，远低于 SiO_2 质量分数，属酸性尾砂。使用激光粒度仪测试了矿全尾砂颗粒级配组成，全尾砂的粒径分布如表 2.3 所示，基本物理参数如表 2.4 所示。矿全尾砂颗粒粒径主要集中在 80～341μm，全尾砂不均匀系数 C_u= 3.636＜5、曲率系数 C_c=1.657，该全尾砂不均匀系数较小，级配一般。

表 2.2　全尾砂材料的化学成分(质量分数)　　(单位：%)

MgO	Al_2O_3	SiO_2	CaO	Na_2O	MnO	Fe_2O_3	总计
2.413	3.849	82.052	2.461	0.179	0.021	8.003	98.978

表 2.3　全尾砂颗粒级配组成分布

粒径/μm	<16	<42	<80	<131	<159	<193	<233	<282	<341	<500	>500
产率/%	3.00	4.32	7.89	15.59	11.58	14.87	18.58	17.46	2.86	3.45	0.40
累积产率/%	3.00	7.32	15.21	30.80	42.38	57.25	75.83	93.29	96.15	99.60	100.0

表 2.4　全尾砂基本物理参数

比重	容重/(kN/m³)	D_{10}/μm	D_{30}/μm	D_{50}/μm	D_{60}/μm	不均匀系数 C_u	曲率系数 C_c
2.8	16.2	55.27	135.32	178.28	200.79	3.636	1.657

制备灰砂配比 1∶4、浓度 75%的充填体试件，浇模完成后 24h 脱模，在恒温恒湿养护箱内养护 7d。为了符合断裂力学测试标准，试件尺寸(长×宽×高)为 200mm×40mm×40mm，预制裂缝长度 a 的取值范围为 $0.25H \leqslant a \leqslant 0.35H$，此处取 $a=0.25H$，裂缝宽度约为 0.2mm，有效跨距 S 取 160mm[9-11]，试件加载示意图如图 2.9 所示。

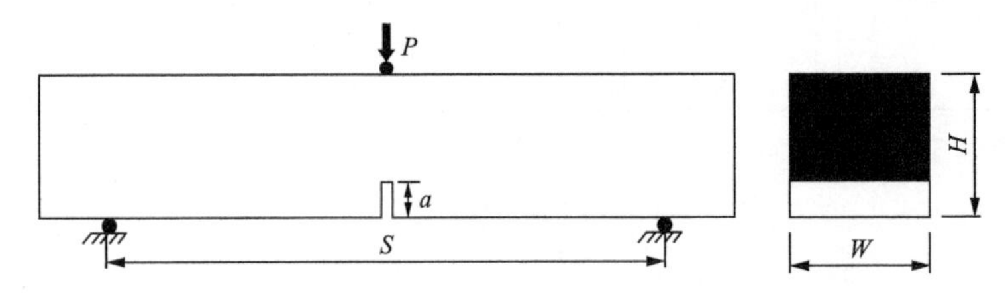

图 2.9　充填体试件加载示意图

试验前将筛选出的 21 个试件分别用非金属超声波探测仪进行检测，初始波速分布特点如表 2.5 所示。由表可知，其波速分布集中，离散性不明显，较小差异可能是由超声波检测误差、充填体试件加工差异造成的，所有试件的初始条件基本相同。试件初始波速的相对标准差小于 4%，同时也间接说明了超声波检测误差在 4%以内。

表 2.5　试件初始波速分布

最小值/(m/s)	最大值/(m/s)	平均值/(m/s)	标准差/(m/s)	相对标准差/%
2208	2361	2225	70.8	3.1

试验在电液伺服刚性压力加载机上进行，在支座处布置钢滚和钢垫板以降低摩擦阻力。为捕捉充填体试件的破坏全过程，采用 CMOS 高速摄像机 CP80-3-M-

540 进行录制观察，摄像机分辨率为 1696×1710，全分辨率下摄像速度可以达到 540 帧/s，缩小分辨率最高可达 20 万帧/s。通过高速摄像-加载系统可实时记录加载过程中裂纹的扩展过程，如图 2.10 所示。

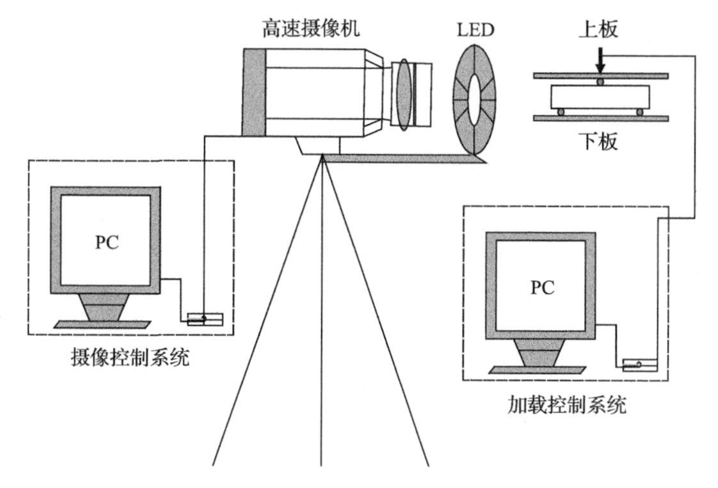

图 2.10　高速摄像-加载系统示意图

2.2.2　裂纹扩展全程

室内试验中，由于裂纹起裂、扩展的速度非常快，所以借助高速摄像-加载系统记录试样的破坏过程，得到荷载-时间曲线，并利用显微镜对裂纹扩展实时放大 20～30 倍观察，高速摄像机摄像速度选取 3900 帧/s，分辨率为 640×512，选取 C40-10 试件结果进行分析，如图 2.11 和图 2.12 所示。

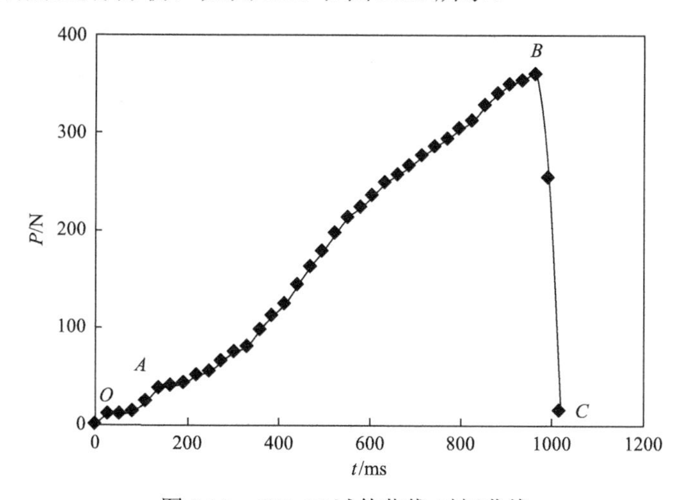

图 2.11　C40-10 试件荷载-时间曲线

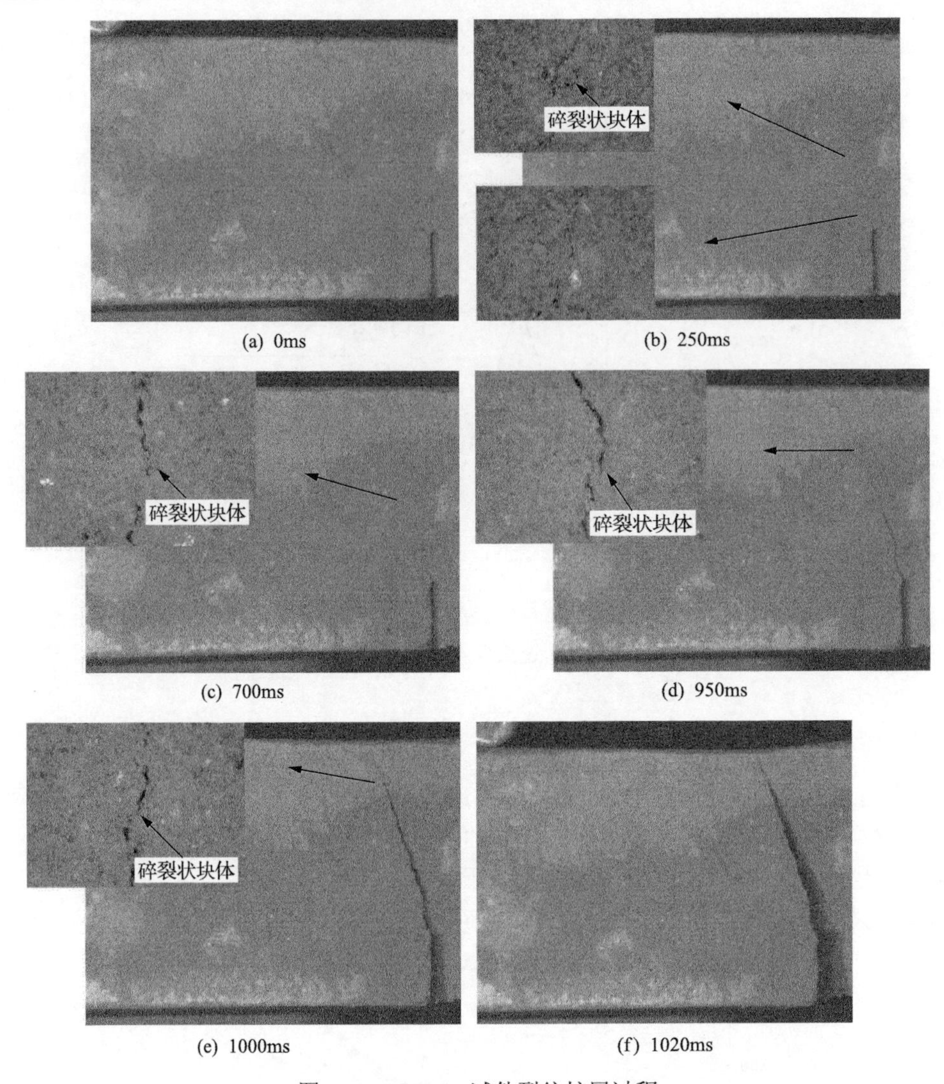

(a) 0ms　(b) 250ms

(c) 700ms　(d) 950ms

(e) 1000ms　(f) 1020ms

图 2.12　C40-10 试件裂纹扩展过程

裂纹的发育状态大致可分为 3 个阶段：*OA* 段为初始压密阶段，该阶段时间在 200ms 之内，充填体内孔隙与颗粒压密填充，无明显裂纹产生。*AB* 段为亚临界扩展阶段，此阶段试件存在裂纹但并未失稳，持续时间较长，扩展速度相对较小，从局部放大图可知，裂纹的扩展形貌为锯齿状，凹凸不平，且扩展过程有碎裂状块体脱落或仍夹杂在裂缝之间，不同于一般岩石裂纹扩展，这是由充填体自身性质决定的，尾砂颗粒和水泥基质的胶结状况实际上并不均匀，裂纹的扩展优先穿过颗粒与水泥胶结性能差的薄弱带，造成裂纹的锯齿状扩展，较差的薄弱区颗粒团簇会脱落，裂纹发育过程中裂纹面颗粒团簇的摩擦和挤压是此阶段时间较长的主要原因。*BC* 段为失稳扩展阶段，此阶段试件失稳，裂纹贯穿至试件顶部，扩展速度达到最快，夹杂在裂缝间的碎裂状块体迅速脱落，试件完全断裂，这种碎裂状块体的产生和脱落对实际生产工程中充填体的断裂预警具有指导意义。裂纹扩展示意图如图 2.13 所示。

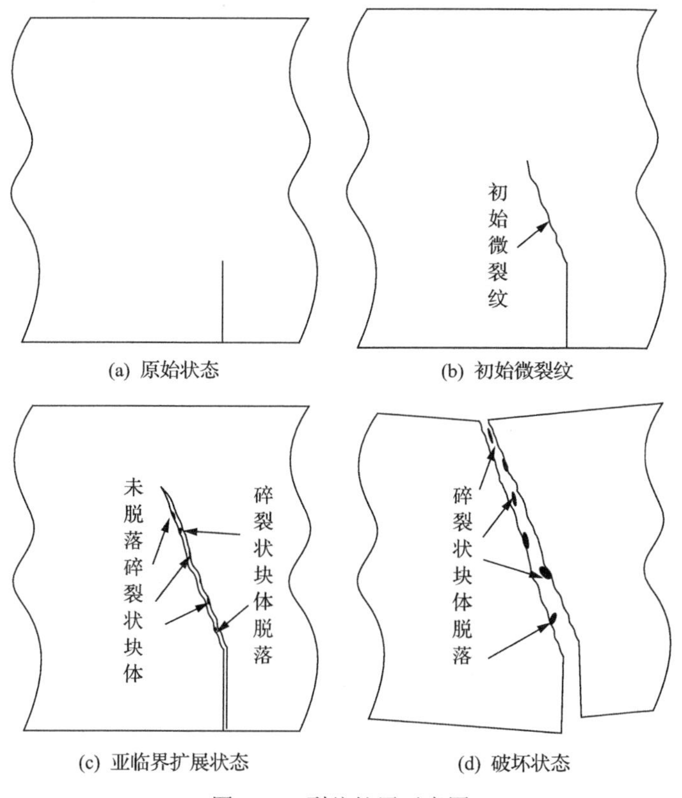

(a) 原始状态　(b) 初始微裂纹

(c) 亚临界扩展状态　(d) 破坏状态

图 2.13　裂纹扩展示意图

2.2.3　断面特征

1. 充填体断面形貌分析

偏置比为 0 和 0.75 的充填体试件断面均为平断口，几乎与垂直截面平行，偏差在 10°以内。不同偏置比和缝高比的试件，断面与垂直截面的偏折角 θ(扩展角)不同，图 2.14 为 Cb-10 组试件断面，b 表示偏置量。

各组试件断面 θ 值如表 2.6 所示。因为偏置量为 0 和 60mm 的试件均在充填体试件的中心处断裂，所以 θ 值均在 10°以内。而当缝高比一定时，偏置比从 0 变化到 0.5，断面的 θ 值在增大；当偏置比一定时，随着缝长的增加，断面的 θ 值具有离散性。这说明偏置比在 0 到相对应阈值的开区间内，随着偏置比的增大，断裂裂纹的偏折角也增大。

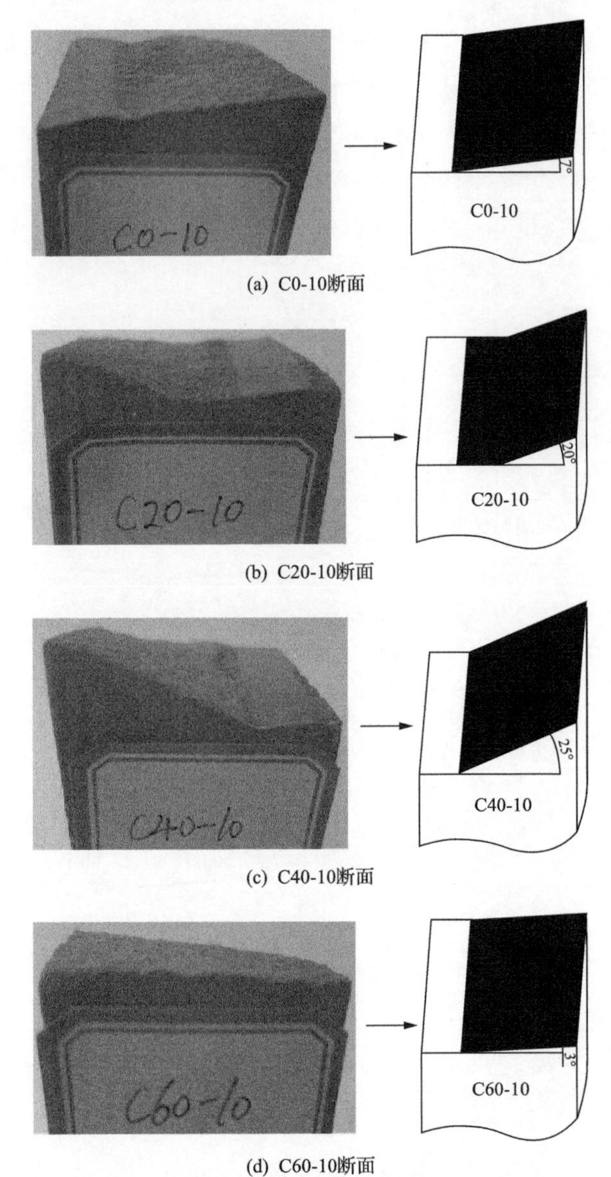

(a) C0-10断面

(b) C20-10断面

(c) C40-10断面

(d) C60-10断面

图 2.14　C*b*-10 组试件断面

表 2.6　各组试件断面 *θ* 值

试件编号	缝长/mm	偏置比	偏折角 θ/(°)
C0-4	4	0	2
C20-4		0.25	11
C40-4		0.50	15
C60-4		0.75	5

续表

试件编号	缝长/mm	偏置比	偏折角 θ/(°)
C0-10	10	0	7
C20-10		0.25	20
C40-10		0.50	25
C60-10		0.75	3
C0-20	20	0	5
C20-20		0.25	15
C40-20		0.50	23
C60-20		0.75	3

2. *充填体断面粗糙度分析*

对三组试件的断面进行观察，根据断面滑动方向，可沿与滑动方向平行的断面测定粗糙度，在很多情况下，相应的方向是与倾斜(倾向)平行的。选取凹凸程度较大的区域，沿宽度 W 和高度 h 方向分别测量 3～5 组数据，每组的数据点不少于 10 个，并且各点的间距一致。利用游标卡尺(精度 0.02mm)测量各个点的高度，以同一线上各点的数据为一组，以最低点为基准按 3cm 比例尺绘制成粗糙度曲线。分别对沿宽度和高度方向的粗糙度曲线进行分组对比，其评判标准为起伏程度，最后将落差最大的曲线定义为该试样断面的粗糙度曲线，图 2.15 为各试件断面粗糙度曲线。

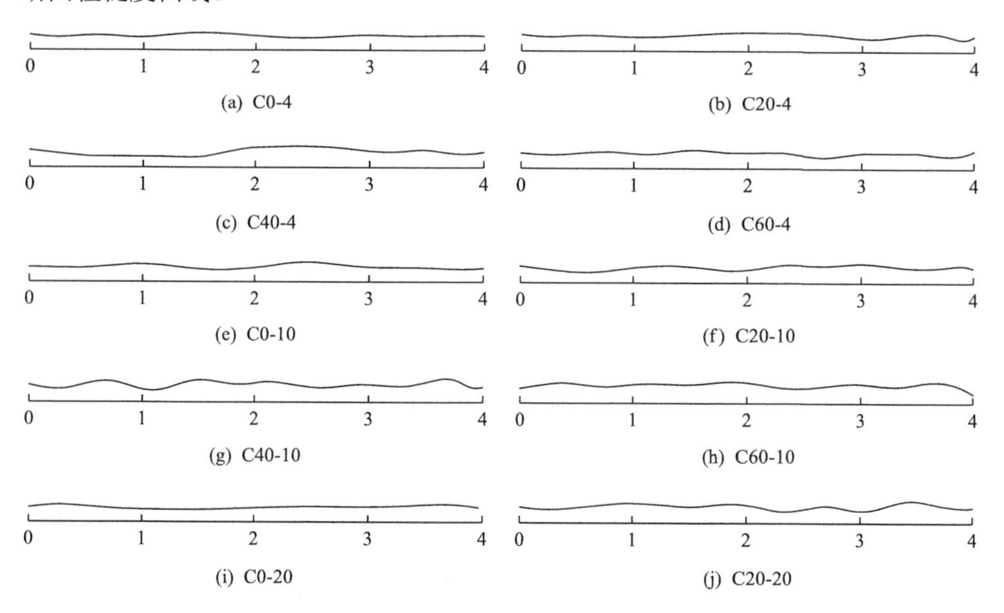

(a) C0-4　(b) C20-4

(c) C40-4　(d) C60-4

(e) C0-10　(f) C20-10

(g) C40-10　(h) C60-10

(i) C0-20　(j) C20-20

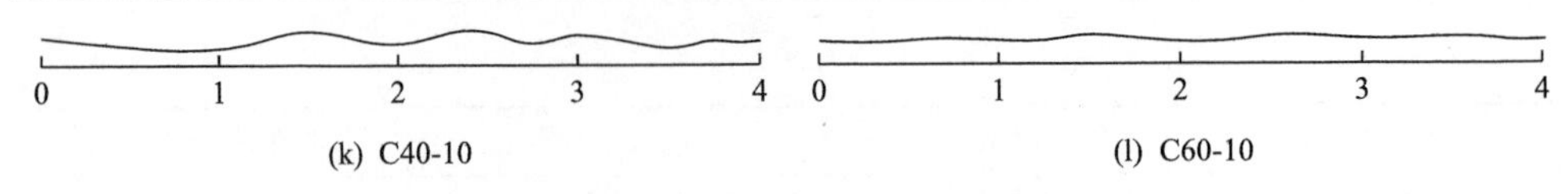

(k) C40-10　(l) C60-10

图 2.15　试件断面粗糙度曲线

Barton 定义了从 0～20 的 10 种粗糙度(JRC)曲线，被国际岩石力学学会规定为标准粗糙度曲线与其对应值的范围。将得到的每一条曲线与规定的标准粗糙度曲线一一对照，选取与标准粗糙度曲线起伏程度或形态相近的曲线，那么其 JRC 值可作为充填体试件断面的粗糙度值。对比可知，偏置比为 0 和 0.75 试件的断裂面 JRC 值都集中在为 4～6 和 6～8，说明断面粗糙度较小，比较平整光滑；偏置比为 0.25 和 0.5 试件的断面 JRC 值在 8～10 和 14～16，说明断面粗糙度大，比较粗糙，其中相同缝长的试件，偏置比为 0.5 断面比偏置比为 0.25 的断面更粗糙。

取充填体试件破断后的两个断面最凹处所在平面之间的区域称为断裂区，破断后受残余应力影响的区域称为断裂影响区，未受破断影响的区域称为稳定区，如图 2.16 所示。通过测量可知，试件在中心处断裂，断裂区长度很小，为 1～2cm，最大值与有效跨距的比值为 0.125；而未在中心处破断的试件，随着偏置量与缝深的增大，断裂区长度也增大，长度在 2～6cm，最大值与有效跨距的比值为 0.375。这对我们在生产实际过程中用注浆法修复充填体人工假顶具有一定的指导意义。

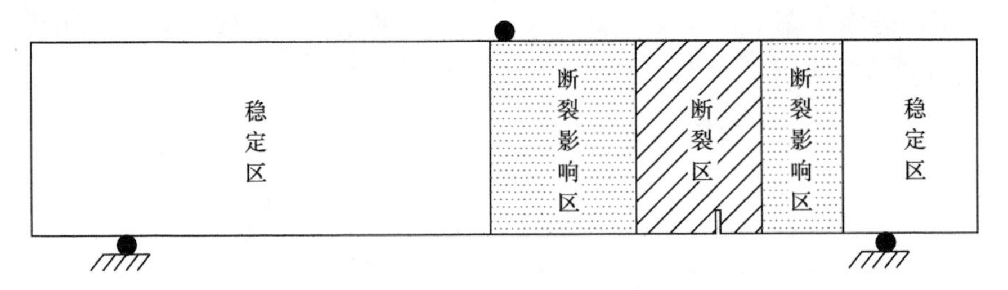

图 2.16　试件断裂分区

2.2.4　断裂强度及机制

魏炯等对 3 种不同的断裂韧度计算公式进行了讨论和对比分析，按其推荐的 ASTM(American Society for Testing Materials)三点弯曲断裂公式计算 K_{IC}[12]：

$$K_{\mathrm{IC}} = \frac{P_{\max} S}{W h^{1.5}} f_{\mathrm{I}}\left(\frac{a}{h}\right) \tag{2.5}$$

$$f_{\mathrm{I}}\left(\frac{a}{h}\right) = 2.9\left(\frac{a}{h}\right)^{0.5} - 4.6\left(\frac{a}{h}\right)^{1.5} + 21.8\left(\frac{a}{h}\right)^{2.5} - 37.6\left(\frac{a}{h}\right)^{3.5} + 38.7\left(\frac{a}{h}\right)^{4.5} \tag{2.6}$$

式中，P_{max} 为试验峰值荷载(MPa)；h 为样品高度(mm)；W 为样品宽度(mm)；a 为预制裂纹的长度(mm)；S 为有效跨距(mm)；f_I 为无量纲函数。一般情况下，预制裂缝的长度要根据试件断口间距求平均值测出。利用游标卡尺测量 5 个等间距裂缝长度值 a_1、a_2、a_3、a_4、a_5，如图 2.17 所示。然后取 a_2、a_3、a_4 的平均值作为裂纹长度 a，即

$$a = (a_2 + a_3 + a_4) / 3 \tag{2.7}$$

a_2、a_3、a_4 中任意 2 个测量值之差不得大于 $0.1a$，表面上裂纹长度 a_1、a_5 与 a 之差的绝对值不得大于 $0.1a$。裂纹面应与垂直截面平行，偏差在±10°以内。利用游标卡尺对预制裂纹长度进行测量，并按以上要求进行校验，结果如表 2.7 所示。

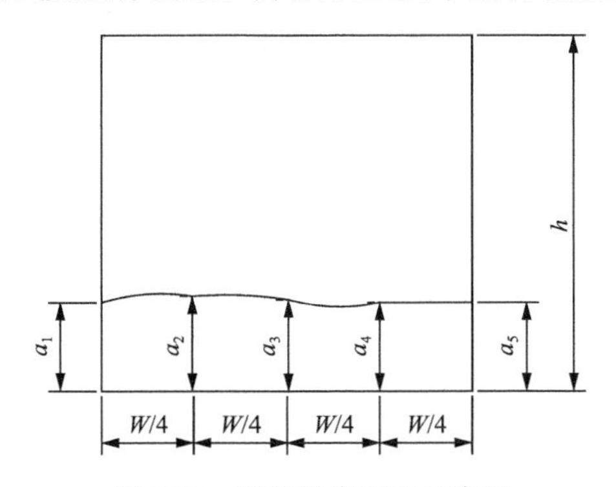

图 2.17　裂纹长度测量示意图

表 2.7　试件初始裂纹长度　(单位：mm)

试件编号	a_1	a_2	a_3	a_4	a_5	a
C0-4	4.23	4.14	4.56	4.14	4.28	4.28
C20-4	4.16	4.28	4.24	4.36	4.51	4.29
C40-4	4.33	4.35	4.24	4.51	4.24	4.37
C60-4	4.25	4.44	4.23	4.25	4.11	4.31
C0-10	10.40	10.55	10.45	10.42	10.41	10.47
C20-10	10.25	10.11	10.23	10.66	10.25	10.33
C40-10	10.51	10.23	10.54	10.44	10.55	10.40
C60-10	10.11	10.21	10.02	10.03	9.96	10.09
C0-20	20.11	20.34	19.58	20.55	20.22	20.16
C20-20	19.23	19.98	20.12	20.22	19.30	20.11
C40-20	19.10	19.54	19.10	20.11	20.33	19.58
C60-20	20.85	20.58	20.22	20.34	20.66	20.38

根据断裂韧度测试标准，式(2.5)只适用于偏置比为 0 试件的断裂韧度计算。

为了描述试件在三点弯曲试验中断裂韧度和偏置比的关系，本节提出偏置影响系数 δ，与左建平等的定义不同，此系数只计算偏置裂纹试件的峰值荷载 $P_{b\text{-}a}$。图 2.18 表明，存在偏置影响系数 δ 使得

$$P_{b\text{-}a}=F(\beta,\delta) \tag{2.8}$$

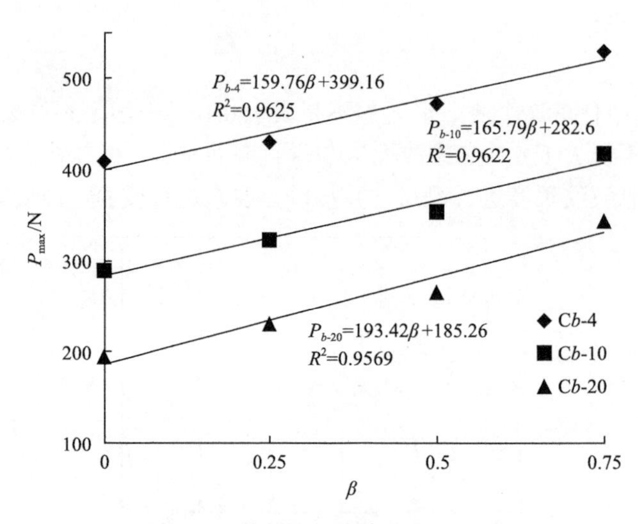

图 2.18　偏置比与峰值荷载的关系

对 3 组不同缝深的峰值荷载进行拟合，可得

$$P_{b\text{-}4}=159.76\beta+399.16 \tag{2.9}$$

$$P_{b\text{-}10}=165.79\beta+282.6 \tag{2.10}$$

$$P_{b\text{-}20}=193.42\beta+185.26 \tag{2.11}$$

式中，$P_{b\text{-}4}$、$P_{b\text{-}10}$ 及 $P_{b\text{-}20}$ 分别表示试件在预制裂纹长度为 4mm、10mm、20mm，偏置量 b 时的峰值荷载。根据式(2.9)～式(2.11)可得，偏置影响系数 δ 分别为 159.76、165.79、193.42，这说明随着试件预制裂纹长度的增大，其峰值荷载受偏置效果的影响增大。将上述 3 组拟合公式代入式(2.5)，则受偏置裂纹影响的充填体试件三点弯曲断裂韧度表达式为

$$K_{\mathrm{IC}}=\frac{P_{b\text{-}a}S}{Wh^{1.5}}f_{\mathrm{I}}\left(\frac{a}{h}\right) \tag{2.12}$$

将参数代入式(2.12)，可得出含不同缺陷充填体试件的断裂韧度，结果如表 2.8 所示。

表 2.8　试件断裂韧度

试件编号	缝高比	峰值荷载/N	断裂韧度/(N/mm$^{3/2}$)
C0-4	0.10	408.20	5.37
C20-4		429.55	5.64
C40-4		471.00	6.18
C60-4		527.52	6.92
C0-10	0.25	288.88	6.11
C20-10		321.54	6.80
C40-10		351.68	7.44
C60-10		416.99	8.82
C0-20	0.50	193.42	8.15
C20-20		229.85	9.68
C40-20		265.02	11.16
C60-20		342.89	14.42

由表 2.8 可知，相同缝高比的试件，随着偏置比的增加，峰值荷载和断裂韧度均呈近似线性增大。根据材料力学理论，在三点弯曲试验中将试件看成简支梁，如图 2.19 所示。

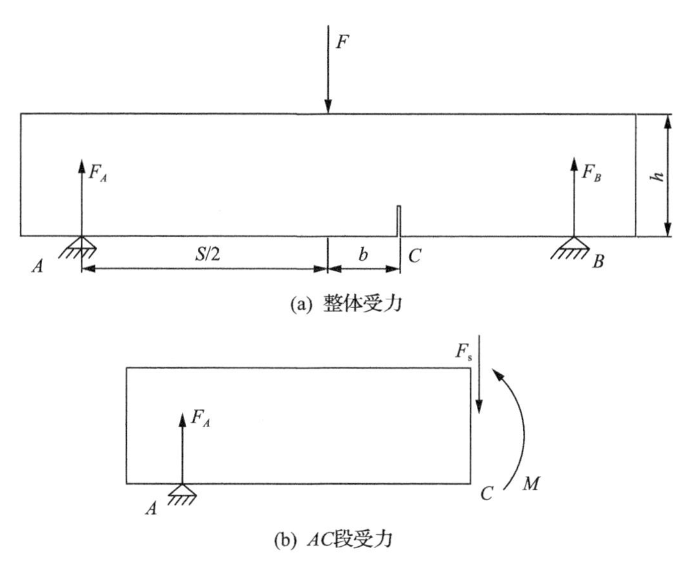

(a) 整体受力

(b) AC段受力

图 2.19　充填体受力示意图

由力矩平衡方程$\sum M_A=0$与$\sum M_B=0$，得点 A 与 B 端支反力分别为

$$F_A = F_B = F / 2 \tag{2.13}$$

$$M = F / 2 \times (S / 2 - b) \tag{2.14}$$

式中，F_A 和 F_B 分别为支点 A 和 B 处所受的力(N)；M 为裂缝处截面所受弯矩。由式(2.13)和式(2.14)可知，对于三点弯曲荷载，剪切力与偏置量无关，但随着偏置量的增大，弯矩在逐渐减小，同时截面的弯曲应力会减小。由材料力学理论可知，横截面上的弯曲应力影响远远大于截面切应力的影响，所以峰值荷载会随着偏置量的增加而近似线性增加。

由表 2.8 可知，在偏置比相同的情况下，随着缝高比的增加，试件峰值荷载不断减小，但断裂韧度却在增大，即试件抵抗断裂的能力变大。这与范向前等[12]研究的在中心裂纹处，随着预制裂纹长度的增大，断裂能在减小，即试件抵抗断裂的能力也在减小矛盾，且与客观规律不符，所以断裂韧度的计算表达式中 a 的取值存在上、下限才可适用，本次试验所取的裂纹长度并不全在 a 的取值区间内，此时断裂韧度的计算公式不全适用，则断裂韧度无对比性。可以选用峰值荷载的变化直接描述试件抵抗断裂能力的变化规律。

由上述推论可知，实质上弯矩的大小决定了试件抵抗断裂能力的大小。当偏置比不变，改变缝高比时，弯矩所作用的有效面积发生改变，等效为梁的有效高度 h' 发生改变，如图 2.20 所示。预制裂纹长度增加 a'，可等效为梁的有效高度减小 a'。

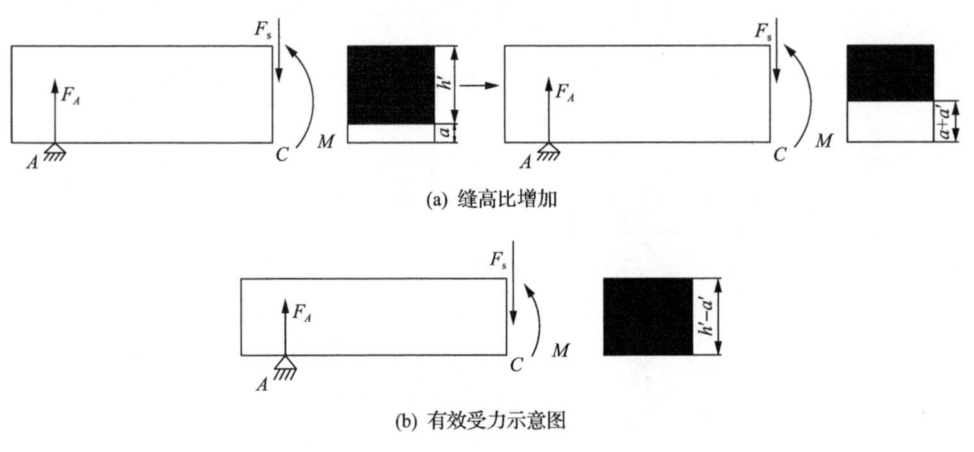

图 2.20　充填体等效示意图

由材料力学理论可知

$$M = \frac{E}{\rho}\int_A y^2 \mathrm{d}A \tag{2.15}$$

式中，ρ 为曲率半径；E 为弹性模量；积分代表截面的惯性矩 I。矩形截面的惯性矩为

$$I = Wh'^3 / 12 \tag{2.16}$$

式中，h'为弯矩作用的有效截面高度(mm)。

将式(2.16)代入式(2.15)得

$$M = EWh'^3 / (12\rho) \tag{2.17}$$

可以得出，惯性矩 I 综合反映了截面的形状与尺寸对断裂力学参数的影响，随着试件缝高比的增加，有效高度就会降低，则对应的弯矩就越小，根据式(2.12)可知，达到临界平衡所需的峰值荷载越小，试件抵抗断裂的能力越差。

但当试件缝高比一定，偏置比达到 0.75 时，充填体试件并未从预制裂纹处断裂，而是从试件中心处断裂，这是因为试件偏置比存在一个阈值。当低于此阈值时，预制裂纹截面所受弯曲应力大于中心处截面弯曲应力，从裂纹处断裂所需能量小，所以在预制裂纹处断裂；反之，试件预制裂纹截面所受弯曲应力小于中心处截面弯曲应力，从中心处断裂所需能量小，所以在中心处断裂。预制裂纹偏置位置越接近支点，由式(2.17)可知，裂纹截面处的弯矩越接近 0，中心处弯曲应力达到最大值，此时裂纹一定从中心处断裂。

2.3　温度-裂纹耦合作用下充填体断裂行为

将试件分为 7 组，为确保试验数据的准确性，每组 3 个试件进行加载试验，剩余一组备用。将五组试件分别放在箱式电阻炉内加热，加热温度分别设置为 40℃、60℃、80℃、100℃和 120℃，剩余一组为实验室的室温状态(20℃)。为了确定试件在箱式电阻炉内的恒温时间，将备用试件放在 40℃的电阻炉内恒温，每间隔 1h 取出测量质量，直至试件质量达到平稳状态，测试结果如图 2.21 所示。试件在前 3h，相对于初始质量下降了 4.1%，在 3h 之后曲线呈平缓状。试验以 3h 为各个温度的恒温时间，加热结束后，将试件冷却至常温。

通过对不同温度热处理后充填体进行三点弯曲试验研究，对充填体断裂韧度、超声波波速特性、微观结构及损伤规律进行分析，揭示不同温度下充填体断裂特性及裂纹扩展模式，从微观角度探明充填体损伤机理，研究成果可为井下下向充填采场充填体的稳定性和安全评估及预测提供参考。

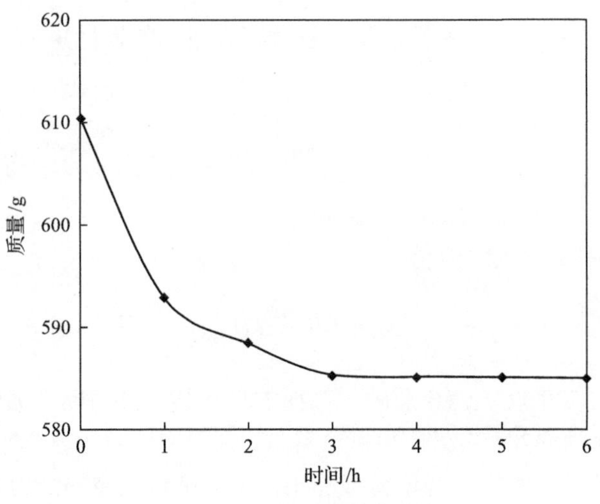

图 2.21 试件质量变化曲线

2.3.1 热处理充填体断裂韧度及超声特性影响

前期的研究已表明 ASTM 规定的 K_{IC} 计算公式中，预制裂纹长度 a 的取值范围为 $0.25h$～$0.35h$，偏置量 b 为 0，因此在探究高温热处理充填体断裂特性及行为时，a 取 $0.25h$，b 取 0。同样预制裂纹的精确值要从断口中测出来符合断裂计算标准，测量 5 个裂纹长度值 a_1、a_2、a_3、a_4、a_5，然后取中间 3 个读数的平均值作为裂纹长度 a 的值，则 5 个裂纹长度值 a_1、a_2、a_3、a_4、a_5 与 a 之差不得大于 $\pm 0.1a$。裂纹面应与垂直截面平行，偏差在 ±10°以内。利用游标卡尺对预制裂纹的长度进行测量，并按以上要求进行校验，将试件分为 7 组，每组以热处理温度为分组原则，编号分别为 C20、C40、C60、C80、C100 和 C120，结果如表 2.9 所示。将已知数据代入式(2.5)和式(2.6)，得出各组试件断裂韧度，借助非金属超声波探测仪读出冷却后试件的波速，如表 2.10 所示。图 2.22 为试件断裂韧度和波速与温度的关系曲线。

表 2.9 试件裂纹长度 （单位：mm）

试件编号	a_1	a_2	a_3	a_4	a_5	a
C20	10.40	10.55	10.45	10.42	10.41	10.47
C40	10.25	10.11	10.23	10.66	10.25	10.33
C60	10.51	10.23	10.54	10.44	10.55	10.40
C80	10.11	10.21	10.02	10.03	9.96	10.09
C100	10.02	10.33	10.35	10.38	10.35	10.35
C120	10.52	10.38	10.45	10.25	10.68	10.36

表 2.10　不同温度处理后充填体试件的断裂韧度和波速

试件编号	峰值荷载均值/N	断裂韧度均值/(N/mm$^{3/2}$)	波速均值/(m/s)
C20	288.88	6.11	2212
C40	298.93	6.32	2284
C60	238.64	5.05	2174
C80	150.72	3.19	2052
C100	128.11	2.71	2008
C120	105.50	2.23	1988

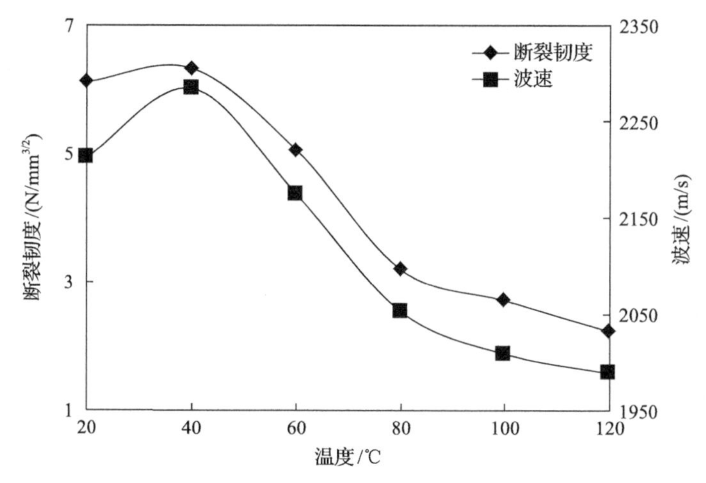

图 2.22　充填体的断裂韧度和波速与温度的关系曲线

由表 2.10 和图 2.22 可知，在不同温度下，充填体断裂韧度和波速的整体变化趋势基本相同；当温度从室温(20℃)上升到 40℃时，断裂韧度略有上升，增幅为 3.44%。这主要是因为充填体内部自由水被加热，升温使得水的溶解能力变强，水泥水化程度提高，其胶结性能增强，进而对断裂韧度起到提升的作用；波速有明显提高，这主要是因为自由水的缓慢蒸发对微裂隙通道内壁产生压力，同时尾砂颗粒受热膨胀，两者共同作用导致微裂隙闭合，改善了矿物颗粒之间以及矿物颗粒和水泥基质之间的接触状态，使得充填体变成一个相对密实的整体，致使波速在 40℃时有所提升。

当温度从 40℃上升到 80℃时，断裂韧度加速下降，降幅为 49.53%。这主要是因为充填体内部自由水蒸发加速，气体对充填体内部孔隙通道内壁的冲击力增大，同时，矿物颗粒之间以及矿物颗粒和水泥基质之间受热膨胀差异使得内部产生热开裂，形成新的微裂纹，再加上冷却后充填体要自相平衡，产生内应力即残余应力，这些因素共同作用使得断裂韧度迅速下降。波速加速下降主要是因为试件内部产生新裂纹或者孔隙结构，超声波在传导过程中通过空气介质的路径增多，导致波速迅速下降。

当温度从 80℃上升到 120℃时，断裂韧度下降变缓，降幅为 30.1%。这主要是因为接近或超过水的沸点(100℃)时，自由水急剧蒸发，使得气体对孔隙通道内壁的冲击力达到一个稳定的极值，随着温度升高，此时充填体各组分的热膨胀差异占主导地位，导致热开裂增速变缓，所以断裂韧度的下降幅度有所变缓。波速下降变缓的主要原因是热开裂的增加幅度减缓。

2.3.2　胶结充填体热损伤特性

胶结充填体是由尾砂基质、水、胶结材料配制而成的人工复合介质，尾砂中的各种矿物成分和水泥基质在高温条件下的热膨胀系数各不相同，所以充填体受热后各组分的变形也不同。然而，胶结充填体作为井下空场的充填材料，为了保持其变形的连续性，矿物成分和水泥不可能按各自固有的热膨胀系数随温度变化而自由变形，因此各组分之间产生约束，由此在充填体内部形成一种应力即结构热应力，应力最大值往往发生在矿物颗粒和水泥之间的交界处。若应力达到或超过交界处的极限抗拉强度，则沿此交界面产生微裂纹，导致充填体的宏观力学性能劣化，这种由热作用导致其劣化的过程可由损伤因子 D 表示。

不考虑充填体试件制备过程对试件的初始损伤，假定试件在初始状态下是完整且各向同性的，为描述充填体内部损伤程度，可根据超声波速度变化来定义损伤因子 D：

$$D = 1 - (v_{CT} / v_C)^2 \tag{2.18}$$

式中，v_{CT} 为充填体试件经过温度 T 作用后的波速(m/s)；v_C 为试件 20℃时的波速(m/s)。

充填体损伤因子与温度的关系如图 2.23 所示。由图可知，热处理后充填体损伤与温度的关系大致可以分为 3 个阶段：室温(20℃)到 40℃为负损伤阶段，因为定义了室温(20℃)充填体损伤为 0，而在 40℃时充填体的波速和断裂韧度均达到最大值，损伤因子的降幅达到 7%，由此出现了负损伤，这主要是充填体变得更密实导致的；40℃到 80℃为加速损伤阶段，这期间损伤因子的增幅达到 300%，这主要是因为充填体内部自由水蒸发不稳定和矿物颗粒与水泥的膨胀差异导致热开裂的加速发展；80℃到 120℃为稳定损伤阶段，这期间损伤因子的增幅为 37.94%，相对于第 2 个阶段增幅缩小了近 9/10，这主要是热开裂增加速度仅由充填体各组分的膨胀差异导致，所以增速变缓。

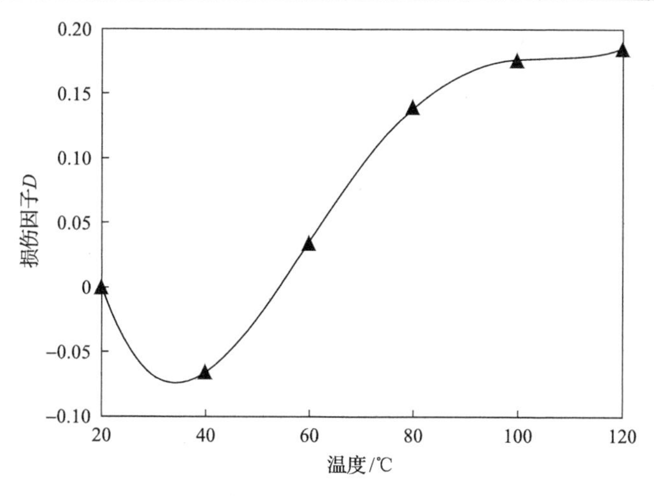

图 2.23　充填体损伤因子与温度的关系

为分析温度对充填体断裂韧度的弱化效应，将试件在不同温度下的断裂韧度减小值与 20℃时断裂韧度的比值定义为温度因素下的充填体韧度弱化系数 I：

$$I = (K_{\mathrm{T}} - K_{\mathrm{CT}}) / K_{\mathrm{T}} \tag{2.19}$$

式中，K_{CT} 为充填体试件经过温度 T 作用后的断裂韧度($\mathrm{N/mm^{3/2}}$)；K_{T} 为试件 20℃时的断裂韧度($\mathrm{N/mm^{3/2}}$)。

不同温度处理后充填体损伤因子 D 与弱化系数 I 如表 2.11 所示，两者关系如图 2.24 所示。

表 2.11　不同温度处理后充填体试件的损伤因子和韧性弱化系数

试件编号	峰值荷载均值/N	损伤因子 D	弱化系数 I
C20	288.88	0	0
C40	298.93	−0.0662	−0.0344
C60	238.64	0.0341	0.1735
C80	150.72	0.1394	0.4779
C100	128.11	0.1759	0.5565
C120	105.50	0.1923	0.6350

由图 2.24 可知，热处理后充填体断裂韧度的弱化系数随着损伤因子的增大呈线性增加。超声波作为一种理想的探伤载体，它在充填体内传播，与内部各组分和空气介质相互作用，可以充分反映充填体高温作用后自身内部的性质变化，波速下降可以有效表征充填体断裂特性发生了显著变化。

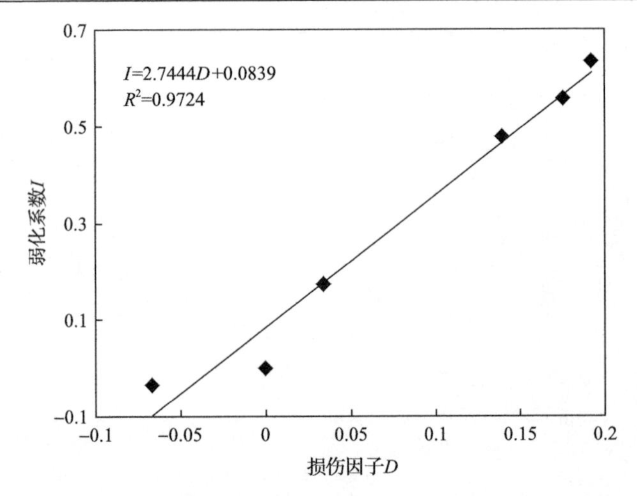

图 2.24　充填体断裂韧度弱化系数与损伤因子的关系曲线

2.3.3　热处理充填体微观结构量化

分别从经历不同温度热处理作用之后的充填体试件断裂面切取薄片，以薄片断裂面为观察面，切割面为底面，这是因为底面的细观结构已被切割工具损坏。将薄片固定于扫描电子显微镜(scanning electron microscope，SEM)的样品台上进行观测。图 2.25 为不同温度热处理作用之后充填体试件 SEM 图像。

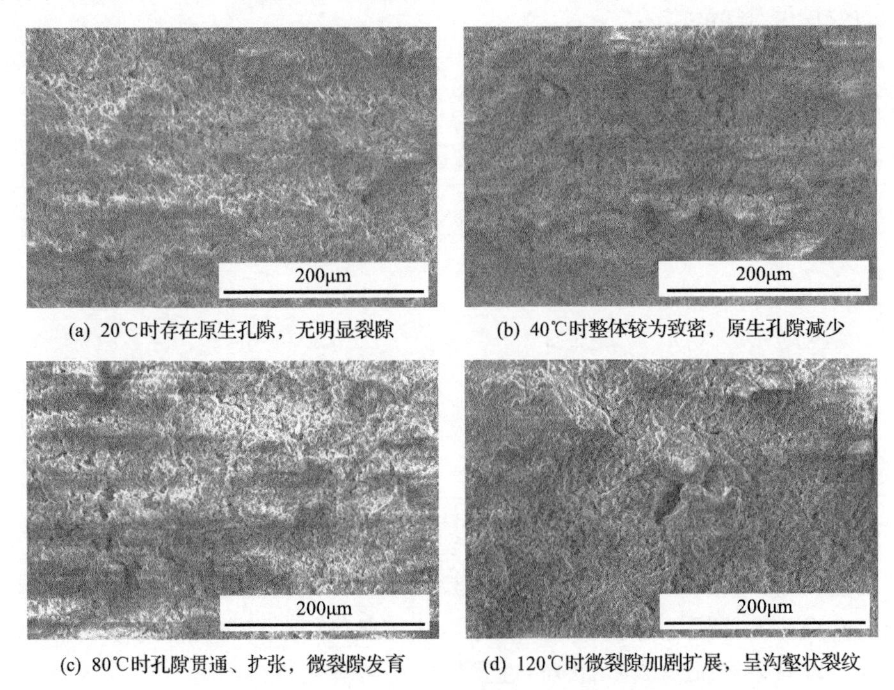

(a) 20℃时存在原生孔隙，无明显裂隙　(b) 40℃时整体较为致密，原生孔隙减少

(c) 80℃时孔隙贯通、扩张，微裂隙发育　(d) 120℃时微裂隙加剧扩展，呈沟壑状裂纹

图 2.25　不同温度热处理后充填体试件 SEM 图像

由图 2.25 可知，随着热处理温度上升，充填体试件孔隙和裂隙的分布、大小及形态都发生了较显著的变化。常温状态(20℃)时，由于试件制作过程中会有少量空气混入料浆中，充填体在水化溶解到固结硬化期间产生初始孔隙，即原生孔隙；当热处理温度为 40℃时，充填体原生孔隙相对减少，颗粒整体排列较致密，且无明显裂隙；当热处理温度为 80℃时，孔隙之间贯通、扩张，产生明显微裂隙，裂隙贯穿区域出现明显的颗粒团簇；当热处理温度为 120℃时，微裂隙加剧发育，产生沟壑状裂纹且颗粒团簇分层叠加呈片状分布。

由于充填体表面起伏不平在裂隙及孔隙结构处显示出很低的亮度值，在微观结构下可以直观看出随着热处理温度的升高，其内部由热开裂和水蒸气冲击导致的微裂隙及孔隙结构的发育。通过选择合适的灰度阈值，借助编写的 MATLAB 程序，将不同温度影响下的 SEM 图像进行二值化处理，如图 2.26 所示。计算黑色像素所占比例即为微观结构孔隙度，二值图各像素数量如表 2.12 所示，充填体的孔隙度和断裂韧度与温度的关系曲线如图 2.27 所示。

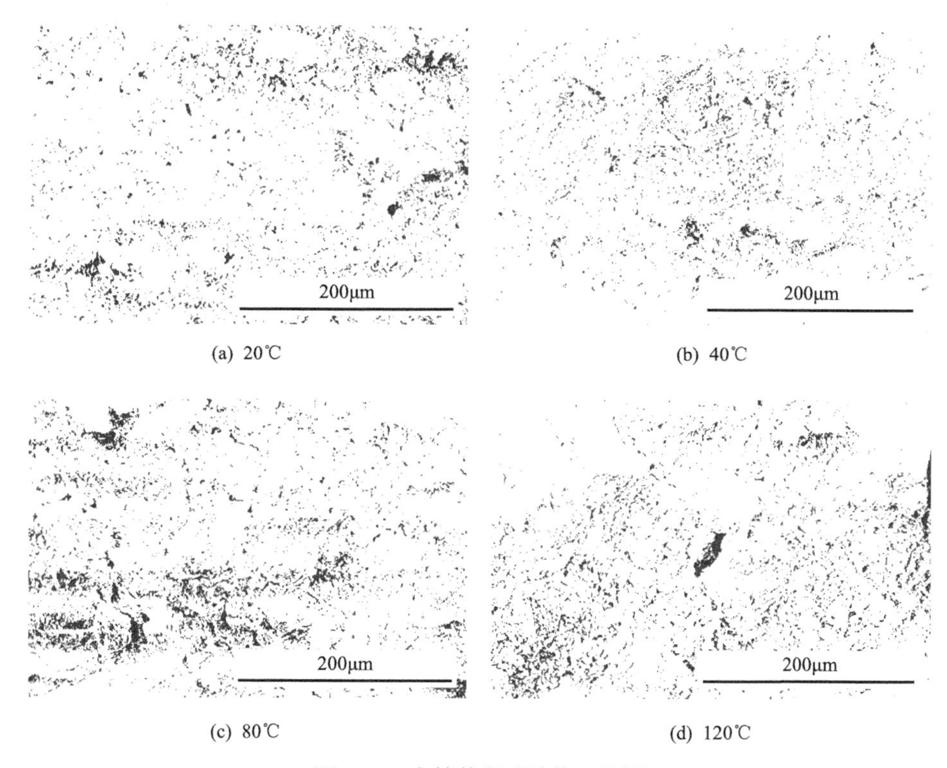

(a) 20℃　(b) 40℃

(c) 80℃　(d) 120℃

图 2.26　充填体微观结构二值图

表 2.12　二值图各像素数量

试件编号	黑色像素数/10^5个	白色像素数/10^6个	总像素数/10^6个	孔隙度
C20	2.1784	1.4858	1.7036	0.1279
C40	1.9693	1.5090	1.7059	0.1154
C60	2.6258	1.4461	1.7087	0.1537
C80	2.9029	1.4207	1.7110	0.1697
C100	3.3069	1.3855	1.7162	0.1927
C120	3.8709	1.3325	1.7196	0.2251

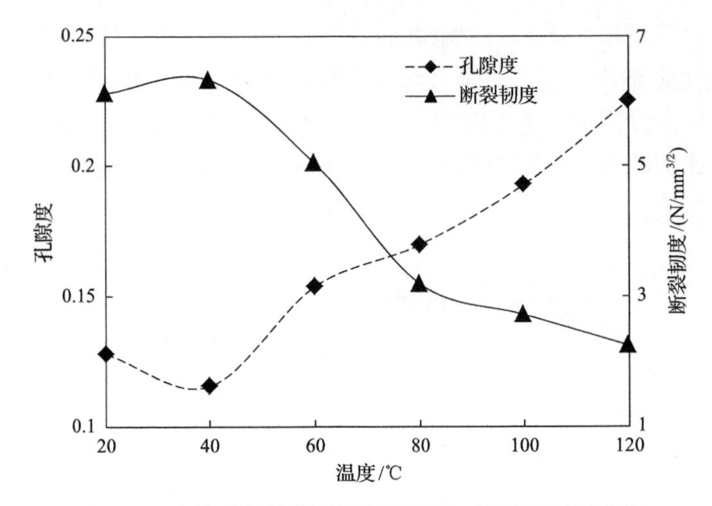

图 2.27　充填体的孔隙度和断裂韧度与温度的关系曲线

由表 2.12 和图 2.27 可知，当温度从 20℃上升到 40℃时，孔隙度降幅为 9.77%；当温度从 40℃到 80℃时，孔隙度增幅为 47.05%；当温度从 80℃到 120℃时，孔隙度增幅为 32.65%。在不同温度影响下，充填体微观结构孔隙度的变化趋势与断裂韧度变化趋势相反，随着孔隙度增加，充填体断裂韧度呈相反趋势减小。热处理后，这种内部结构较显著的变化是充填体断裂韧度弱化与内部损伤的根本原因。

2.3.4　热处理充填体裂纹扩展模式

借助高速摄像-加载系统记录试样的破坏过程，得到荷载-时间曲线，选取 C20 试件结果进行分析，如图 2.28 所示，其裂纹扩展过程如图 2.29 所示。由图 2.28 和图 2.29 可知，与上述 2.2.2 节中含缺陷充填体裂纹扩展过程相同，裂纹的发育状态大致分为 3 个阶段：*OA* 段为初始压密阶段，该阶段时间在 180ms 之内，充填体内孔隙与颗粒压密填充，无明显裂纹产生。*AB* 段为亚临界扩展阶段，如图 2.29(a)和(b)所示，此阶段试件存在裂纹但并未失稳，持续时间较长，扩展速度相对较小，裂纹整体扩展基本为一条直线，从局部放大图可知，裂纹的扩展形貌呈锯齿状，凹凸不平，且扩展过程中有较大块体脱落。同样这是由充填体自身性质决定的，尾砂颗粒和水泥基质的胶结状况实际上并不均匀，裂纹的扩展优先穿过颗粒与水泥胶结性能差的薄弱面，造成裂纹的锯齿状扩展，颗粒团簇相互错动，裂纹发育

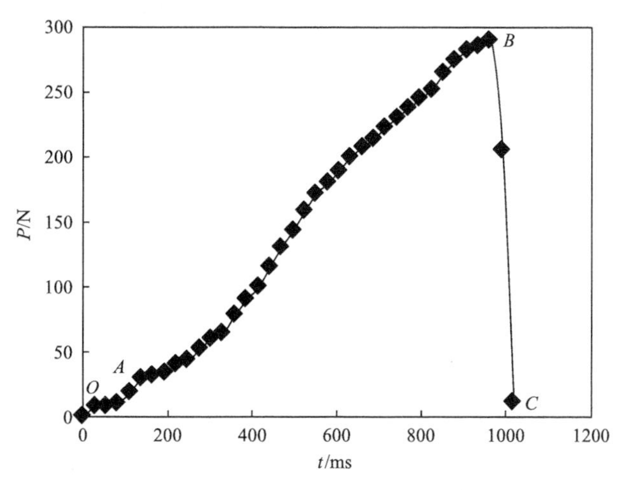

图 2.28　C20 试件荷载-时间曲线

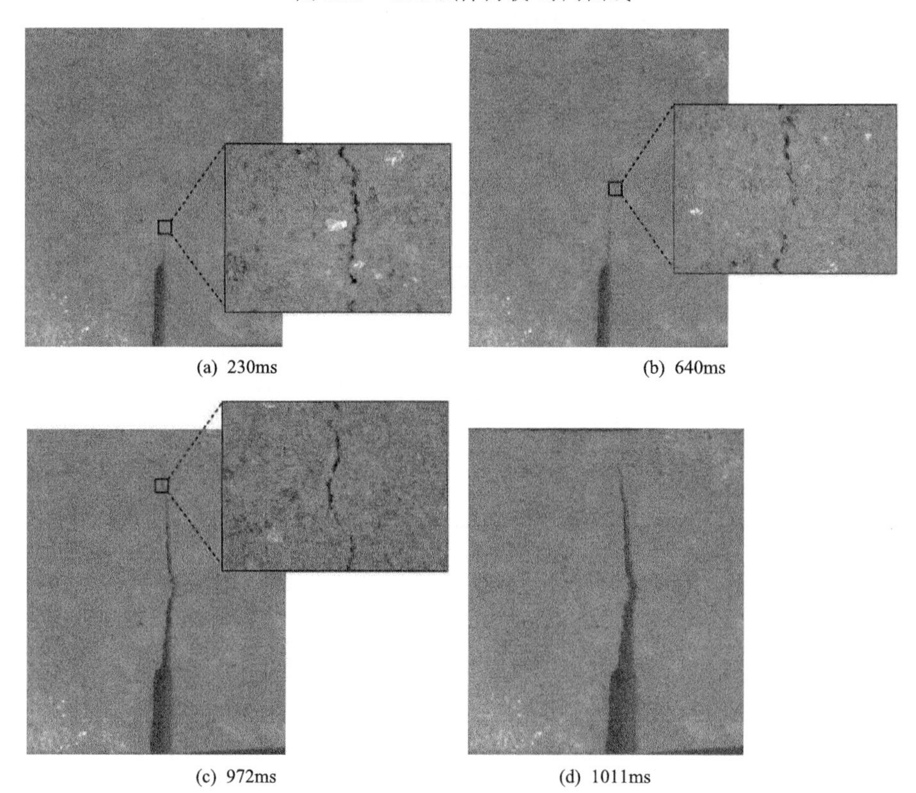

图 2.29　C20 试件裂纹扩展过程

过程中裂纹面颗粒团簇的摩擦和挤压是此阶段时间较长的原因。*BC* 段为失稳扩展阶段，如图 2.29(c)和(d)所示，此阶段试件失稳，裂纹贯穿至试件顶部，扩展速度达到最快，试件完全断裂。

在不同温度热处理作用下，充填体断裂特性决定其裂纹扩展模式的差异性，借助高倍显微镜，将各组试件裂纹局部放大，各组充填体试件裂纹特征如表 2.13 所示。

表 2.13　充填体断裂裂纹特征描述

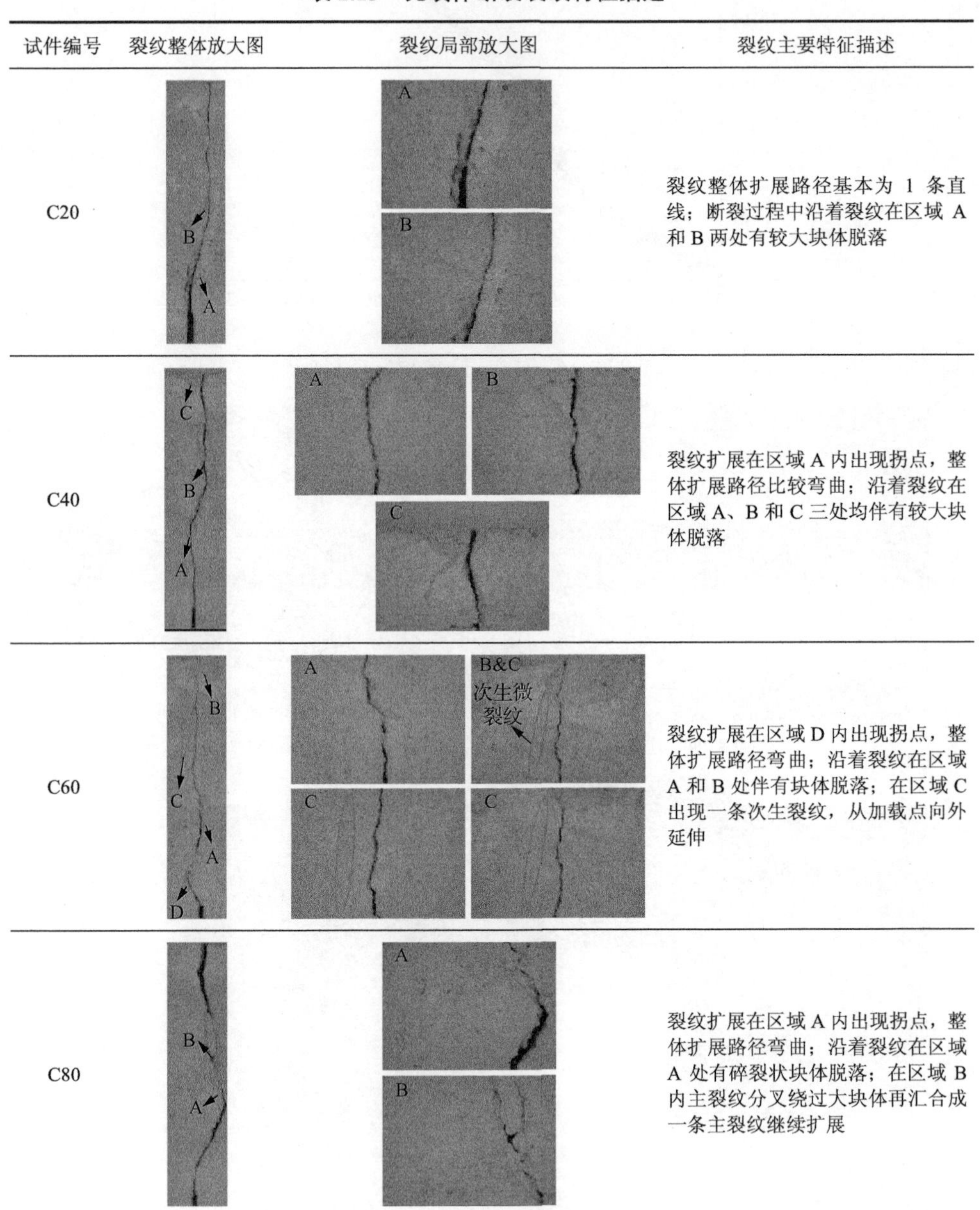

试件编号	裂纹整体放大图	裂纹局部放大图	裂纹主要特征描述
C20			裂纹整体扩展路径基本为 1 条直线；断裂过程中沿着裂纹在区域 A 和 B 两处有较大块体脱落
C40			裂纹扩展在区域 A 内出现拐点，整体扩展路径比较弯曲；沿着裂纹在区域 A、B 和 C 三处均伴有较大块体脱落
C60			裂纹扩展在区域 D 内出现拐点，整体扩展路径弯曲；沿着裂纹在区域 A 和 B 处伴有块体脱落；在区域 C 出现一条次生裂纹，从加载点向外延伸
C80			裂纹扩展在区域 A 内出现拐点，整体扩展路径弯曲；沿着裂纹在区域 A 处有碎裂状块体脱落；在区域 B 内主裂纹分叉绕过大块体再汇合成一条主裂纹继续扩展

续表

试件编号	裂纹整体放大图	裂纹局部放大图	裂纹主要特征描述
C100	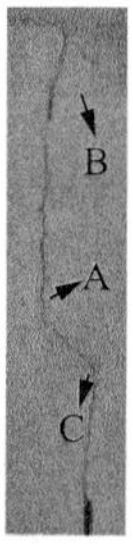	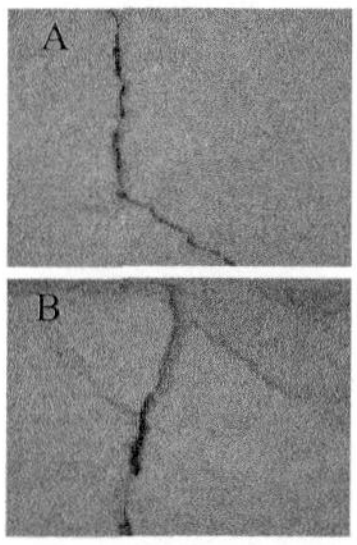	裂纹扩展在区域C内出现拐点，整体扩展路径非常弯曲；沿着裂纹在区域A有碎裂状块体脱落，在区域B右侧有大块块体脱落；在区域B左侧出现一条次生裂纹，从主裂纹分出向顶部延伸
C120	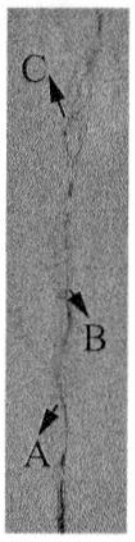	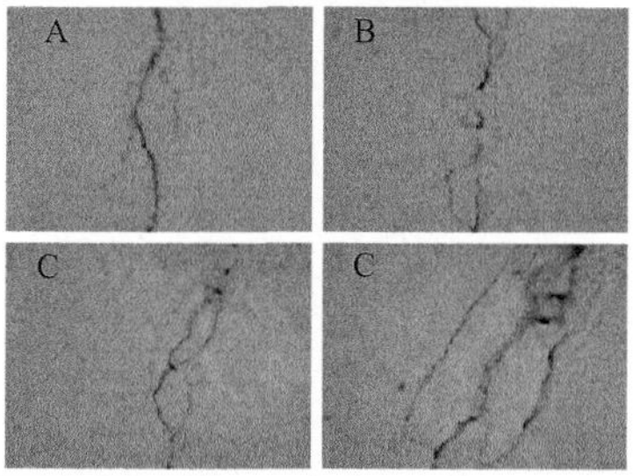	裂纹整体扩展路径基本为一条直线；沿着整条裂纹几乎都有碎裂状块体脱落，且在区域A、B和C均有较大块体未脱落；在区域A出现次生裂纹绕过较大块体而后与主裂纹汇合，在区域C主裂纹呈树枝状分叉

由表2.13可知，充填体裂纹扩展的主要特征存在以下规律：①温度从室温(20℃)上升到120℃，裂纹的整体扩展路径大致经历了直线→弯曲→直线的过程，受不同温度影响裂纹的偏折角较为离散；②断裂过程中沿着裂纹由起初的较大块体脱落，逐渐伴随出现未脱落块体和碎裂状块体的脱落；③主裂纹在扩展过程中会衍生出次生裂纹，并且裂纹分叉特征更加明显。那些已经有明显断裂痕迹的未脱落块体之所以依旧附着在试件上，是因为块体断裂面与试件表面的摩擦力大于其自身重力，但是极不稳定。

在室温(20℃)状态下，充填体可以看成基本均匀的连续体，此时裂纹扩展路径基本为一条直线，有较大块体脱落是脱落处水泥和充填体的胶结情况较差所致。随着热处理温度上升，其内部出现热开裂，产生新的新生微裂隙，由于热开裂分布的不均匀性，内部损伤程度不同，裂纹朝着损伤后的薄弱带扩展，扩展过程中遇到阻碍即稳定带，主裂纹会出现绕行和分叉现象；对于一些损伤薄弱的交叉聚集带，在裂纹入侵过程中会产生碎裂状块体；充填体顶部加载点附近应力集中，使得加载点附近处的薄弱带贯穿连接成新的微裂纹即次生裂纹。裂纹扩展模式如图2.30所示。而当温度上升到120℃时，充填体损伤透彻而变得“均匀”，即整个充填体的薄弱带分布密集且均匀，导致裂纹扩展路径又变成一条直线。

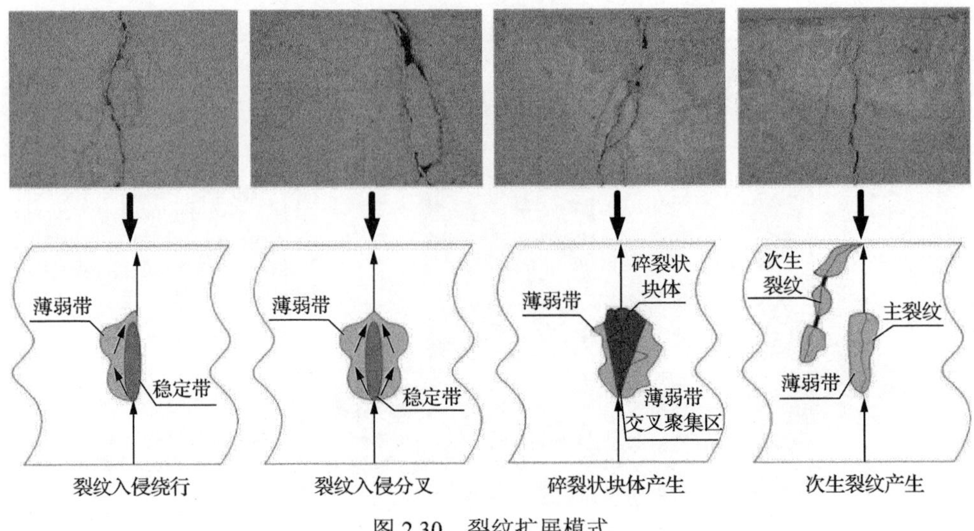

图 2.30 裂纹扩展模式

2.4 不同温度条件下含缺陷充填体断裂行为

针对不同受热模式下含缺陷充填体断裂行为研究，分别将经养护温度及热处理温度的胶结充填体试件进行三点弯曲试验，试件裂缝长度 a 取 10mm，缝高比 α 为 0.25，偏置量 b 分别取 0、20mm、40mm、60mm，偏置比 $\beta(=b/(S/2))$ 为 0、0.25、0.5、0.75。试件共分为 6 组，按养护温度分为 3 组，分别为 Cβ-20、Cβ-40、Cβ-60。以热处理温度分为 3 组，分别为 Tβ-20、Tβ-40、Tβ-60，其中热处理方式为标准养护条件下养护 7d 后，将三组试件分别放在箱式电阻炉内加热，加热温度分别设置为 20℃、40℃和 60℃，试验以 3h 为各个温度的热处理时间，加热结束后，将试件冷却至常温，不同热模式下试件制备情况如表 2.14 所示。

表 2.14 不同热模式下试件制备情况表

试件编号	偏置比	养护温度/℃	试件编号	偏置比	热处理温度/℃
C0-20	0	20	T0-20	0	20
C0.25-20	0.25		T0.25-20	0.25	
C0.50-20	0.50		T0.50-20	0.50	
C0.75-20	0.75		T0.75-20	0.75	
C0-40	0	40	T0-40	0	40
C0.25-40	0.25		T0.25-40	0.25	
C0.50-40	0.50		T0.50-40	0.50	
C0.75-40	0.75		T0.75-40	0.75	

续表

试件编号	偏置比	养护温度/℃	试件编号	偏置比	热处理温度/℃
C0-60	0	60	T0-60	0	60
C0.25-60	0.25		T0.25-60	0.25	
C0.50-60	0.50		T0.50-60	0.50	
C0.75-60	0.75		T0.75-60	0.75	

通过对不同温度养护以及热处理的含缺陷充填体进行三点弯曲试验研究，对不同受热模式下充填体断裂韧度、超声波波速特性、微观结构及损伤规律进行分析，揭示充填体断裂特性及裂纹扩展模式，从微观角度探明充填体损伤机理，研究成果可为深地充填方式提供借鉴。

2.4.1　断裂韧度

图 2.31 表明，在两种受热模式下，充填体的断裂峰值荷载与偏置影响系数存在相关性，即

$$P_{\max} = \delta\beta + c \tag{2.20}$$

将式(2.20)代入式(2.5)，可得不同受热模式下充填体的断裂韧度，即

$$K_{\mathrm{IC}}=\frac{(\delta\beta+c)S}{Wh^{1.5}}f_{\mathrm{I}}\left(\frac{a}{h}\right) \tag{2.21}$$

式中，c 为每组试件偏置比为 0 的峰值荷载(N)。试验过程中由于室温为 20℃，对应 Cβ-20 和 Tβ-20 组受热条件几乎相同，两组试件断裂强度相差 1.52%～2.89%，在误差范围内。为方便比较，两组试验结果取相同数据，并将其定为基准组即标准养护组，对 6 组不同受热模式下充填体峰值载荷进行拟合，如表 2.15 所示。

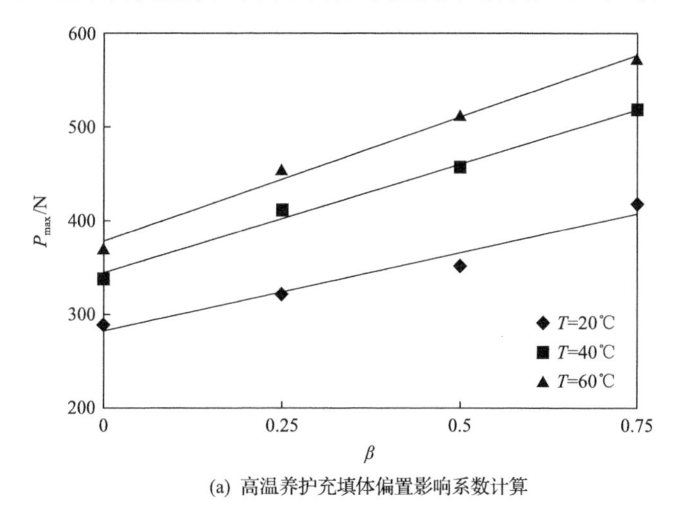

(a) 高温养护充填体偏置影响系数计算

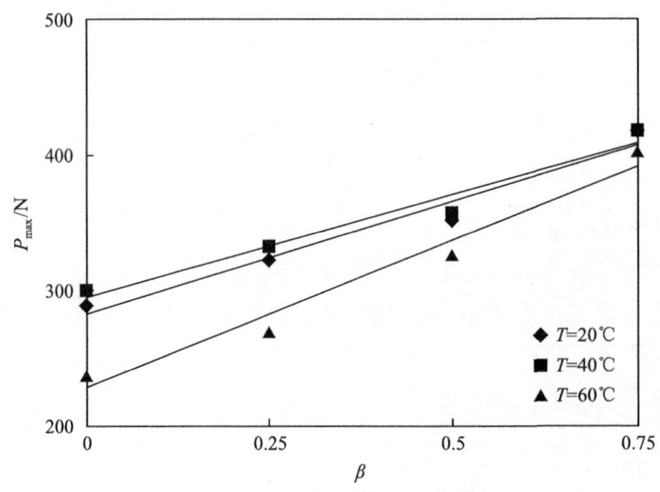

(b) 热处理充填体偏置影响系数计算

图 2.31　不同热模式下偏置影响系数计算

表 2.15　各组偏置影响系数

模式	试件编号	拟合公式	R^2	δ
高温养护	Cβ-20	P_{max}= 165.79β + 282.6	0.9622	165.79
	Cβ-40	P_{max}= 233.73β + 343.06	0.9824	233.73
	Cβ-40	P_{max} =265.77β + 377.93	0.9817	265.77
高温热处理	Tβ-20	P_{max}= 165.79β + 282.6	0.9622	165.79
	Tβ-40	P_{max}= 218.43β + 227.25	0.9578	218.43
	Tβ-60	P_{max}= 152.49β + 294.05	0.9676	152.49

由表 2.15 可得，高温养护下偏置影响系数分别为 165.79、233.73、265.77，随着养护温度的升高，其峰值荷载受偏置效果的影响越大；而热处理下偏置影响系数分别为 165.79、218.43、152.49，这说明随着热处理温度的升高，其峰值荷载受偏置效果影响先增大后减小。将上述 6 组拟合公式代入式(2.21)，则不同受热模式下充填体三点弯曲断裂韧度如图 2.32 所示。

由图 2.32(a)可知，当偏置比相同时，随着养护温度的升高，充填体断裂韧度增大。偏置比分别为 0、0.25、0.5 和 0.75 时，温度从 0℃升高到 60℃时，对应断裂韧度增幅分别为 28.26%、41.41%、45.71%和 37.35%。这主要是因为养护温度的升高，导致充填料浆内部能量增大，分子运动激烈，引起更剧烈的化学反应动力，包括更快溶解、成核及沉淀速率，从而提高水泥早期水化速率，充填体内部胶结更加致密，断裂韧度增大。

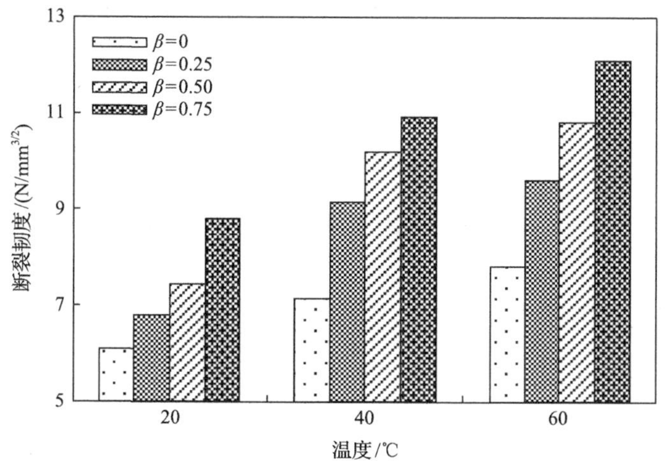

(a) 高温养护下断裂韧度与温度关系曲线

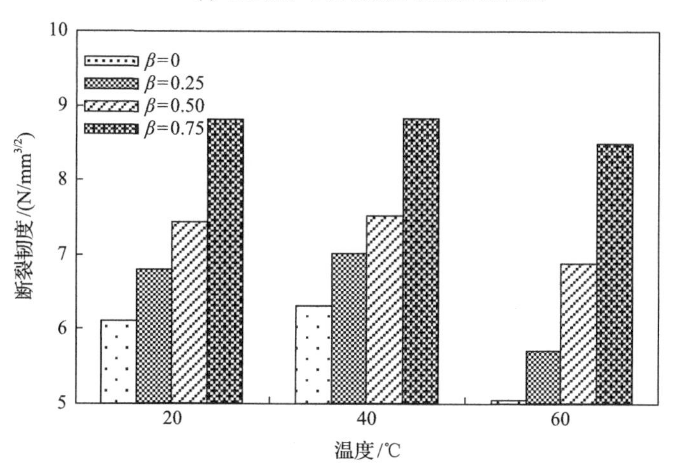

(b) 热处理下断裂韧度与温度关系曲线

图2.32　充填体断裂韧度与温度关系曲线

通过热重分析法能有效表征充填体内部水化特性，当达到某一温度时，水化硅酸钙、氢氧化钙、钙矾石等主要产物会发生熔化、凝固、晶型转变、分解等物理或化学变化，能准确测量水化产物质量变化量及变化速率。图2.33为偏置比为0，养护温度分别为20℃、40℃和60℃时的TG-DTG曲线。随着养护温度的升高，TG曲线趋势相同且层次分明，说明充填体水化产物相似但水化程度不同。DTG曲线有三个明显的失重峰：温度区间为50～150℃，其质量损失是由于钙矾石分解；温度区间为410～500℃，其质量损失是由于氢氧化钙分解；温度区间为650～750℃，其质量损失是由于碳酸钙分解，随着养护温度的升高，每个区间所对应的单峰面积明显增大，水化程度明显提高，这也印证了加拿大渥太华大学Fall教授关于胶结充填体高温养护水化成分分析结果，其给出的 TG-DTG 曲线与图 2.33 契合度较高。

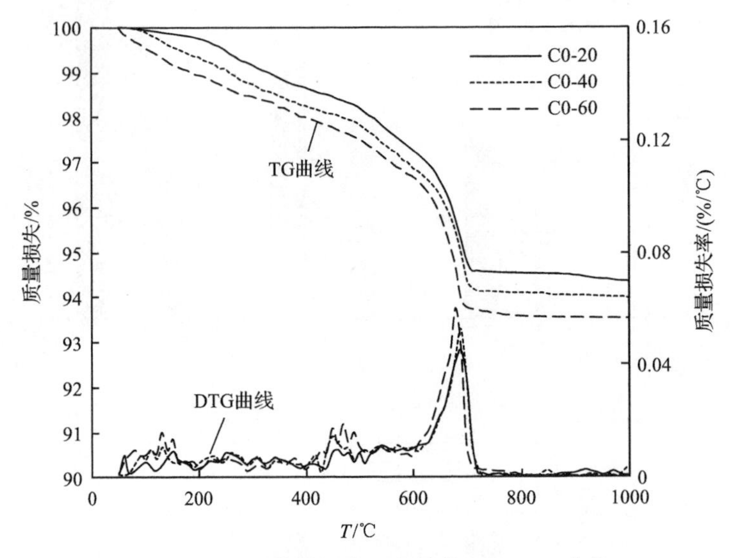

图 2.33　不同养护温度下充填体 TG-DTG 曲线

由图 2.32(b)可知，当偏置比相同时，随着热处理温度的升高，充填体断裂韧度先增大后减小，不同偏置比对应的最终降幅分别为 17.39%、16.03%、7.30%和 3.60%，说明偏置比增大，热处理温度对充填体的影响减小。当热处理温度从室温(20℃)上升到 40℃时，断裂韧度略有上升，这主要是因为充填体内部自由水逐渐被加热，升温使得自由水溶解能力增强，使得水泥和尾砂颗粒的胶结性能提高，进而对断裂韧度起到提升的作用；当温度从 40℃上升到 60℃时，断裂韧度有不同程度的下降，这主要是因为充填体内部自由水蒸发加速，气体对充填体内部孔隙通道内壁的冲击力增大，同时，矿物颗粒之间以及矿物颗粒和水泥基质之间受热膨胀差异使得内部产生热开裂，形成新的微裂纹，导致充填体断裂韧度下降。

2.4.2　超声特性及微观结构

不同受热模式下充填体波速如表 2.16 所示。由表可知，同一温度条件下，充填体偏置比越大，断裂韧度也随之增大，但波速却表现出明显的离散性，说明宏观预制裂纹位置对充填体试件波速的影响并不明显，真正导致波速变化的主要原因还是充填体内部结构的改变，这对于研究与波速相关试验，特别是研究预制裂纹充填体破坏的无损检测试验具有重要的实践意义。基于预制裂纹对波速影响微小这一特性，对不同温度下的波速取平均值，见表 2.16。图 2.34 为不同温度条件下充填体微观结构图。

表 2.16　不同受热模式下充填体波速

试件编号	v/(m/s)	$\bar{v}$ /(m/s)	试件编号	v/(m/s)	$\bar{v}$ /(m/s)
C0-20	2212	2212	T0-20	2212	2212
C0.25-20	2205		T0.25-20	2205	
C0.50-20	2220		T0.50-20	2220	
C0.75-20	2211		T0.75-20	2211	
C0-40	2321	2319	T0-40	2284	2289.5
C0.25-40	2311		T0.25-40	2295	
C0.50-40	2315		T0.50-40	2299	
C0.75-40	2329		T0.75-40	2280	
C0-60	2436	2434.5	T0-60	2174	2171
C0.25-60	2439		T0.25-60	2160	
C0.50-60	2433		T0.50-60	2170	
C0.75-60	2430		T0.75-60	2180	

(a) 标准养护(20℃)充填体微观结构

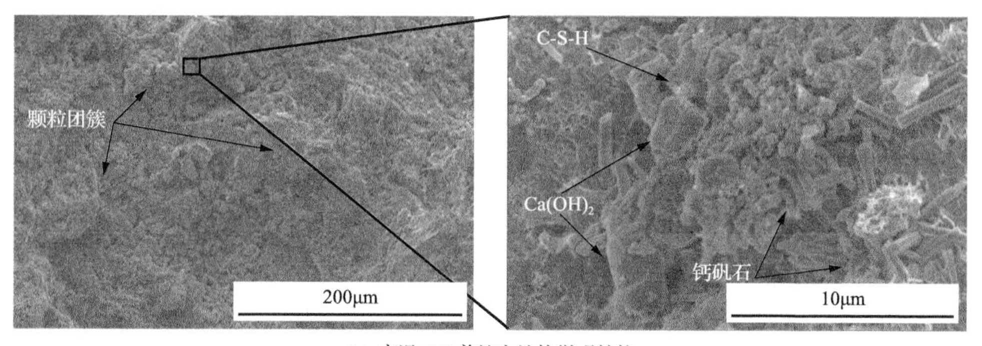

(b) 高温60℃养护充填体微观结构

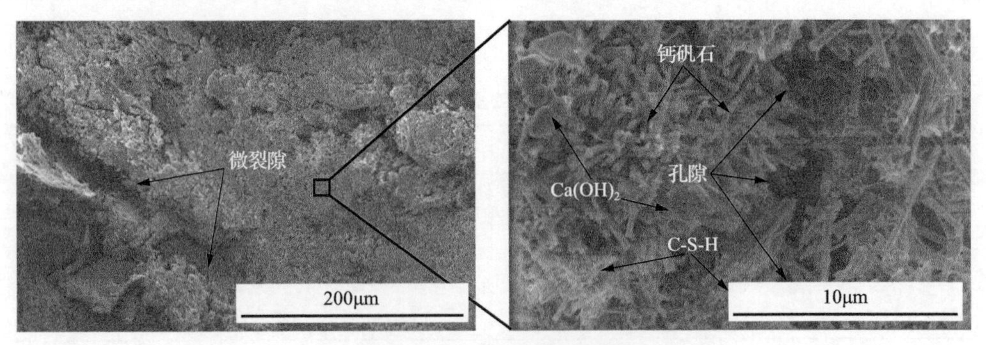

(c) 热处理60℃条件下充填体微观结构

图 2.34　不同温度条件下充填体微观结构(左×500, 右×10000)

由表 2.16 和图 2.34 可知，随着温度的升高，高温养护条件下的充填体波速增大，增幅为 10.06%，这主要是因为养护温度升高，充填体水化程度增大，原生孔隙减少，尾砂颗粒与水泥基质结合更加致密，水化产物胶结抱团呈团簇状，如图 2.34(b)所示，使得声波在空气中传播路径缩短，则波速增大；而热处理条件下的充填体波速先增大后减小，最大降幅为 5.18%，这主要是因为热处理温度升高，加速充填体内部孔隙及微裂纹贯通，形成沟壑状微裂隙，各成分之间的热膨胀差异导致水化产物之间出现明显的孔隙结构，如图 2.34(c)所示，声波在空气中传播路径延长，则波速减小。

2.4.3　断裂特征

与以往通过描绘裂纹表述其扩展特征不同，断裂图像二值化处理能更加精准地反映裂纹的形貌、角度和长度等信息。通过选择合适的灰度阈值，借助编写的 MATLAB 程序，将不同热模式影响下的充填体断裂裂纹进行二值化处理，黑色像素即为断裂裂纹，如图 2.35 所示。将裂纹起裂与止裂位置间的连线与竖直方向之间的夹角定义为裂纹偏折角 θ。由图 2.35 可知，裂纹长度不仅能表示连续裂纹的偏折程度，还能反映出非连续裂纹的分叉和碎裂现象，在相同温度条件下，由于偏置量为 0 的预制裂纹与三点弯曲加载方向在一条直线上，根据格里菲斯强度理论，充填体受力后使预制裂纹尖端处应力快速升高，裂端区释放的能量能有效满足形成裂纹面积所需的能量，从而引起裂纹扩展，相比于偏置裂纹充填体，中心预制裂纹扩展路径最短，定义裂纹偏置度 λ，结合裂纹扩展路径，表征相同温度下裂纹的偏折及破碎程度：

$$\lambda = \frac{l_b - l_0}{l_0} \times 100\% \tag{2.22}$$

式中，l_b 为同一温度下偏置量为 b 的裂纹长度(mm)；l_0 为同一温度下偏置量为 0 的裂纹长度(mm)，如表 2.17 所示。

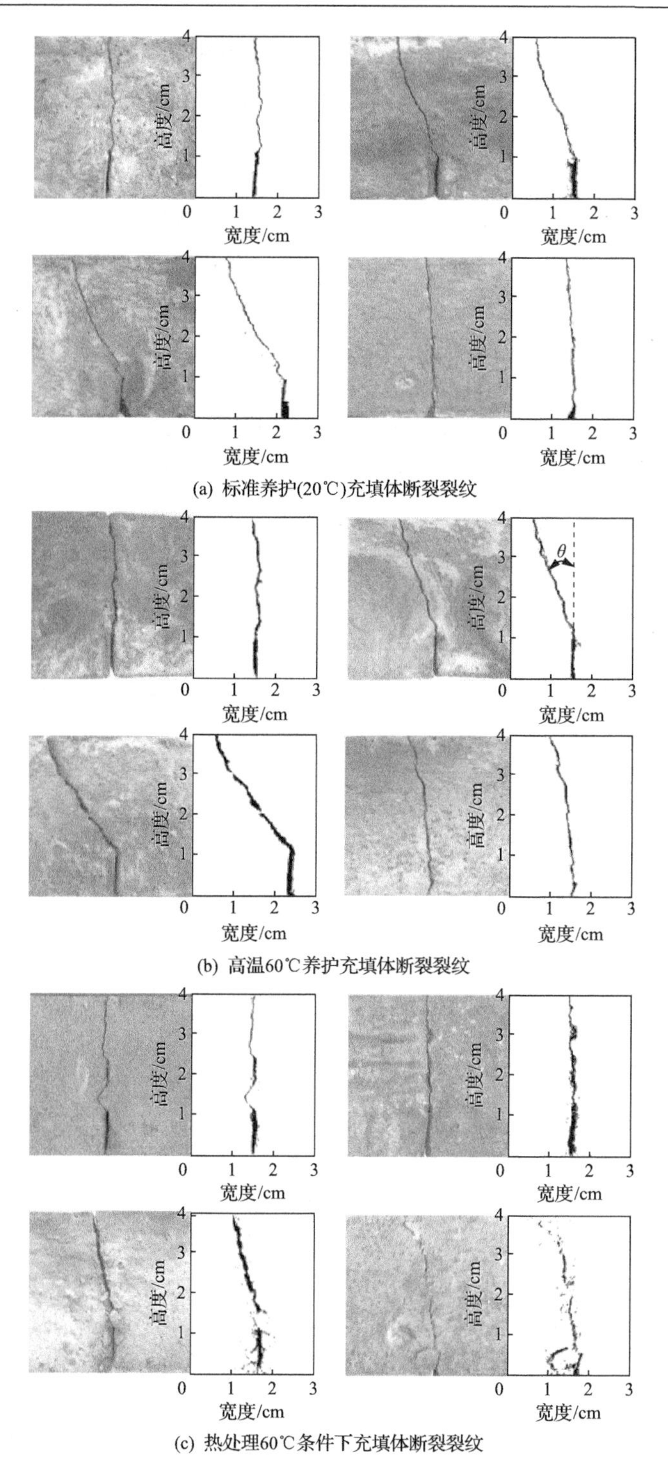

(a) 标准养护(20℃)充填体断裂裂纹

(b) 高温60℃养护充填体断裂裂纹

(c) 热处理60℃条件下充填体断裂裂纹

图 2.35　不同温度条件下充填体断裂裂纹

由表 2.17 和图 2.35 可知，无论充填体在高温养护还是热处理条件下，当偏置比达到 0.75 时，试件并未从预制裂纹处断裂，而是从中心处断裂，这是因为试件偏置比存在一个阈值。当低于此阈值时，预制裂纹截面所受弯曲应力大于中心处截面弯曲应力，从裂纹处断裂所需能量小，所以在预制裂纹处断裂；反之，在中心处断裂。高温养护条件下，如图 2.35(b)所示，偏置比从 0 到 0.5，裂纹长度、偏折角 θ 和偏置度 λ 增大，裂纹连续扩展且更加偏向中心加载点，扩展过程无明显碎裂状颗粒衍生及裂纹分叉现象，中心处裂纹偏折角范围在 0～5°，近似直线扩展，偏置比在 0 到相对应阈值的开区间内，随着偏置比的增加，裂纹偏折程度增大；高温热处理条件下，裂纹长度、偏折角 θ 和偏置度 λ 较为离散，由于裂纹扩展过程中出现碎裂状颗粒及次生裂纹且裂纹分叉现象明显，扩展过程中，碎裂状颗粒掩盖在裂纹表面，使得二值化图片中黑色像素并不连续，导致偏置度出现负值，次生裂纹及裂纹分叉的出现，使得出现黑色像素的数量增多，偏置度增加显著，如图 2.35(c)所示。

表 2.17　断裂裂纹偏折角、长度和偏置度

试件编号	θ/(°)	l/cm	λ/%	试件编号	θ/(°)	l/cm	λ/%
C0-20	1	4.074	—	T0-20	1	4.074	—
C0.25-20	16	4.283	5.13	T0.25-20	16	4.283	5.13
C0.50-20	25	4.419	8.47	T0.50-20	25	4.419	8.47
C0.75-20	0	4.079	0.12	T0.75-20	0	4.079	0.12
C0-40	1	4.082	—	T0-40	1	4.112	—
C0.25-40	17	4.393	7.62	T0.25-40	14	4.431	7.76
C0.50-40	28	4.446	8.92	T0.50-40	15	4.352	5.84
C0.75-40	3	4.094	0.29	T0.75-40	4	4.776	16.15
C0-60	2	4.110	—	T0-60	0	4.206	—
C0.25-60	18	4.351	5.86	T0.25-60	2	4.257	1.21
C0.50-60	38	4.600	11.92	T0.50-60	14	4.130	−1.81
C0.75-60	5	4.228	2.87	T0.75-60	9	5.120	21.73

由此得出高温养护下充填体断裂裂纹扩展相对于热处理下具有更强的规律性，导致这种差异性的主要原因还是受热模式的不同。高温热处理下的充填体受热传导是一个由外及内的过程，内外水化程度的差异致使其“外硬内软”，且在烘箱中随着温度升高，试件内部自由水加速蒸发，由于各组分之间的热膨胀差异，新生微裂隙产生，两者共同作用造成内部损伤程度不同，裂纹朝着损伤后的薄弱区扩展，扩展过程中胶结质量差的区域产生碎裂状块体，遇到阻碍主裂纹会出现绕行和分叉现象。然而，高温养护下充填体裂纹更加“干净”，即连续且无明显碎渣出现，这主要是因为高温养护下充填体处在恒温恒湿环境中胶凝固结，充填体质地相对均匀，预制裂纹与加载方向距离不同，使得出现不同的偏折程度，规律

性明显。两者受热模式示意图如图 2.36 所示。

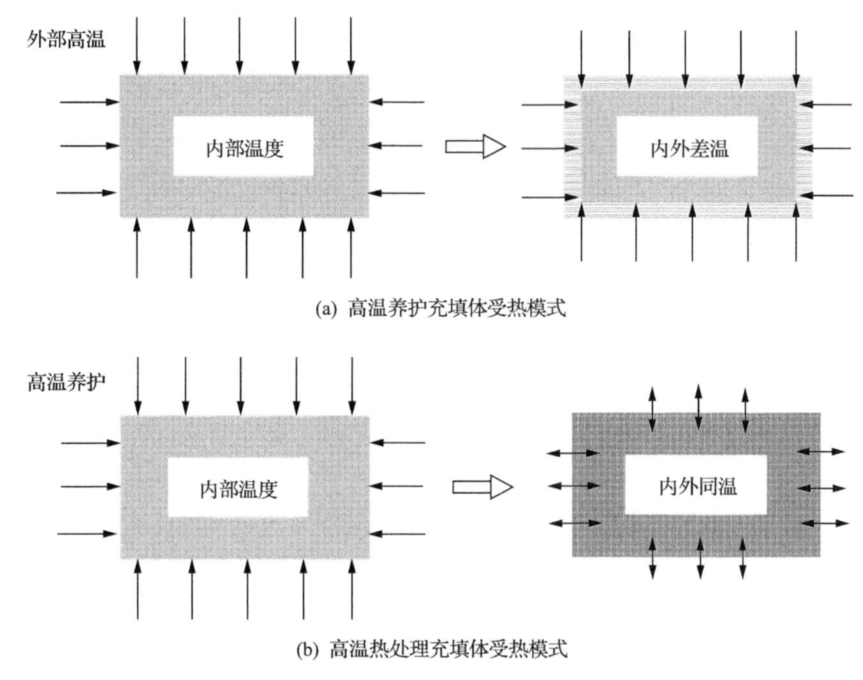

(a) 高温养护充填体受热模式

(b) 高温热处理充填体受热模式

图 2.36　不同温度条件下充填体受热模式示意图

2.5　不同缺陷裂纹胶结充填体断裂数值模拟反演

二维颗粒流程序数值模拟作为离散元的一种，其理论基础是 Cundall 在 1979 年提出的离散单元法，用于颗粒材料力学性态分析，如颗粒团粒体的稳定、变形及本构关系，适用于模拟工程材料力学行为问题。颗粒流方法从微观结构角度研究介质的力学特性和行为，主要模拟有限尺寸颗粒的运动和相互作用，颗粒通过内部惯性力和力矩，以相互接触方式产生相互作用，接触力通过更新内力和内力矩产生相互作用。

颗粒流方法的基本假设如下：①颗粒单元为刚性；②接触发生在很小的范围内，即点接触；③接触特性为柔性接触，接触处允许有一定的“重叠”量；④“重叠”量的大小与接触力有关，与颗粒大小相比，“重叠”量很小；⑤接触处有特殊的连接强度；⑥颗粒单元为圆盘形(或球形)。其中，颗粒为刚性体的假设，对于模拟介质运动为只沿相互接触面的表面发生的问题非常重要，如煤矿矸石充填、金属矿山尾矿堆排以及砂土运移等，因为这种材料的变形是来自于颗粒刚性体间的滑动和转动以及接触面处的张开和闭锁，而不是来自于每个刚性颗粒本身的变形，同样，这也是颗粒流区别于角状块体的离散单元程序 UDEC 和 3DEC 的特点。

2.5.1　接触本构模型

颗粒的相互接触是借助牛顿运动定律，通过软接触方式实现的，所有变形都只能产生于刚性实体接触，在两个实体的表面，相互作用力表现为一对或是多对的接触，接触通过临近的接触识别逻辑创建和删除，因此一个接触相当于两个片之间提供了一个界面，通过颗粒相互作用定律，内力和位移不断更新，这种颗粒相互作用定律就是一个接触模型[13]。

黏结模型分两种：接触黏结模型、平行黏结模型。接触黏结模型是点接触，可以得到一个力，采用两个作用在接触点上具有法向和切向常刚度的弹簧来表示；平行黏结模型是有限尺寸(圆形或矩形截面)上的平行黏结，可以得到一个力和一个力矩，采用一组作用在接触面上具有法向和切向常刚度的弹簧表示。这组弹簧均匀分布在接触平面上，由于平行黏结刚度，接触处的相对运动在黏结性材料中引起一个力和一个力矩，这个力和力矩作用在两个黏结颗粒上，并与黏结性材料黏结边界上的最大法向和切向应力相关。如果任一最大应力超过了相应的黏结强度，平行黏结就破坏。两种黏结模型力学行为示意图如图 2.37 所示。

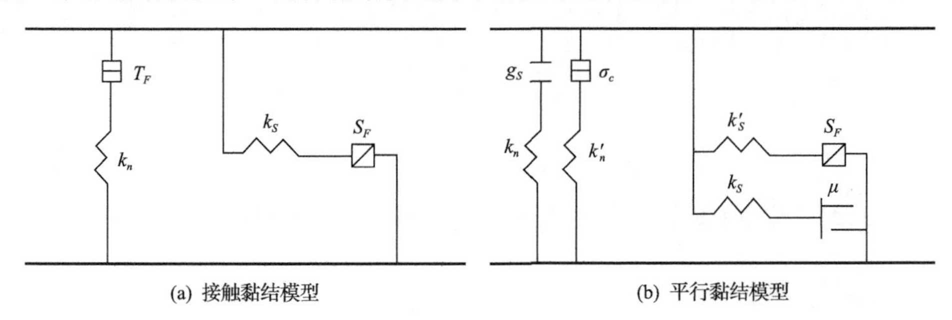

图 2.37　黏结模型力学行为示意图

由图 2.37 可知，接触黏结模型特点为：①接触黏结模型在黏结破坏后退化为线性接触模型；②法向接触刚度系数影响弹性变形的泊松比，两者线性相关；③摩擦系数只对黏结破坏后起作用；④一旦切向和法向黏结力比值确定，则比例放大或缩小黏结力组合；⑤弹性系数控制弹性模量，两者线性相关。平行黏结模型特点为：①法向和切向黏结力比值控制试样的破坏模式；②平行黏结模型在黏结破坏后退化为线性接触模型；③切向和法向刚度比影响弹性变形的泊松比，两者线性相关；④平行黏结摩擦角在变形破坏前影响不明显，线性接触部分只有平行黏结破坏后才起作用，因此模量一般取为与平行黏结有效模量相同，刚度比也同样相同。

胶结充填体是由水泥、尾砂及水按照一定比例配制而成的人工复合材料，其内部可以看成水泥基于基质与尾砂颗粒组成的颗粒团簇组成，随着三点弯曲荷载增加，团簇颗粒之间发生转动和摩擦，且整个裂纹呈锯齿状扩展并伴随着颗粒团簇的脱落，充填体颗粒属性与平行黏结模型吻合，则定义平行黏结模型为胶结充填体二维颗粒流模拟接触模型。

2.5.2　胶结充填体细观参数标定

由于采矿工程涉及的应力变化复杂，颗粒流离散单元法在实际矿业工程中获得了大量的应用和尝试，通过标定胶结充填体细观力学参数，揭示不同缺陷条件下充填体细观介质的破断机制，不受变形量的限制，能有效体现多相介质的不同物理关系，可以有效模拟介质的开裂、分离等非连续现象，同时，也能反映出机理、过程、结果。但参数标定困难主要还是模型建立困难，为尽可能使数值模拟与试验相似，选取数值模型的尺寸与试验相同，长和宽分别为 200mm 和 40mm。先根据颗粒的半径及属性在墙内随机生成一定数目的颗粒，通过半径调整法使内应力平衡，然后删除预制裂纹所在位置的颗粒。利用 3 个圆形墙体模拟室内试验的加载支架，给定墙体竖直方向的速度模拟加载，速度设定为 0.1m/s 后可由程序自动控制，在设定的条件下墙停止移动，数值模拟试样如图 2.38 所示。PFC2D 使用 history 命令设置监测变量，可以记录试样在模拟过程中受到的荷载、形变和位移等参数[14,15]。

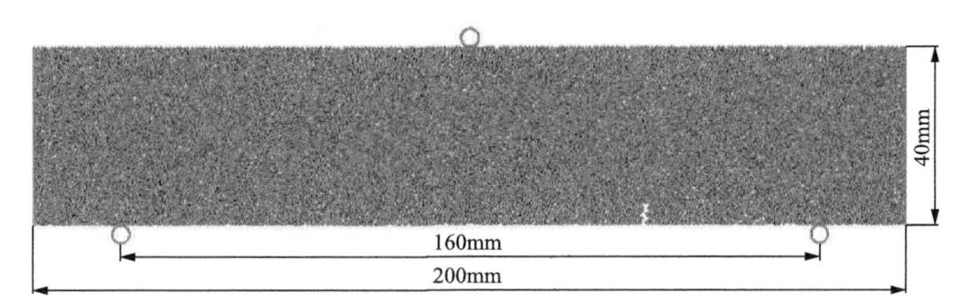

图 2.38　数值模拟试样

采用颗粒流方法进行计算时，胶结充填体细观力学的参数选取对数值模拟计算分析的准确性具有非常重要的影响，其细观力学参数无法直接通过充填体试验测量，因此在数值模拟前必须反复调整输入的细观力学参数，以使平行黏结模型的微观力学机制能够反映充填体的宏观力学响应。最终确定的细观力学参数如表 2.18 所示。整个数值模拟分为 7 步，分别为：①根据模拟意图定义模型；②建立力学模型的基本概念；③构造并运行简化模型；④选择合理的参数研究范围；⑤在程序中应设有足够的监控点；⑥检验模型；⑦计算结果与实测结果进行分析比较。

表 2.18　PFC2D 细观力学参数

参数	最小半径/mm	粒径比	密度/(kg/m^3)	接触模量/GPa	刚度比
数值	0.2	3.0	2700	1.1	2.5
参数	颗粒间摩擦系数	平行黏结模量/GPa	平行黏结刚度比	平行黏结法向强度/MPa	平行黏结切向强度/MPa
数值	0.75	1.1	2.5	10±1.5	15±2.5

2.5.3　力链场演变

在离散元二维颗粒流模型中，计算颗粒间细观角度各场的变化如应力场、位移场、速度场等，这些细观参量对在细观上研究胶结充填体断裂特性具有指导意义，但并不能将这些量等同为连续模型的结果，需要全程分析，分步计算，记录参量变化过程。室内试验中，通常裂纹起裂、扩展非常快，通过高速摄像机记录试样的破坏过程。而数值模型的加载过程是渐进式的，因此能够较好地记录整个破坏过程。选取拍摄效果良好的 C40-10 试件裂纹扩展过程进行数值模拟对比，如图 2.39 所示，其力链演变过程如图 2.40 所示。

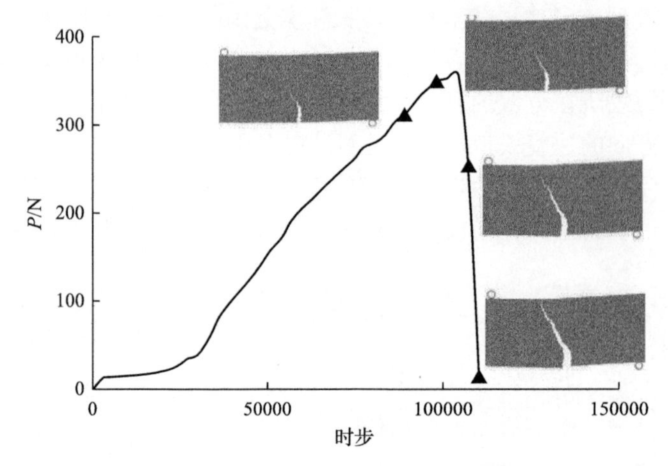

图 2.39　C40-10 试件荷载-时步曲线

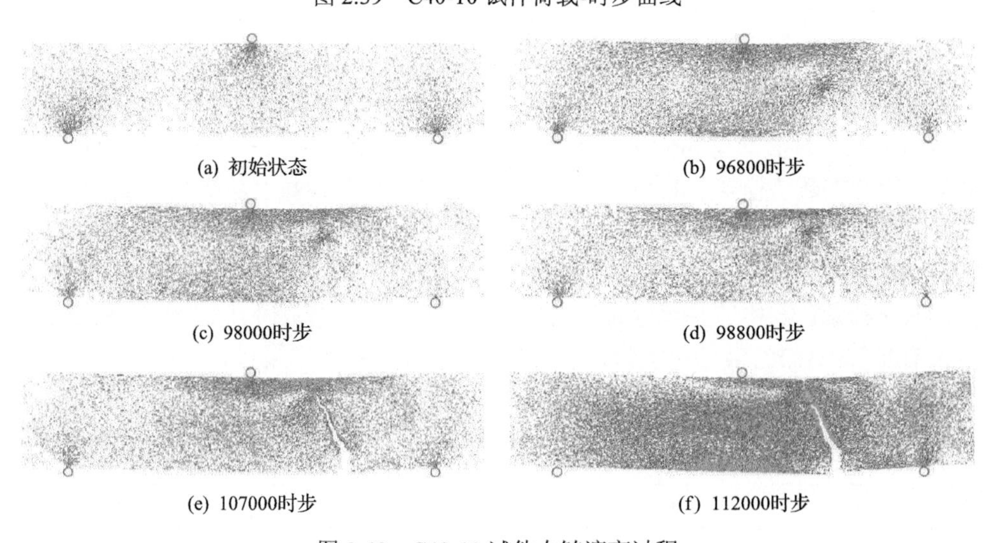

图 2.40　C40-10 试件力链演变过程

力链是外荷载通过颗粒接触传递力的大小及方向的路径，可以直观地反映出模型局部受力的情况。力链的颜色深浅代表力的大小，力链在某区域的分布可以看成颗粒在这里所受到的合力。由力链敏感性可知，三点弯曲试验所施加荷载的变化都会引起力链的重新分布和衍生。由图 2.39 和图 2.40 可知，在初始压密阶段，力链主要起源于三个受载点附近，呈珊瑚状分布，此过程颗粒之间压实，持续时间较短；在亚临界扩展阶段，即图 2.40(b)～(d)三个状态，随着三点弯曲受载点所受力的增大，力链网络由预制裂缝端部随着裂纹的扩展而不断延伸，由于裂纹端部的应力集中，端部的力链呈星射状分布且在试件中部由于颗粒受压出现新的力链网络，可以看出，由于充填体试件仍然处于稳定状态，所以颗粒之间的力链大小整体上没有明显的变化，沿着裂纹的力链断裂后仍处于一个稳定状态，裂纹扩展路径也与试验相似；在失稳扩展阶段，由于强力链断裂到达峰值荷载，受残余应力的影响，力链大面积重构，整个力链网络呈翅形分布且在试件的中部和底部出现局部应力集中，断裂状态与试验结果相符。从断裂后的力链分布可知，断裂后的断裂影响面积几乎集中在底部两点之间的区域，对整个充填体的影响范围很大。对 *Cb*-10 组其他试件同样进行力链断裂全程模拟，如图 2.41 所示。

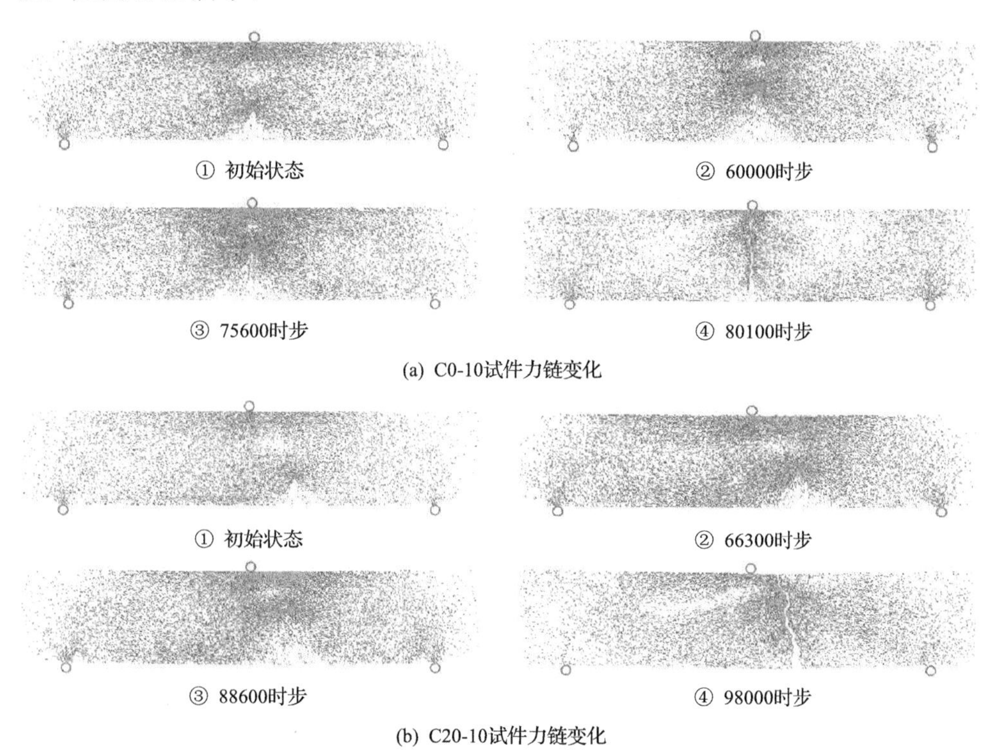

(a) C0-10试件力链变化

(b) C20-10试件力链变化

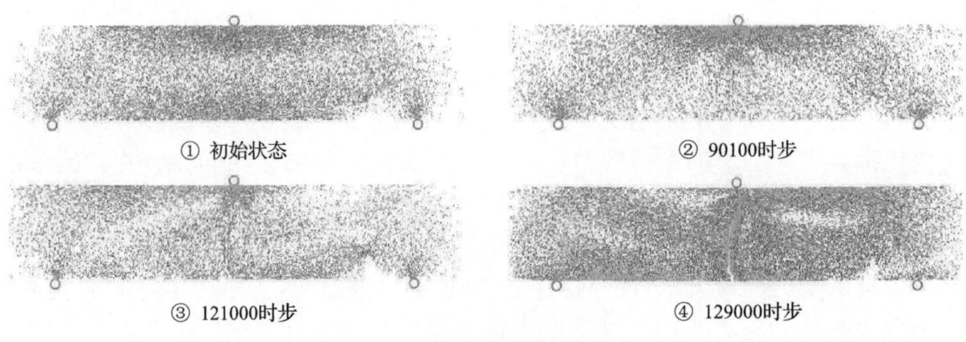

(c) C60-10试件力链变化

图 2.41　*Cb*-10 组各试件力链演变过程

由 2.41 可知，随着偏置比的增加，各试件经历起裂到亚临界扩展再到断裂失稳的全过程，各试件的力链网络动态演变相似，在力的传递过程中，随着颗粒之间的压实、位移和旋转，在裂纹尖端也就是应力集中处，力链网络颜色加深，颗粒黏结发生分离，整体规律与上述 C40-10 试件相同，同时也证明在不同缺陷情况下，胶结充填体断裂行为存在明显的差异性，当偏置比从 0 增加到 0.5 时，断裂裂纹从预制裂纹处扩展，且裂纹偏向加载中心，当偏置比为 0.75 时，试件出现两处应力集中，即预制裂纹端部以及试件中心底部，力链网络向外散射，由于中心处应力集中程度较低，最终从中心处扩展直至达到失稳。

2.5.4　速度场变化

对 *Cb*-10 组试件裂纹扩展的速度场进行分析，各试件从起裂状态到亚临界扩展状态再到失稳状态，可以看出所有模拟充填体试件速度场的变化规律相似，能充分反映试件在偏置裂纹影响下颗粒之间的流向，以及与其流向相反的受力方向。

以 C40-10 试件模拟结果为例，由图 2.42 可知，在起裂状态，裂纹所在区域颗粒速度场在试件右半部且颗粒速度流向呈人字形，颗粒受弯曲应力影响整体为受拉状态，远离裂纹的区域速度场较为稳定且颗粒速度流向呈旋涡型；到亚临界扩展状态，裂纹所在区域的速度场扩大且速度整体增大，裂纹周边颗粒向裂纹两侧旋转转移，移动过程中不断翻越前方颗粒，促使裂纹不断加快扩展、卸载颗粒间

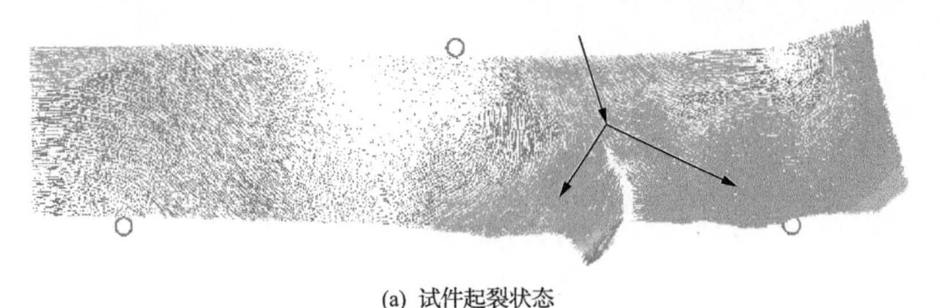

(a) 试件起裂状态

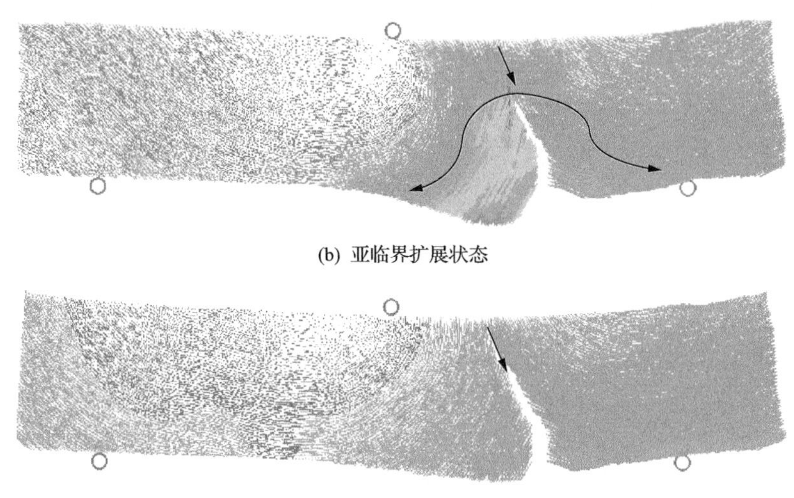

(b) 亚临界扩展状态

(c) 失稳状态

图 2.42　C40-10 试件裂纹扩展过程速度场变化

的挤压内力，这也就是室内试验时，断裂裂纹扩展是加速扩展的原因；到失稳状态，裂纹所在区域的速度下降，受残余应力影响，试件速度场整体分为 4 层，呈扇形分布，由上向下逐渐增大，试件底部变得最不稳定。

Cb-10 组其他试件速度场变化如图 2.43 所示。由图可知，各试件到亚临界扩展状态，颗粒流向层次分明，集中在断裂区速度场变化明显，裂纹周边颗粒向裂纹两侧旋转转移，在黏结力和摩擦力作用下，该阶段扩展较为稳定，因为无法定量捕捉不同偏置比下的亚临界扩展状态裂纹，所以只是取相同时步下的亚临界扩展状态裂纹进行对比分析。如图 2.43(a)所示，亚临界扩展状态下，C0-10 试件裂纹两端速度场基本对称，这主要是因为预制裂纹与加载方向在一条直线上，试件整体较偏置裂纹受力均匀，而随着偏置比的增加，裂纹周边场的速度方向基本相同，裂纹扩展总是偏向加载中心，因为预制裂纹在右侧，所以右侧速度场流向较为明显，而左侧无预制裂纹，其速度场变化较小。但超过偏置比阈值时，如图 2.43(c)所示，由于预制裂纹处存在边界效应，限制了周边速度场流向，使得裂纹右侧速度场呈 S 形，与 C0-10 试件中心处扩展速度场流向存在明显的差异性。

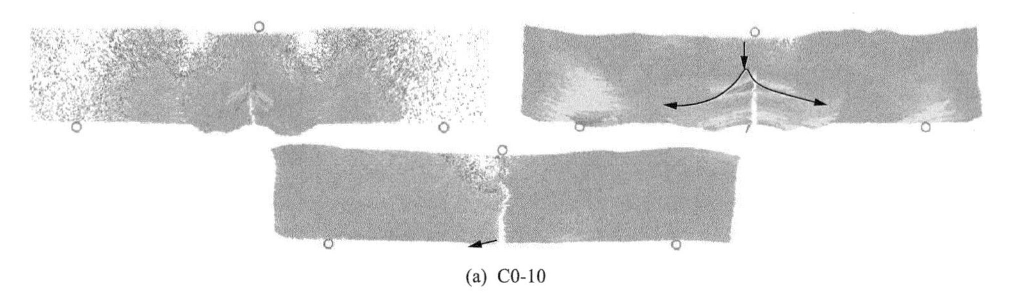

(a) C0-10

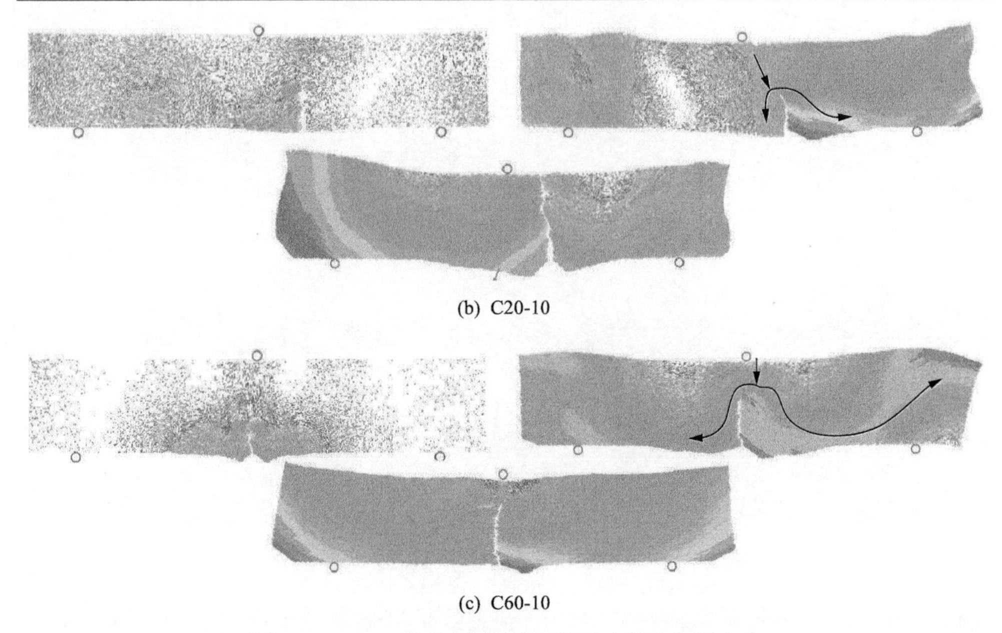

(b) C20-10

(c) C60-10

图 2.43　Cb-10 组各试件裂纹扩展过程速度场变化

2.5.5　不平衡力场变化

对 Cb-10 组试件裂纹扩展的不平衡力场进行分析，各试件从起裂状态到亚临界扩展状态再到失稳状态，可以看出所有模拟充填体试件不平衡力场变化规律相似，能充分反映试件在偏置裂纹影响下颗粒之间相互作用力场的大小及作用程度。

对 C40-10 试件裂纹扩展过程的不平衡力场进行分析，由图 2.44 可知，在起裂状态，只在裂纹端部附近区域出现明显的不平衡力场，端部区域应力集中，在弯曲应力的影响下，端部颗粒之间旋转挤压，使得不平衡力场呈逆时针旋转，且其附近区域不平衡力场向外散射；到亚临界扩展状态，以裂纹端部为中心的不平衡力场影响范围扩大，且呈环状分布向外散射，整个裂纹周边的不平衡力场变得极不稳定，加速了裂纹扩展，但试件顶端不平衡力场较为稳定，试件此时并未失

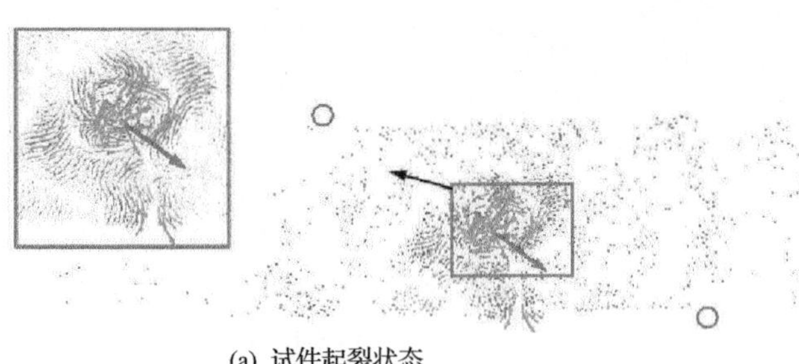

(a) 试件起裂状态

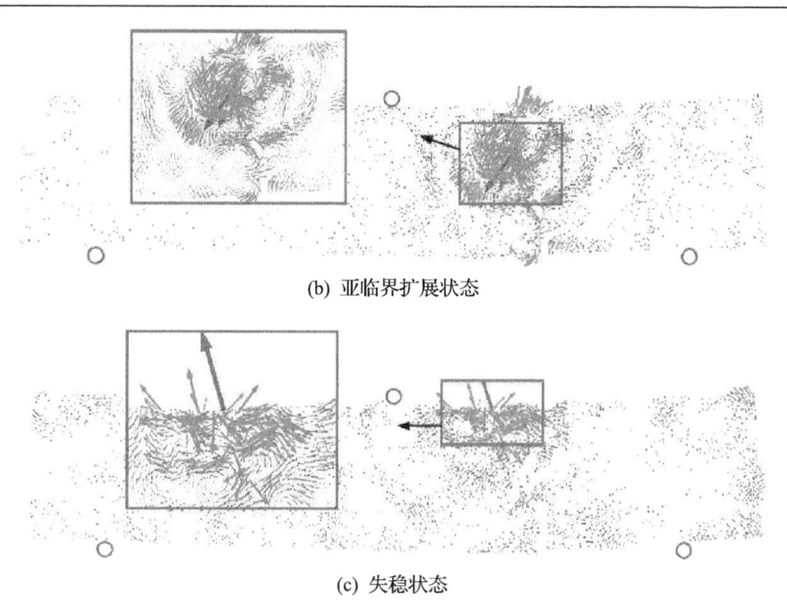

(b) 亚临界扩展状态

(c) 失稳状态

图 2.44　C40-10 试件裂纹扩展过程不平衡力场变化

稳；到失稳状态，此时试件卸载，颗粒之间又达到自相平衡，不平衡力场仅出现在即将贯穿的试件顶端，颗粒之间的不平衡力上下交错，没有横向的挤压状态，试件破断失稳。

Cb-10 组其他试件不平衡力场变化如图 2.45 所示。同样，基于亚临界裂纹扩展的实际意义，对比 *Cb*-10 组各试件亚临界扩展状态下的不平衡力场。

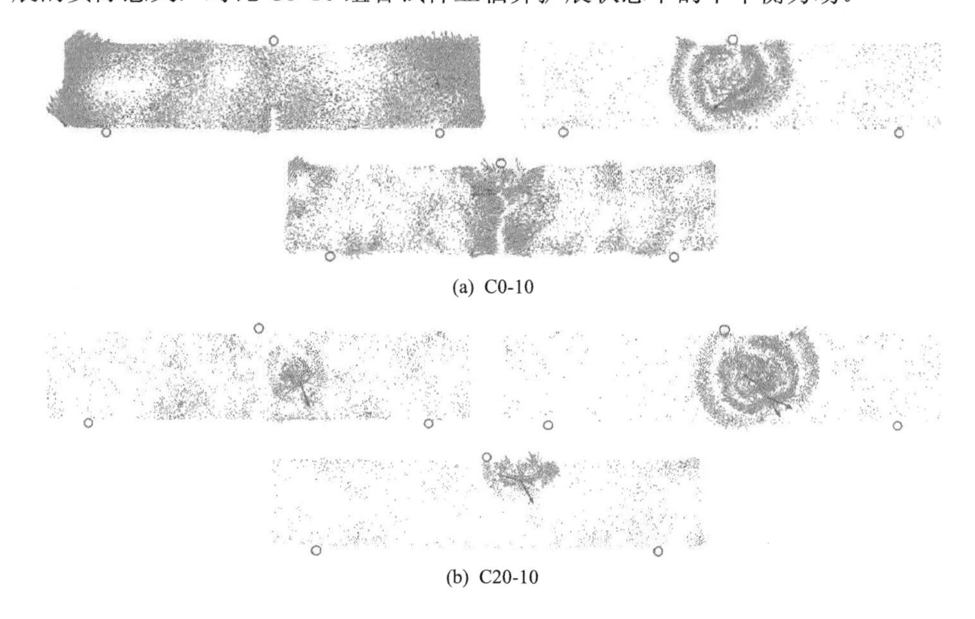

(a) C0-10

(b) C20-10

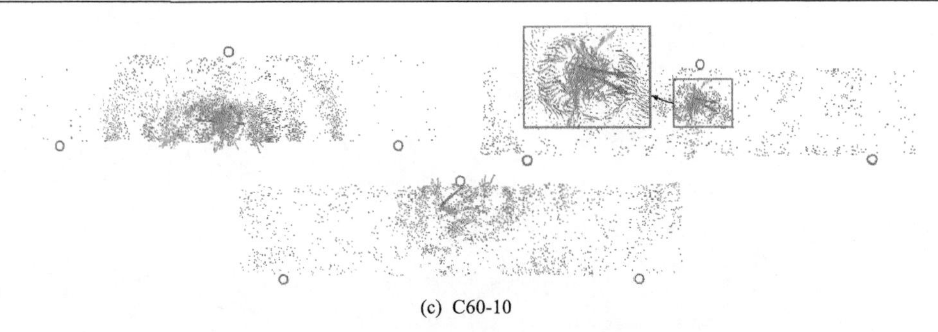

(c) C60-10

图 2.45　*Cb*-10 组各试件裂纹扩展过程不平衡力场变化

由图 2.45 可知，各试件以裂纹端部为中心的不平衡力场影响范围扩大，且呈环状分布向外散射，由于应力集中，裂纹端部不平衡力场变得极不稳定，加速了裂纹扩展，但试件断裂区以外区域不平衡力场较为稳定，所以并未失稳。同样，各试件无法定量到相同裂纹长度或是张开口位移等情况下分析亚临界扩展状态下不平衡力场变化，所以与速度场选择相同时步的裂纹扩展状态进行对比分析。如图 2.45(a)和(b)所示，预制裂纹接近加载中心，所以整个裂纹扩展区域不平衡力场变化显著，偏置比为 0 和 0.25 的试件不平衡力变化基本相同，且 C0-10 试件由于加载方向和预制裂纹同向，试件不平衡力以加载方向为中心线两边对称，而相较于偏置比为 0.75 的试件，如图 2.45(c)所示，预制裂纹离加载中心较远，不平衡力场在裂纹端部变化较为集中，变化范围较小且偏向加载中心，由此得出预制裂纹位置对整个试件稳定状态影响颇为显著。

2.5.6　数值模拟结果与宏观响应对比

对不同缺陷胶结充填体试件的最终断裂状态进行模拟，并与试验结果做对比，图 2.46 为 *Cb*-4 组各充填体试件断裂形貌对比，图 2.47 为 *Cb*-20 组各充填试件断裂力链对比。

分析图 2.46，并结合上节对 *Cb*-10 组各试件的数值模拟可以得到：首先胶结充填体颗粒流模型并非均质的，因为有不同缺陷即不同偏置比及缝高比预制裂纹的存在，根据格里菲斯强度理论，充填体试件总是沿着裂纹应力集中处扩展直至破坏，也就是说裂纹总是沿着破坏能量较小的区域扩展，使得数值模拟结果呈现出不同的断裂特征，对比可知，二维颗粒流模拟的胶结充填体裂纹扩展反演与试验吻合度较高。同样可以得出，数值模拟试件在缝高比不变的情况下，偏置比存在一个阈值，低于此阈值时，断裂裂纹的起裂位置在预制裂纹处，且随着偏置比的增加，断裂面的偏折角增大；反之，数值模型从中心处断裂。通过宏观响应去调节细观参数，模拟出合理的数值模拟结果，再通过颗粒流中各参数及物理场的变化，反映宏观试验破断的细观机理，二维颗粒流对含缺陷裂纹胶结充填体断裂行为数值模拟反演较为有效。

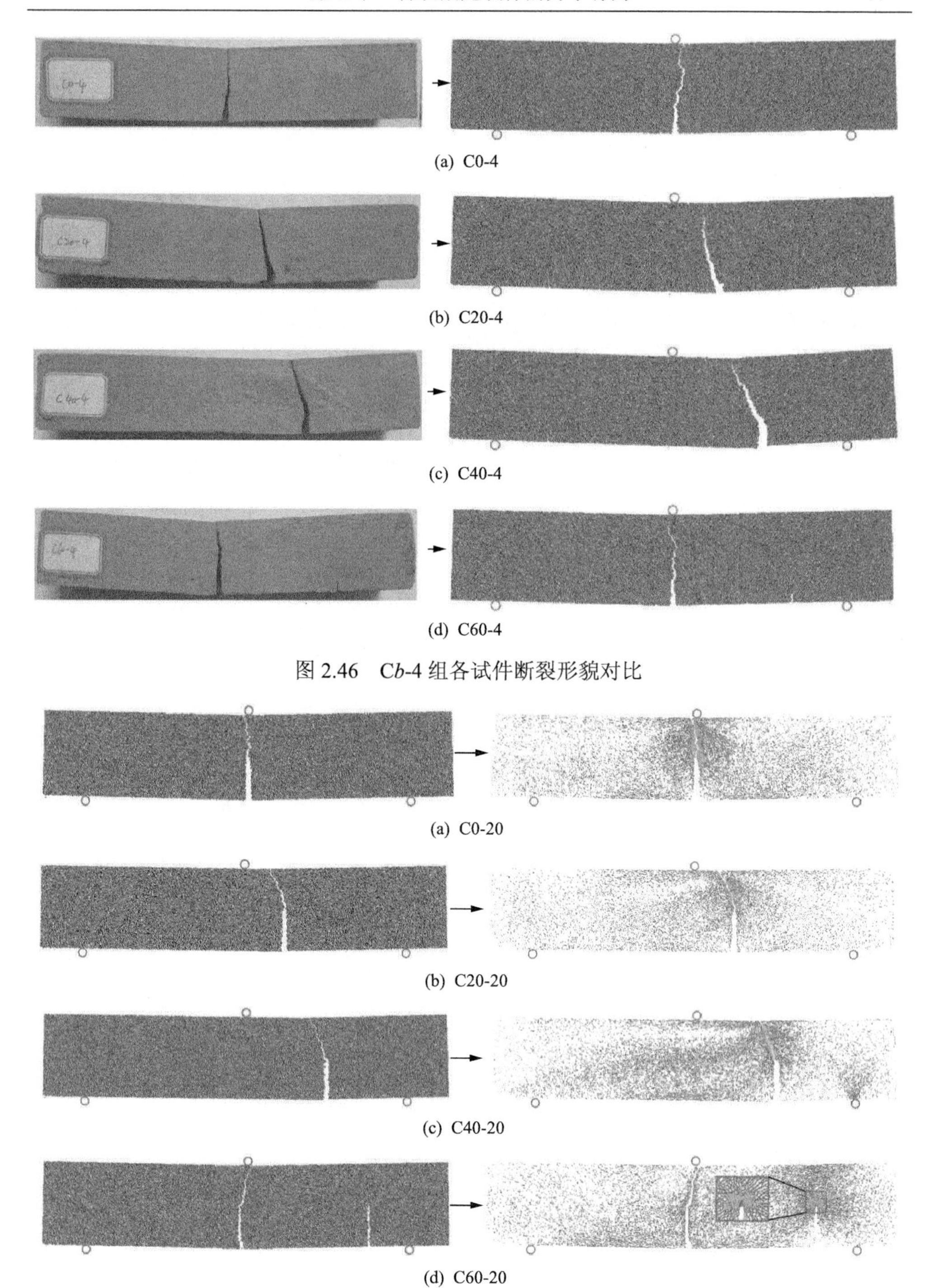

(a) C0-4

(b) C20-4

(c) C40-4

(d) C60-4

图 2.46　Cb-4 组各试件断裂形貌对比

(a) C0-20

(b) C20-20

(c) C40-20

(d) C60-20

图 2.47　Cb-20 组各试件断裂力链对比

由图 2.47 可知，*Cb*-20 组各试件同样符合上述偏置规律，即数值模拟试件在缝高比不变的情况下，偏置比存在一个阈值，低于此阈值时，断裂裂纹的起裂位置在预制裂纹处，且随着偏置比的增加，断裂面的偏折角增大；反之，数值模型从中心处断裂。对比各试件力链网络可以得出，当偏置比从 0 增加到 0.5 时，试件失稳后力链网络整体重构，达到平衡状态，由于端部破断后，顶部加载墙体仍有力的作用，靠近加载中心处的裂纹端部仍然处在一个应力集中的状态，然而此时试件已然断裂。而当偏置比为 0.75 时，可以看到试件整体重构，在加载力仍然存在的情况下，预制裂纹端部仍存在应力集中，这也充分说明，超过阈值的偏置裂纹也存在应力集中，但因所受弯矩较大，如 2.2.4 节所阐述机理，裂纹会从弯矩较小处即中心处扩展，最终决定裂纹起裂位置的主要因素还是截面所受弯矩的大小。

胶结充填体断裂强度作为表征抗断能力的重要指标之一，能充分反映模拟结果的真实性与有效性，图 2.48 为各组试件峰值荷载对比。由图可知，随着偏置比的增大，充填体试件模拟得到的峰值荷载呈线性增加，数值模拟结果与试验结果的递增方式基本吻合，且模拟值与试验值相差较小。

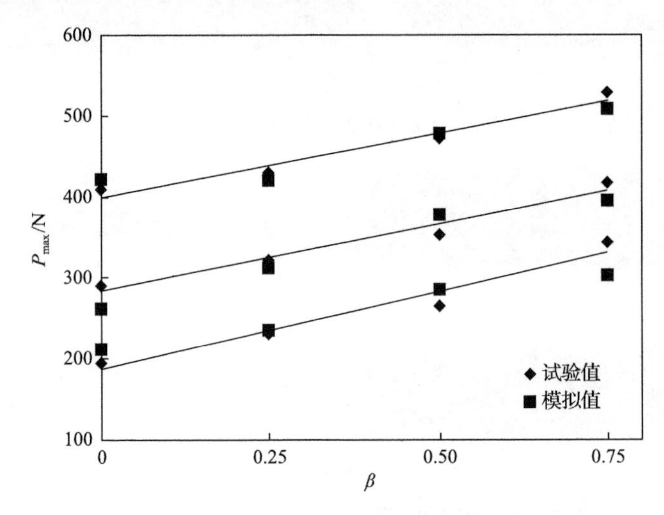

图 2.48　各组试件峰值荷载对比

参 考 文 献

[1] Lee H, Jeon S. An experimental and numerical study of fracture coalescence in pre-cracked specimen under uniaxial compression[J]. International Journal of Solids and Structures, 2011, 48(6): 979-999.

[2] 刘伟韬，申建军．含单裂纹真实岩石试件断裂模式的力学试验研究[J]．岩石力学与工程学报，2016，35(6)：1182-1189.

[3] 陈卫忠，李术才，朱维申，等．岩石裂纹扩展的实验与数值分析试验[J]．岩石力学与工程学报，2003，22(1)：18-23.

[4] 尹乾, 靖洪文, 苏海健, 等. 含纵向裂隙砂岩的强度劣化与加载速率效应[J]. 岩石力学与工程学报, 2016, 33(1): 128-133.

[5] 薛东杰, 周宏伟, 胡本, 等. 热力耦合作用花岗岩细观破坏强度及声发射规律[J]. 煤炭学报, 2015, 40(9): 2065-2074.

[6] 刘石, 许金余, 刘志群, 等. 温度对岩石强度及损伤特性的影响研究[J]. 采矿与安全工程学报, 2013, 30(4): 583-588.

[7] 祁小辉, 李典庆, 周创兵, 等. 考虑土体空间变异性的边坡最危险滑动面随机分析方法[J]. 岩土力学, 2013, 35(4): 745-753.

[8] 蒋明镜, 张宁, 申志福, 等. 含裂隙岩体单轴压缩裂纹扩展机制离散元分析[J]. 岩土力学, 2015, 36(11): 3293-3314.

[9] 魏炯, 朱万成, 李如飞, 等. 岩石抗拉强度和断裂韧度的三点弯曲试验研究[J]. 水利与建筑工程学报, 2016, 16(3): 128-132.

[10] 丁遂栋. 断裂力学[M]. 北京: 机械工业出版社, 1997.

[11] 单辉祖. 材料力学[M]. 北京: 高等教育出版社, 2009.

[12] 范向前, 胡少伟, 陆俊. 非标准混凝土三点弯曲梁双 K 断裂韧度试验研究[J]. 建筑结构学报, 2012, 33(10): 152-157.

[13] 杨贵, 肖杨, 高德清. 粗粒料三维颗粒流数值模拟及其破坏准则研究[J]. 岩土力学, 2010, (S2): 402-406.

[14] Liu Y, Li X Z. Numerical simulation of rolling compaction process for rockfill dam by particle flow code[J]. Applied Mechanics and Materials, 2012, 170-173: 2000-2003.

[15] 石崇, 张强, 王盛年. 颗粒流(PFC5.0)数值模拟技术及应用[M]. 北京: 中国建筑工业出版社, 2018.

第 3 章　层状充填体的力学行为

在实际充填采空区，由于采空区空间较大且多个采场要进行同时充填，受到充填系统连续充填能力的限制，难以实现一次性充满采空区，需进行多次充填。多次充填时，料浆要在上一次充填体凝固后方可继续充填，从而导致充填体在大型采场以层状赋存，在分层处出现了裂纹，因此层状结构势必会影响充填体的稳定性及承载能力。国内在对充填体强度理论进行研究时，无论采用阶段、分段嗣后充填开采，还是上向或下向分层充填开采，通常是参考完整充填体的强度，针对层状充填体的研究较少。已有研究表明，层状结构对岩体力学影响显著，在单轴抗压强度、本构关系方面与完整岩体性能差异较大[1-3]。在充填体方面，层状结构是充填体力学强度性质的重要影响因素，也有学者开展考虑分层特性的充填体强度演化研究[4-6]。在分析充填工序的基础上，设计室内分层充填体单轴压缩试验，得出层状结构的充填体力学特性与破坏特征，为分析分层充填采场的稳定性提供指导意见。

3.1　试验设计与制备

制作的层状充填体试件以充填次数、灰砂配比、浓度、养护龄期 4 个因素作为试验因素，确定灰砂配比为 1：4、1：8、1：10，浓度分别为 72%、75%、78%，养护龄期为 3d、7d、28d，充填次数为 1、2、4、8、10，进行组合试验。试验过程中以高透明亚克力有机玻璃管为材料，制作成内径 50mm、高度 100mm 的柱状充填模具，按照设置的配合比以及不同充填次数对应的充填高度制备充填体试件，充填体试件和模具如图 3.1 所示。

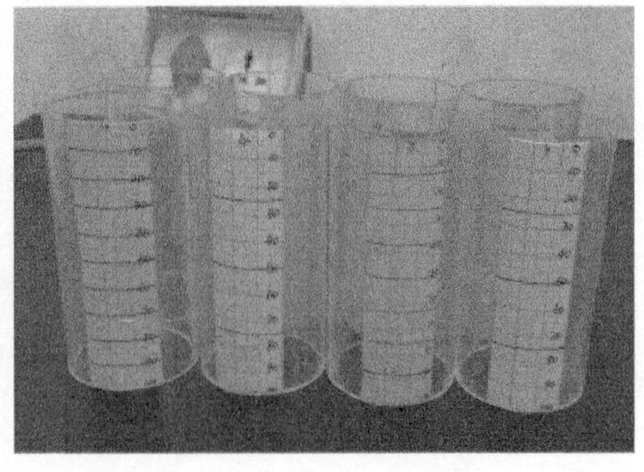

图 3.1　充填体试件和模具

为了更好地说明不同充填次数对充填体强度的影响，将每次充填高度与充填体总高度的比值定义为一次充填率。不同充填次数的每次充填高度及一次充填率如表 3.1 所示，为了便于分析，对充填体试件进行编号，如 C472-2 表示灰砂配比 1∶4、浓度 72%、充填次数为 2 的充填体试样。

表 3.1　不同充填次数的每次充填高度及一次充填率

充填次数	每次充填高度/mm	一次充填率/%
1	100	100
2	50	50
4	25	25
8	12.5	12.5
10	10	10

尾砂胶结充填料浆属于黏度较大的塑性体，在充填料浆渗流规律的基础上，采用室内试验的方法，确定柱状充填模具的充填料浆在模具轴向方向不发生变形的时间为 15min，因此在加工层状充填体试件时为了防止层与层之间的充填料浆渗流，设置每次充填间隔时间为 15min，层状充填体试件制作过程如图 3.2 所示。24h 后脱模，采用恒温、恒湿养护箱进行养护，温度为(20±5)℃，相对湿度为(95±5)%。

(a) 充填1次

(b) 充填2次

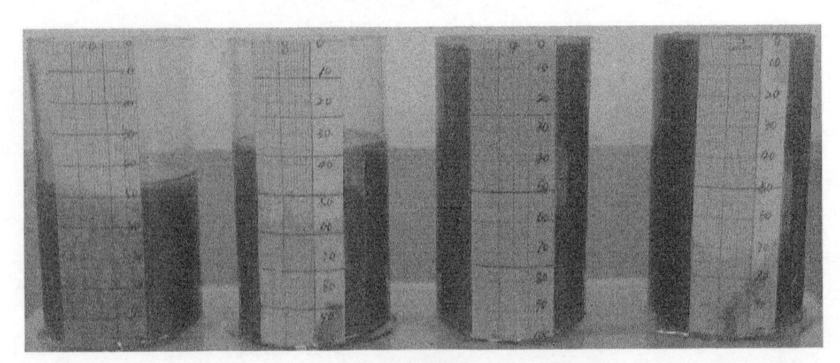

(c) 充填5次

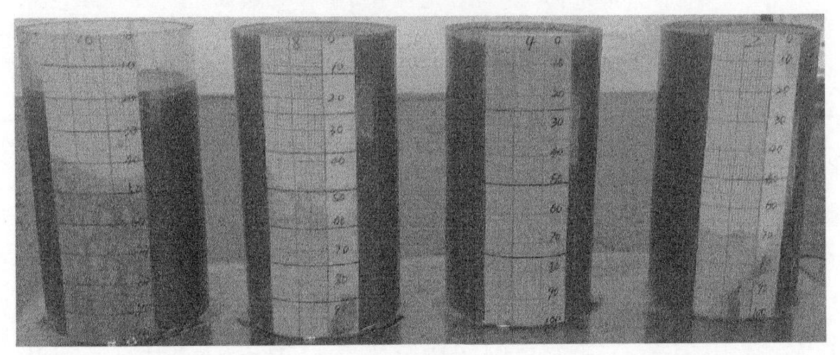

(d) 充填8次

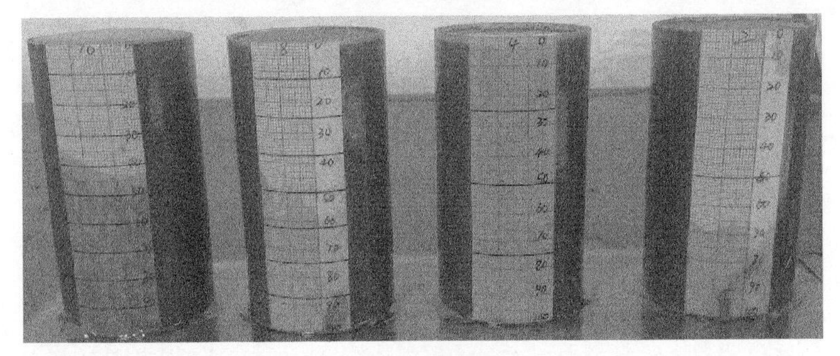

(e) 充填10次

图 3.2　层状充填体试件制备过程

3.2　养护龄期对层状充填体强度的影响

根据单轴试验方法，得出不同养护龄期、不同灰砂配比、不同浓度、不同充填次数的试件单轴抗压强度计算结果，如表 3.2～表 3.4 所示。

表 3.2　养护龄期 3d 的层状充填体单轴抗压强度

充填次数	灰砂配比	单轴抗压强度/MPa		
		72%	75%	78%
1	1∶4	0.62	0.90	1.06
2		0.57	0.82	0.92
4		0.53	0.71	0.88
8		0.60	0.62	0.95
10		0.62	0.75	0.98
1	1∶8	0.59	0.84	0.87
2		0.57	0.72	0.72
4		0.55	0.55	0.55
8		0.59	0.59	0.65
10		0.61	0.65	0.78
1	1∶10	0.41	0.44	0.52
2		0.37	0.31	0.45
4		0.28	0.22	0.32
8		0.33	0.36	0.41
10		0.40	0.38	0.47

表 3.3　养护龄期 7d 的层状充填体单轴抗压强度

充填次数	灰砂配比	单轴抗压强度/MPa		
		72%	75%	78%
1	1∶4	1.59	2.04	2.32
2		1.41	1.72	2.10
4		1.27	1.53	2.03
8		1.52	1.93	2.24
10		1.64	2.06	2.36
1	1∶8	0.90	1.30	1.61
2		0.88	1.20	1.40
4		0.84	1.01	1.29
8		0.93	1.18	1.79
10		1.02	1.29	1.91
1	1∶10	0.78	0.85	1.15
2		0.75	0.76	1.05
4		0.62	0.69	0.88
8		0.72	0.97	1.12
10		0.81	1.12	1.31

表 3.4　养护龄期 28d 的层状充填体单轴抗压强度

充填次数	灰砂配比	单轴抗压强度/MPa		
		72%	75%	78%
1	1∶4	3.50	4.44	5.00
2		3.27	3.75	4.20
4		2.58	2.98	3.53
8		3.83	4.74	6.09
10		4.16	5.49	6.43
1	1∶8	1.82	2.25	3.32
2		1.73	2.21	2.92
4		1.71	2.02	2.65
8		2.01	2.41	3.90
10		2.22	2.81	4.70
1	1∶10	1.52	1.91	2.40
2		1.49	1.82	2.24
4		1.27	1.65	1.93
8		1.57	2.32	2.60
10		1.88	2.56	3.18

表 3.5 给出了 C472 系列、C475 系列、C872 系列不同养护龄期的层状充填体单轴抗压强度变化规律。表中 C472-1 充填体在养护 3d、7d、28d 时的单轴抗压强度分别为 0.62MPa、1.59MPa、3.5MPa，C472-2 充填体在养护 3d、7d、28d 时的单轴抗压强度分别为 0.57MPa、1.41MPa、3.27MPa，表明随着养护龄期的增加，C472-1、C472-2 充填体的单轴抗压强度逐渐增大。由表 3.5 可以发现，随着养护龄期的增加，不同浓度和灰砂配比的充填体单轴抗压强度逐渐增大，C472-1 充填体养护 0～3d、3～7d、7～28d 三个时间段内的单轴抗压强度增值分别为 0.62MPa、0.97MPa、1.91MPa，以 28d 时的强度为基准，对应的增长率分别为 17.71%、27.71%、54.57%，发现 7～28d 时间段内的充填体单轴抗压强度增长率最大，即该时间段内充填体的单轴抗压强度增加最明显，而 0～3d 和 3～7d 时间段内的充填体单轴抗压强度日增长率分别为 5.90%、6.93%，均比 7～28d 时间段内的单轴抗压强度日增长率(2.60%)大，即 0～3d 和 3～7d 时间段内充填体单轴抗压强度日增长值较大。通过对比不同浓度 C475 系列和不同灰砂配比 C872 系列的充填体单轴抗压强度增长值、增长率和日增长率的变化情况，发现所有层状充填体试件强度变化都符合这个规律：随着养护龄期的增加，层状充填体的单轴抗压强度增大；7～28d 时间段内充填体的单轴抗压强度增长率最大，增长量最多；0～3d 和 3～7d 时间段内充填体单轴抗压强度日增长值比 7～28d 大，表明 0～3d 和 3～7d 时间段内充填体内部水化反应强烈。这主要是由于胶结材料与尾砂发生水化反应时，胶结材料中的 K^{+}、Na^{+}、Ca^{2+}、Al^{3+}迅速溶解到水中，增强了溶液中的离子浓度，继而水化反

应生成大量的钙钒石、水化硅酸钙以及 $Ca(OH)_2$ 等，消耗了充填体内部大量的自由水，生成的针状、絮状胶凝产物互相呈网络状、蜂窝状联结，进而充填体的宏观力学特性得到增强[7,8]。因此，充填体水化反应速率在早期最快，充填体单轴抗压强度日增长量最高。随着化学反应继续进行，水化溶液中各种离子的含量和浓度变少或反应完全，水化反应产生的针状、絮状胶凝产物减少，因此相对于 0～3d 和 3～7d 时间段，7～28d 时间段内充填体内部水化反应速率较慢，强度日增长速度减缓，但水化反应仍在继续进行，在 7～28d 相对较长的时间段内充填体强度仍可得到明显增长。说明随着养护龄期的增加，充填体强度的积聚、增强是一个比较缓慢的过程。

表 3.5　不同养护龄期的层状充填体单轴抗压强度变化规律

试件编号	0～3d			3～7d			7～28d		
	增值/MPa	增长率/%	日增长率/%	增值/MPa	增长率/%	日增长率/%	增值/MPa	增长率/%	日增长率/%
C472-1	0.62	17.71	5.90	0.97	27.71	6.93	1.91	54.57	2.60
C472-2	0.57	17.43	5.81	0.84	25.69	6.42	1.86	56.88	2.71
C472-4	0.53	20.54	6.85	0.74	28.68	7.17	1.31	50.78	2.42
C472-8	0.60	15.67	5.22	0.92	24.02	6.01	2.31	60.31	2.87
C472-10	0.62	14.90	4.97	1.02	24.52	6.13	2.52	60.58	2.88
C475-1	0.90	20.27	6.76	1.14	25.68	6.42	2.40	54.05	2.57
C475-2	0.82	21.87	7.29	0.90	24.00	6.00	2.03	54.13	2.58
C475-4	0.71	23.83	7.94	0.82	27.52	6.88	1.45	48.66	2.32
C475-8	0.62	13.08	4.36	1.31	27.64	6.91	2.81	59.28	2.82
C475-10	0.75	13.66	4.55	1.31	23.86	5.97	3.43	62.48	2.98
C872-1	0.59	32.42	10.81	0.31	17.03	4.26	0.92	50.55	2.41
C872-2	0.57	32.95	10.98	0.31	17.92	4.48	0.85	49.13	2.34
C872-4	0.55	32.16	10.72	0.29	16.96	4.24	0.87	50.88	2.42
C872-8	0.59	29.35	9.78	0.34	16.92	4.23	1.08	53.73	2.56
C872-10	0.61	27.48	9.16	0.41	18.47	4.62	1.20	54.05	2.57

3.3　浓度对层状充填体强度的影响

为了分析浓度对层状充填体强度的影响规律，确定相同灰砂配比、养护龄期以及充填次数，对比不同浓度的充填体强度变化规律。表 3.6 为不同浓度的层状充填体单轴抗压强度变化规律。从表中可以看出，以灰砂配比为 1∶8，浓度为 72%、75%、78%，充填次数为 2 时的充填体单轴抗压强度变化为例，试件 C872-2、C875-2、

C878-2 养护 3d 时的单轴抗压强度分别为 0.57MPa、0.72MPa、0.79MPa，在养护 7d 时的单轴抗压强度分别为 0.88MPa、1.2MPa、1.4MPa，3～7d 时间段内的单轴抗压强度增值分别为 0.31MPa、0.48MPa、0.61MPa，在养护 28d 时的单轴抗压强度分别为 1.73MPa、2.21MPa、2.92MPa，7～28d 时间段内的单轴抗压强度增值分别为 0.85MPa、1.01MPa、1.52MPa。表明在相同条件下，浓度越高，充填体的强度越大且相同时间段内的增值越大。对比表中其他数据发现，相同灰砂配比、养护龄期、充填次数的充填体，单轴抗压强度随着浓度的增高而增大。这是因为浓度越高，相同灰砂配比条件下，水化反应中水含量越少，继而溶液中参加水化反应的离子浓度越高，水化反应速率越快，充填体的单轴抗压强度增长越大。

表 3.6 不同浓度的层状充填体单轴抗压强度变化规律

试件编号	3d 强度/MPa	0～3d 增值/MPa	7d 强度/MPa	3～7d 增值/MPa	28d 强度/MPa	7～28d 增值/MPa
C872-1	0.59	0.59	0.90	0.31	1.82	0.92
C872-2	0.57	0.57	0.88	0.31	1.73	0.85
C872-4	0.55	0.55	0.84	0.29	1.71	0.87
C872-8	0.59	0.59	0.93	0.34	2.01	1.08
C872-10	0.61	0.61	1.02	0.41	2.22	1.20
C875-1	0.84	0.84	1.30	0.46	2.25	0.95
C875-2	0.72	0.72	1.20	0.48	2.21	1.01
C875-4	0.55	0.55	1.01	0.46	2.02	1.01
C875-8	0.59	0.59	1.18	0.59	2.41	1.23
C875-10	0.65	0.65	1.29	0.64	2.81	1.52
C878-1	0.87	0.87	1.61	0.74	3.32	1.71
C878-2	0.72	0.79	1.40	0.68	2.92	1.52
C878-4	0.55	0.55	1.29	0.74	2.65	1.36
C878-8	0.65	0.65	1.79	1.14	3.90	2.11
C878-10	0.78	0.78	1.91	1.13	4.70	2.79

3.4 灰砂配比对层状充填体强度的影响

表 3.7 为不同灰砂配比的层状充填体单轴抗压强度变化规律。从表中可知，养护龄期 28d、浓度 72%条件下，充填 1 次时，灰砂配比 1∶4、1∶8、1∶10 的充填体单轴抗压强度分别为 3.5MPa、1.82MPa、1.52MPa，灰砂配比 1∶4 的单轴抗压强度是灰砂配比 1∶8 的 1.8 倍，是灰砂配比 1∶10 的 2.3 倍；充填 2 次时，灰砂配比 1∶4 的单轴抗压强度是灰砂配比 1∶8 的 1.9 倍，是灰砂配比 1∶10 的 2.2 倍。通过对比表中相同浓度、养护龄期、充填次数，不同灰砂配比充填体单轴

抗压强度值，可以得出，高灰砂配比(如 1∶4)的全尾砂充填体单轴抗压强度明显高于低灰砂配比(如 1∶8 和 1∶10)的单轴抗压强度，说明灰砂配比越大，单轴抗压强度越大。这是因为灰砂配比越大，胶凝材料水泥含量越多，水化溶液中的 K^+、Na^+、Ca^{2+}、Al^{3+}浓度越高，其与水结合的速率越快，相同条件下灰砂配比 1∶4 的充填体内部的水化反应要比灰砂配比 1∶8 和 1∶10 的充填体更剧烈，生产的针状、絮状胶凝产物越多，充填体的单轴抗压强度也就越大。

表 3.7　不同灰砂配比的层状充填体单轴抗压强度变化规律

试件编号	3d 强度/MPa	0～3d 增值/MPa	7d 强度/MPa	3～7d 增值/MPa	28d 强度/MPa	7～28d 增值/MPa
C472-1	0.62	0.62	1.59	0.97	3.50	1.91
C472-2	0.57	0.57	1.41	0.84	3.27	1.86
C472-4	0.53	0.53	1.27	0.74	2.58	1.31
C472-8	0.60	0.60	1.52	0.92	3.83	2.31
C472-10	0.62	0.62	1.64	1.02	4.16	2.52
C872-1	0.59	0.59	0.90	0.31	1.82	0.92
C872-2	0.57	0.57	0.88	0.31	1.73	0.85
C872-4	0.55	0.55	0.84	0.29	1.71	0.87
C872-8	0.59	0.59	0.93	0.34	2.01	1.08
C872-10	0.61	0.61	1.02	0.41	2.22	1.20
C1072-1	0.41	0.41	0.78	0.37	1.52	0.74
C1072-2	0.37	0.37	0.75	0.38	1.49	0.74
C1072-4	0.28	0.28	0.62	0.34	1.27	0.65
C1072-8	0.33	0.33	0.72	0.39	1.57	0.85
C1072-10	0.40	0.40	0.81	0.41	1.88	1.07

3.5　充填次数对层状充填体强度的影响

通常充填体强度理论计算以完整充填体强度值作为参考依据，从上述数据发现，在灰砂配比、浓度和养护龄期相同的条件下，充填体的单轴抗压强度随着充填次数的增加呈先减小后增大的趋势；相同灰砂配比、浓度的充填体在 3d、7d 时的单轴抗压强度随充填次数的增加先减小后增大的趋势不明显，而在 28d 时的单轴抗压强度随充填次数的变化趋势明显，即充填体的单轴抗压强度随充填次数的增加先减小后增大。为了进一步研究充填次数对充填体强度的影响，引入充填体分层强度系数概念，并将其定义为[9,10]：

$$k=\frac{\sigma_n}{\sigma_1} \tag{3.1}$$

式中，σ_n 为充填 n 次时充填体的单轴抗压强度(MPa)；σ_1 为一次充填率 100%时充填体的单轴抗压强度(MPa)。当 $k<1$ 时，分层充填体的单轴抗压强度小于完整充填体的单轴抗压强度；当 $k>1$ 时，分层充填体的单轴抗压强度大于一次充填率 100%的充填体单轴抗压强度。

表 3.8 为不同条件下充填体的分层强度系数。由表可以得出，当灰砂配比、浓度一定时，养护 3d、7d、28d 的充填体分层强度系数随充填次数的增加先减小后增大；养护龄期 3d 时间段内，虽然充填次数较多时(如 8 次、10 次)充填体分层强度系数增大，但大部分充填体分层强度系数都不大于 1，如养护 3d 时试件 C472-10、C875-10、C1078-10 的分层强度系数分别为 1.00、0.77、0.90；而养护龄期 7d 和 28d 内的较多分层的充填体分层强度系数都达到 1 甚至大于 1。说明随着充填次数的增加，较少分层(如 2 次、4 次)的充填体单轴抗压强度逐渐减小，而较多分层(8、10)的充填体单轴抗压强度逐渐增大，而且在龄期 7d 和 28d 时的单轴抗压强度超过了完整充填体的单轴抗压强度。

表 3.8　不同条件下充填体的分层强度系数

试件编号	3d	7d	28d	试件编号	3d	7d	28d	试件编号	3d	7d	28d
C472-1	1.00	1.00	1.00	C872-1	1.00	1.00	1.00	C1072-1	1.00	1.00	1.00
C472-2	0.92	0.89	0.93	C872-2	0.97	0.98	0.95	C1072-2	0.90	0.96	0.98
C472-4	0.85	0.80	0.74	C872-4	0.93	0.93	0.94	C1072-4	0.68	0.79	0.84
C472-8	0.97	0.96	1.09	C872-8	1.00	1.03	1.10	C1072-8	0.80	0.92	1.03
C472-10	1.00	1.03	1.19	C872-10	1.03	1.13	1.22	C1072-10	0.98	1.04	1.24
C475-1	1.00	1.00	1.00	C875-1	1.00	1.00	1.00	C1075-1	1.00	1.00	1.00
C475-2	0.91	0.84	0.84	C875-2	0.86	0.92	0.98	C1075-2	0.70	0.89	0.95
C475-4	0.79	0.75	0.67	C875-4	0.65	0.78	0.90	C1075-4	0.50	0.81	0.86
C475-8	0.69	0.95	1.07	C875-8	0.70	0.91	1.07	C1075-8	0.82	1.14	1.21
C475-10	0.83	1.01	1.24	C875-10	0.77	0.99	1.25	C1075-10	0.86	1.32	1.34
C478-1	1.00	1.00	1.00	C878-1	1.00	1.00	1.00	C1078-1	1.00	1.00	1.00
C478-2	0.87	0.91	0.84	C878-2	0.83	0.87	0.88	C1078-2	0.87	0.91	0.93
C478-4	0.83	0.88	0.71	C878-4	0.63	0.80	0.80	C1078-4	0.62	0.77	0.80
C478-8	0.90	0.97	1.22	C878-8	0.75	1.11	1.17	C1078-8	0.79	0.97	1.08
C478-10	0.92	1.02	1.29	C878-10	0.90	1.19	1.42	C1078-10	0.90	1.14	1.33

为了得到全尾砂胶结充填体的强度与充填次数的关系，分别对不同条件下的充填体单轴抗压强度与充填次数的关系进行非线性曲线拟合，建立单轴抗压强度与充填次数的数学函数模型。图 3.3 为不同养护龄期条件下，9 种配比的充填体单轴抗压强度与充填次数的拟合曲线。从图中可以看出，相同灰砂配比、浓度的充填体在养护龄期 3d、7d 时的单轴抗压强度随着充填次数的增加先减小后增大的趋势不明显，而在 28d 时单轴抗压强度随充填次数的变化趋势明显，即充填体单轴

抗压强度随充填次数的增加先减小后增大；层状充填体的单轴抗压强度与充填次数之间遵循多项式函数关系，相关系数 R^2 都在 0.9 以上，表明回归效果好，能够较好地反映充填体单轴抗压强度与充填次数的定量关系；养护龄期越长，多项式曲线下凹程度越大，表明层状充填体的单轴抗压强度与充填次数的关系受养护龄期影响。分析拟合结果可知，不同灰砂配比、浓度的充填体单轴抗压强度与充填次数的曲线拟合程度均较高，表明回归效果好，能够较好地反映充填体单轴抗压强度与充填次数的定量关系，总体可用下式表示：

$$\sigma_n = an^2 + bn + c \tag{3.2}$$

式中，σ_n 为单轴抗压强度值(MPa)；n 为充填次数；a、b 和 c 为拟合参数。

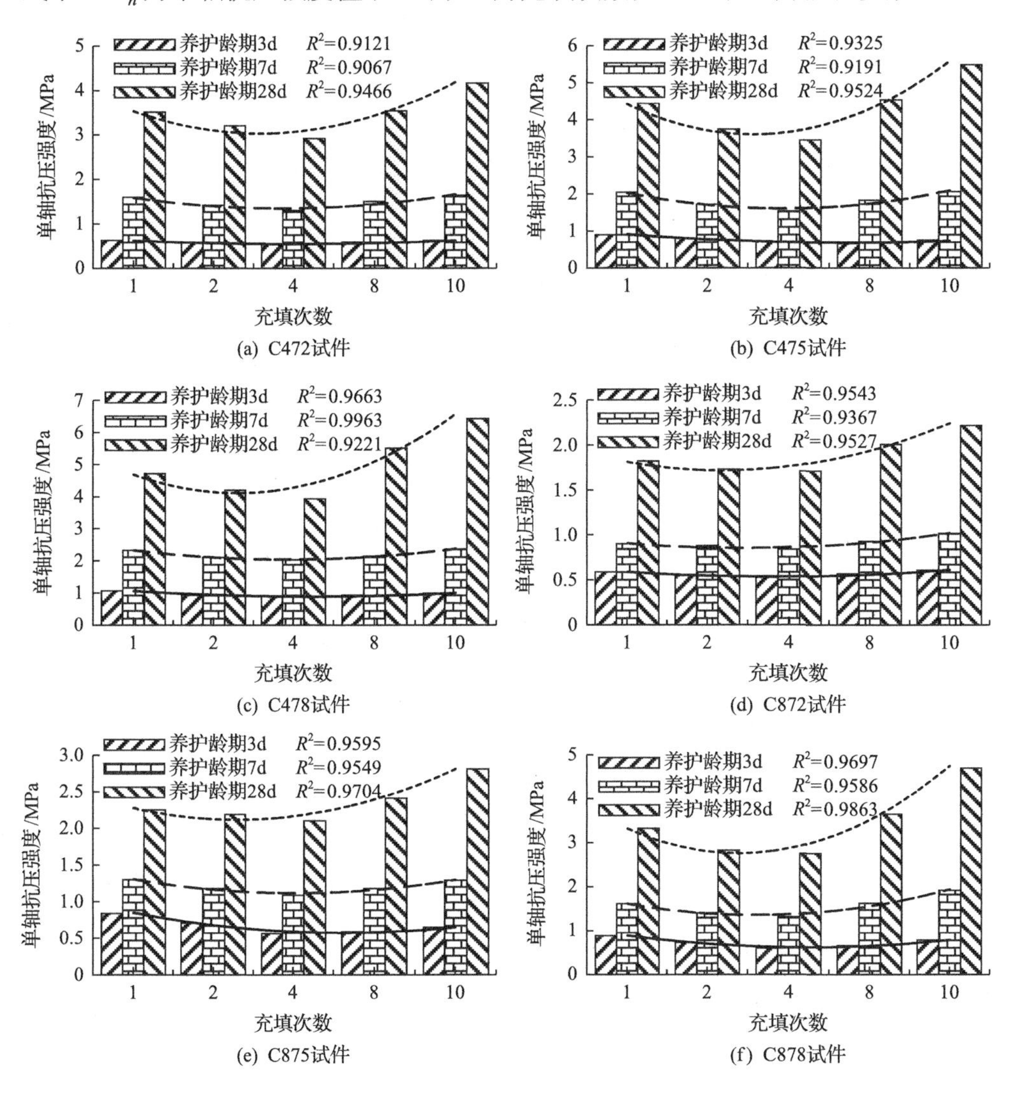

(a) C472试件　(b) C475试件

(c) C478试件　(d) C872试件

(e) C875试件　(f) C878试件

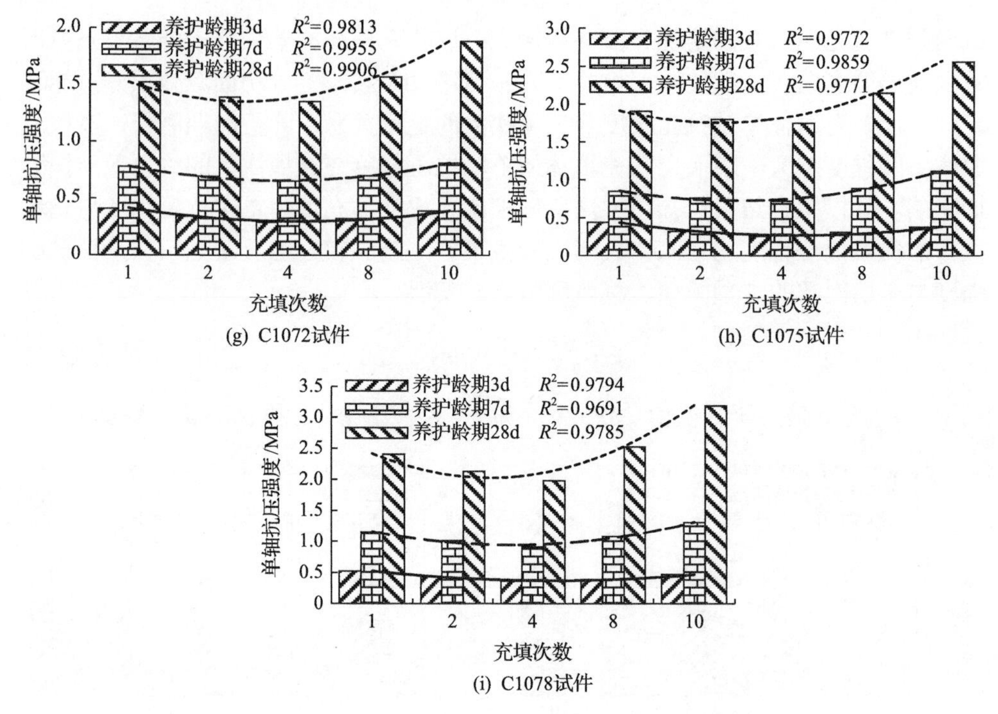

(g) C1072试件　　(h) C1075试件

(i) C1078试件

图 3.3　充填体单轴抗压强度与充填次数的拟合曲线

用ξ表示一次充填率，则一次充填率可表示为

$$\xi=\frac{1}{n}\times 100\% \tag{3.3}$$

根据式(3.3)，式(3.2)可转化为

$$\sigma_n=a\left(\frac{1}{\xi}\right)^2+\frac{b}{\xi}+c \tag{3.4}$$

表 3.9 为不同充填体单轴抗压强度与充填次数的拟合关系。从表中可以看出，养护龄期 3d 时，C472 组层状充填体试件拟合对应的最低强度充填次数为 3.23，对应的一次充填率为 30.96%，表示当一次充填体积占整个空区体积的 30.96%时，C472 组分层充填体的单轴抗压强度最低。C475 组试件在养护龄期 3d、7d、28d 的最低强度充填次数分别为 3.09、2.89、2.27，C478 组试件在养护龄期 3d、7d、28d 的最低强度充填次数分别为 2.86、2.68、2.18，C875 组试件在养护龄期 3d、7d、28d 的最低强度充填次数分别为 3.16、2.91、2.39。对比这 3 组试件的数据发现，随着养护龄期的增加，最低强度充填次数逐渐减小；当养护龄期、浓度相同时，灰砂配比 1∶4 对应的最低强度充填次数较小；当灰砂配比相同、养护龄期相同时，浓度越大，最低强度充填次数越小。对比 9 组分层充填体试件都符合上述

规律，即灰砂配比越大、浓度越高和养龄期越长，充填体最低强度充填次数越小。9 组分层充填体试件的最低强度充填次数范围为 2.18～3.7，说明一次充填率在 27.03%～45.87%时，层状充填体的承载能力最弱，充填体强度的层状效应越突显。矿山采用充填采矿法需多次充填时，一次充填率应尽量避免在此范围内。

表 3.9　充填体单轴抗压强度与充填次数的拟合关系

编号	养护龄期	多项式拟合曲线	拟合系数 R^2	最低强度充填次数	一次充填率/%
C472	3d	$y = 0.0193x^2-0.1247x+0.716$	0.9121	3.23	30.96
	7d	$y = 0.0679x^2-0.3981x+1.906$	0.9067	2.93	34.13
	28d	$y = 0.2079x^2-1.0021x + 4.35$	0.9466	2.41	41.49
C475	3d	$y = 0.0307x^2-0.1896x+1.112$	0.9325	3.09	32.36
	7d	$y = 0.1136x^2-0.6564x+2.586$	0.9191	2.89	34.60
	28d	$y = 0.3336x^2-1.5124x+5.802$	0.9524	2.27	44.05
C478	3d	$y = 0.0353x^2-0.2017x + 1.24$	0.9663	2.86	34.97
	7d	$y = 0.0787x^2-0.4223x+2.684$	0.9963	2.68	37.31
	28d	$y = 0.3479x^2-1.5141x+5.904$	0.9221	2.18	45.87
C872	3d	$y= 0.0157x^2-0.10093x+0.662$	0.9543	3.48	28.74
	7d	$y = 0.024x^2-0.151x + 1.002$	0.9367	3.15	31.75
	28d	$y = 0.0677x^2-0.3463x+2.034$	0.9527	2.56	39.06
C875	3d	$y = 0.0345x^2-0.2179x + 1.1$	0.9595	3.16	31.65
	7d	$y = 0.0457x^2-0.2663x+1.534$	0.9549	2.91	34.36
	28d	$y = 0.0913x^2-0.4371x + 2.61$	0.9704	2.39	41.84
C878	3d	$y = 0.0506x^2-0.3064x+1.172$	0.9697	3.03	33.00
	7d	$y= 0.1x^2-0.5590x + 2.024$	0.9586	2.80	35.71
	28d	$y = 0.2907x^2-1.3753x+4.406$	0.9863	2.37	42.19
C1072	3d	$y = 0.0257x^2-0.19x + 0.548$	0.9813	3.70	27.03
	7d	$y = 0.036x^2-0.243x +0.95$	0.9955	3.38	29.59
	28d	$y = 0.0714x^2-0.3986x+1.842$	0.9906	2.79	35.84
C1075	3d	$y = 0.035x^2-0.243x + 0.626$	0.9772	3.47	28.82
	7d	$y = 0.0507x^2-0.323x + 1.092$	0.9859	3.19	31.35
	28d	$y = 0.1064x^2-0.5236x+2.284$	0.9771	2.46	40.65
C1078	3d	$y = 0.0314x^2-0.226x + 0.696$	0.9794	3.23	30.96
	7d	$y = 0.0621x^2-0.3639x + 1.48$	0.9691	2.93	34.13
	28d	$y = 0.1821x^2-0.8779x+3.132$	0.9785	2.41	41.49

3.6　层状充填体破坏特征

不同养护龄期、充填次数、浓度、灰砂配比的充填体试件破坏情况如图 3.4

所示。由图可以看出，层状充填体试件的破坏裂纹形式多种多样，差异显著；破坏裂纹发展形状大致可以分为单一、平行、交叉(X 状、Y 状)和复合 4 种类型。充填 1 次的充填体试件(完整试件)主要是以贯穿张拉的形式破坏，贯穿裂纹近似平行于轴向加载方向，破裂面主要呈直线式破坏，如图 3.4(a)所示；充填 2 次时，试件贯穿裂纹扩展方向在分层面处发生弯曲，主控裂纹面附近产生与其平行或相交的次生裂纹，破裂面主要呈类直线摩擦式，如图 3.4(b)所示；充填 4 次时，试件裂纹扩展方向同样在分层面处发生改变，主控裂纹在分层面处多次发生弯曲贯穿破坏，部分从一侧发生滑移剪切破坏，破裂面主要是类圆弧式摩擦破坏，如图 3.4(c)所示；与充填 2 次、4 次时相比，充填 8 次时试件裂纹扩展方向在分层面处较小改变后并产生微小的破碎直至贯穿整个充填体试件，破裂面主要是类直线式破碎摩擦面，如图 3.4(d)所示；而对于充填 10 次的试件而言，主控裂纹附近与其相交呈 X 状、Y 状的次生裂纹增多，在试件分层面处裂纹扩展方向发生较大的改变并产生大量的破碎，破裂面主要是台阶式破碎摩擦面，如图 3.4(e)所示。

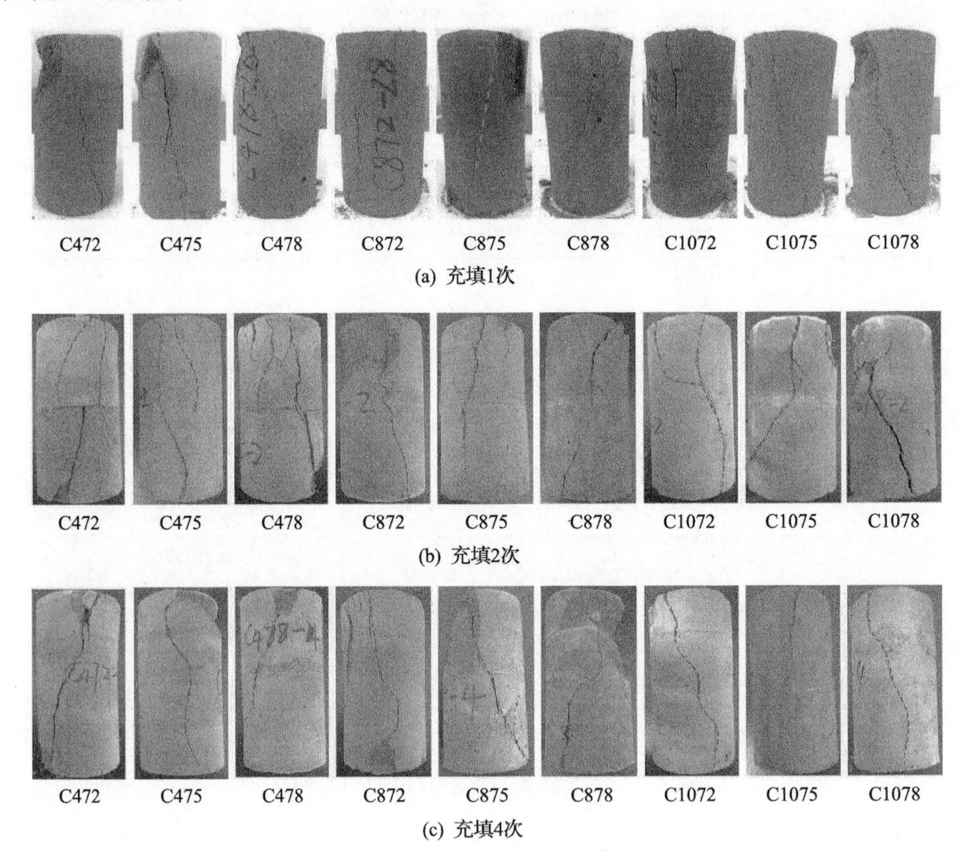

(a) 充填1次

(b) 充填2次

(c) 充填4次

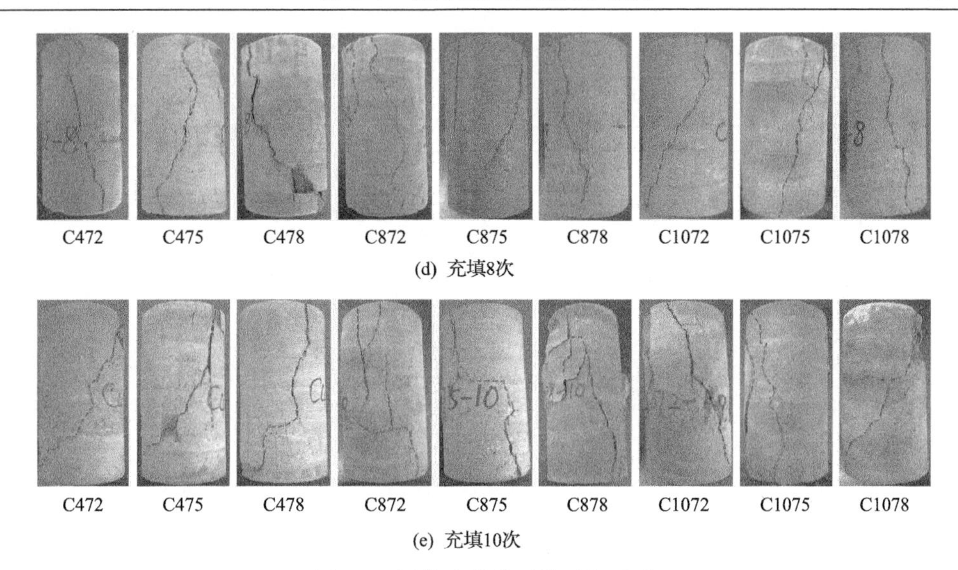

(d) 充填8次

(e) 充填10次

图 3.4　层状充填体试件破坏形式

考虑到本章进行了大量的分层充填体单轴压缩试验，不同分层充填体试件破坏的主扩展裂纹角度不同，对裂纹扩展角度进行了统计，以充填体试件中心为原点建立直角坐标系，做出主控裂纹与横坐标轴的角度，如图 3.5 所示，统计结果如表 3.10 所示。分析表中数据发现，在不同养护龄期，充填 1 次即完整充填体试件的主裂纹扩展角度为 78°～83°；充填 2 次试件的主裂纹扩展角度为 77°～80°；充填 4 次试件的主裂纹扩展角度有小幅度降低，范围为 73°～78°；而充填 8 次、10 次试件的主裂纹扩展角度有大幅度下降，范围分别为 69°～73°、64°～69°。由此可以得出，充填体的主裂纹扩展角度随着充填次数的增加呈减小趋势，即主裂纹与轴向荷载的夹角逐渐增大。在相同养护龄期、灰砂配比和浓度条件下，充填体的主裂纹扩展角度随着充填次数的增加而减小。

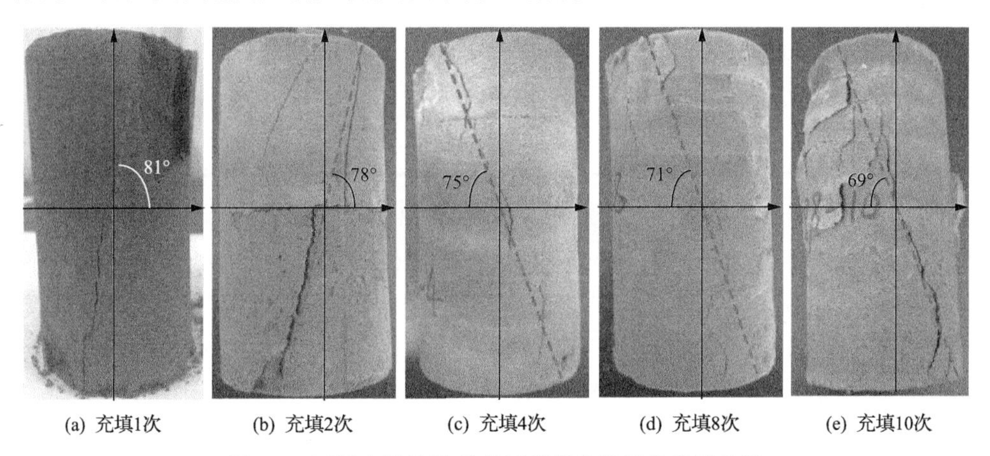

(a) 充填1次　(b) 充填2次　(c) 充填4次　(d) 充填8次　(e) 充填10次

图 3.5　不同充填次数的充填体裂纹扩展角度示意图

表 3.10　不同条件下充填体主裂纹扩展角度

试件编号	3d	7d	28d	试件编号	3d	7d	28d	试件编号	3d	7d	28d
C472-1	83°	83°	79°	C872-1	79°	79°	80°	C1072-1	82°	81°	79°
C472-2	80°	80°	78°	C872-2	77°	78°	78°	C1072-2	78°	78°	77°
C472-4	75°	75°	74°	C872-4	76°	76°	77°	C1072-4	77°	75°	73°
C472-8	70°	70°	70°	C872-8	73°	71°	73°	C1072-8	70°	71°	70°
C472-10	65°	65°	65°	C872-10	68°	68°	69°	C1072-10	66°	68°	68°
C475-1	83°	81°	81°	C875-1	82°	80°	81°	C1075-1	80°	79°	80°
C475-2	79°	78°	78°	C875-2	78°	79°	78°	C1075-2	79°	77°	77°
C475-4	76°	74°	74°	C875-4	77°	75°	75°	C1075-4	78°	74°	76°
C475-8	71°	70°	72°	C875-8	71°	71°	73°	C1075-8	69°	71°	73°
C475-10	64°	65°	68°	C875-10	67°	66°	67°	C1075-10	67°	66°	71°
C478-1	81°	80°	78°	C878-1	80°	83°	82°	C1078-1	80°	81°	79°
C478-2	78°	77°	78°	C878-2	77°	78°	77°	C1078-2	78°	78°	77°
C478-4	76°	76°	75°	C878-4	75°	76°	74°	C1078-4	77°	75°	75°
C478-8	70°	69°	72°	C878-8	72°	72°	73°	C1078-8	69°	70°	71°
C478-10	67°	65°	68°	C878-10	68°	67°	69°	C1078-10	65°	67°	68°

通常来说，尾砂胶结充填体的力学性质与岩体相似，充填体发生破坏时主控裂纹与轴向荷载平行或夹角越小，其抗压能力越强。通过试验数据发现，充填次数越多的充填体主裂纹扩展角度越小，与轴向荷载的夹角越大，而其单轴抗压强度则是先减小后增大。通过对比不同分层充填体的破坏形式及其破裂面的形式得出：①充填 1 次、2 次的试件破坏形式及破裂面的形式相似，但充填 2 次的试件产生分层，分层之间形成了低强度夹层，导致主裂纹扩展到分层处方向发生改变，主裂纹扩展角度随之减小，抗压能力降低；②充填 4 次的层状充填体试件扩展裂纹在低强度的分层面处发生多次弯曲，主裂纹扩展角度进一步减小，形成更容易滑移破坏的类圆弧式破裂面，其抗压强度自然更低；③虽然充填 8 次的试件主裂纹扩展角度也在降低，但是裂纹扩展在分层面处产生破碎形成类直线式破碎摩擦面，由于破碎摩擦面的存在，当试件发生严重损伤时还能承受一定的压力，其强度必然大于充填 4 次的试件；④与充填 8 次的试件相比，充填 10 次的试件在低强度分层面处产生大量破碎，形成了更为稳定、不易破坏的台阶式破碎摩擦面，试件严重破坏导致发生大位移时会出现卸载现象，使各分层的损伤演化暂时缓和。当继续增加荷载时，破坏的分层被压密后，承载的应力继续增加，充填体继续破坏，应变增大，合理解释了较多分层的充填体强度增强的效应。

3.7 工 程 应 用

某铁矿一期工程开采区域为–200m 以上矿体，采用阶段嗣后充填采矿方法，将矿体分为矿房和矿柱，回采时先采矿房后采矿柱，采场之间不留间柱。采场垂直于矿体走向布置，矿房和矿柱的宽度均为 20m，采场的长度为矿体厚度，采场的高度为 100m，分段的高度为 25m。在开采相邻矿柱时，采完的矿房形成的空区需及时充填。现场在进行矿房充填时，为了确保开采相邻矿柱时采场充填体的稳定，设计人员在进行大阶段嗣后充填采场设计时，发现在养护龄期为 7d 时规定充填体的强度必须达到 1.0MPa，28d 的强度要达到 2.0MPa。从上述试验结果可知，养护龄期 7d、28d 时，灰砂配比为 1∶4、浓度为 72%的充填体强度分别为 1.59MPa、3.5MPa；灰砂配比为 1∶8、浓度 72%的充填体强度分别为 0.90MPa、1.82MPa。若按照以往国内类似矿山经验，选择完整充填体的强度，矿山只有配制灰砂配比 1∶4、浓度 72%的充填体，强度才能满足设计要求，采用灰砂配比 1∶8、浓度 72%的充填体则不能达到设计要求。由上述研究结果可知，层状充填体的充填次数与其强度相关，即层状胶结充填体充填次数越多，其层状效应越大，强度越高。当充填次数达到 10 时，养护龄期 7d、28d 的 C872 充填体强度分别为 1.02MPa、2.22MPa，此时灰砂配比 1∶8、浓度 72%的充填体强度即能满足设计要求，从这个角度来讲，矿山充填时少添加了胶结材料水泥，因而相应地减少了采矿充填成本。图 3.6 给出了该矿井下采场底部结构处揭露充填体的层状现状。从图中可以看出，胶结充填体层状现象明显，但充填体的整体稳定性良好，并未出现大面积充填体失稳现象。

充填体的强度是影响充填采场稳定性和充填成本的关键因素，确定合理的胶结充填体强度，确保充填采场的安全性，同时也要预防充填体强度过大从而造成充填成本的浪费。目前，对于阶段嗣后充填采场充填体强度的选定，现场通常以完整充填体的强度为依据。然而，由于阶段嗣后采场规模尺寸较大，多个采场要进行同时充填，充填料浆系统制备能力有限，采空区难以实现一次性充填，则需采用多次充填，当进行多次充填时，料浆要在上一次充填体凝固后方可继续充填，必然会造成充填体凝固后出现层状现象，进而导致采场充填体的力学性质发生相应的变化。因此，在选取胶结充填体的强度时，不能将完整充填体的强度值作为依据，应考虑层状效应对充填体强度的影响，多次充填有益于提升充填体整体强度。借助充填体的层状效应，可以缓解地表充填系统连续制浆能力，延长充填井下采场所需时间，进而可增加井下采场同时作业数量，提高生产能力和日作业效率，间接降低采矿成本。当阶段嗣后采场的充填次数增加到一定程度时就会出现充填体强度的层状效应，胶结充填体强度值应作为选取嗣后充填采场充填体强度的重要参考依据，进而降低充填成本。

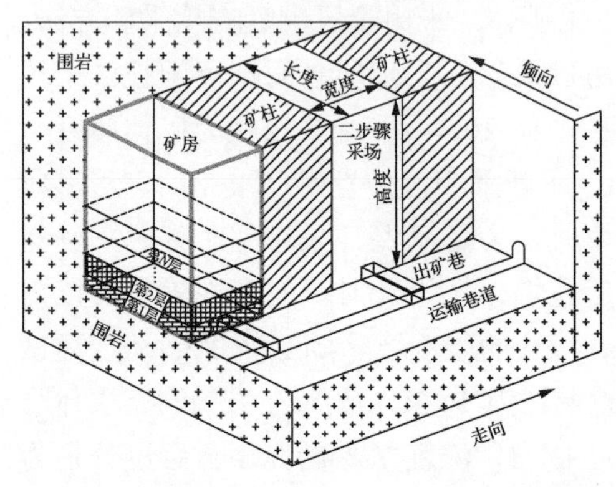

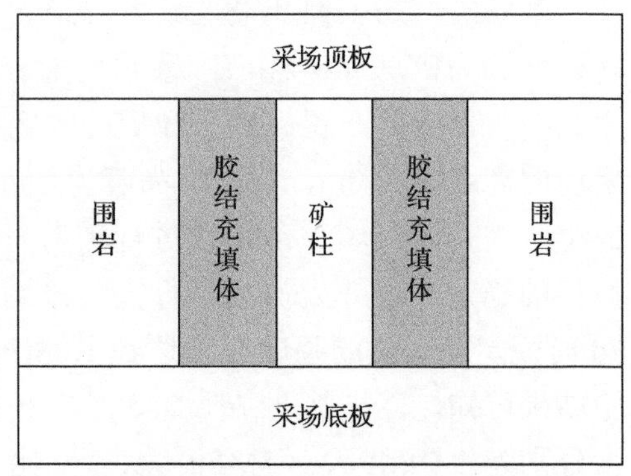

(a) 采场结构图

(b) 采场充填效果图

图 3.6　阶段嗣后采场布置与充填效果

参 考 文 献

[1] 鲜学福. 层状岩体破坏机理[M]. 重庆: 重庆大学出版社, 1989.

[2] 何忠明, 彭振斌, 曹平, 等. 层状岩体单轴压缩室内试验分析与数值模拟[J]. 中南大学学报(自然科学版), 2010, 41(5): 1906-1921.

[3] 黄书岭, 丁秀丽, 邬爱清, 等. 层状岩体多节理本构模型与试验验证[J]. 岩石力学与工程学报, 2012, 31(8): 1627-1635.

[4] 陈国瑞, 朱鹏瑞. 分层尾砂胶结充填体单轴抗压强度的测试研究[J]. 有色金属(矿山部分), 2016, 68(3): 53-57.

[5] 曹帅, 宋卫东, 薛改利, 等. 考虑分层特性的尾砂胶结充填体强度折减试验研究[J]. 岩土力学, 2015, 36(10): 2869-2876.

[6] 曹帅, 宋卫东, 薛改利, 等. 分层尾砂胶结充填体力学特性变化规律及破坏模式[J]. 中国矿业大学学报, 2016, 45(4): 717-722.

[7] 徐文彬, 潘卫东, 丁明龙. 胶结充填体内部微观结构演化及其长期强度模型试验[J]. 中南大学学报(自然科学版), 2015, 46(6): 2333-2341.

[8] 葛海源, 陈超, 李洪宝, 等. 超细全尾砂充填体强度增长规律试验研究[J]. 现代矿业, 2014, (7): 10-13.

[9] Xu W B, Cao Y, Liu B H. Strength efficiency evaluation of cemented tailings backfill with different stratified structures[J]. Engineering Structure, 2019, 180: 18-28.

[10] 汪杰, 宋卫东, 谭玉叶, 等. 水平分层胶结充填体损伤本构模型及强度准则[J]. 岩土力学, 2019, 39(5): 1731-1739.

第 4 章　单面临空充填体的力学行为

随着我国埋藏浅、质量好、品位高的矿产资源日渐枯竭，开发和利用埋藏深、条件差、品位低的矿产资源已经成为当务之急。目前，我国规模较大的部分金属矿山为厚大的倾斜或急倾斜矿床，针对此类矿床，国内外采用的开采方法主要有上向分层充填法、无底柱崩落法，阶段嗣后充填法等，其中，分段或阶段空场嗣后充填法，特别是大直径、深孔阶段空场嗣后充填法因具有生产效率高、环境污染小、资源回采率高、能保护地表等优点，日益受到重视。

在采用阶段嗣后充填法开采的过程中，为保证采场顶板稳定性，在布置矿块时通常将矿体划分为多个间隔分布的矿房和矿柱。回采过程中，首先对一步骤矿房进行回采，接着对回采形成的采空区进行尾砂胶结充填，待所有一步骤矿房回采并充填完毕后，再进行二步骤矿柱的回采，并对二步骤形成的矿柱采空区进行尾砂胶结充填。在回收矿柱的过程中，充填体会出现单面临空现象，在这种情况下，采场中支撑顶板的对象由矿柱转变为充填体，此时，充填体的顶部受到顶板应力拱效应所带来的垂直压力[1,2]。因此，单面临空充填体将受到顶部荷载与侧向应力双重作用的影响，受力状态既非单轴加载，又非传统的三轴加载，一旦出现失稳坍塌，将造成重大经济损失。随着开采深度和阶段高度的增加，矿块回采过程中充填体最大暴露高度可达数十米甚至上百米，这对单面临空充填体的稳定性提出了严峻考验[3]。研究单面临空充填体的破坏特性对维持采场稳定、保证二步骤矿柱回采安全起着关键性作用。同时，保持充填体稳定性可以降低矿石贫化，提高整个采场的生产效率。

4.1　试验设计与制备

在实际阶段嗣后充填采场中，由于采场地质条件不同，充填体的尺寸也有所差别，矿房长度 20～50m 不等，高度从几十米至上百米不等[4,5]。为体现不同开采条件下充填体的尺寸属性，本次试验利用标准三联模具制作底部为正方形、高宽比(H/L)为 1∶1、2∶1、3∶1 的立方体试件。试验采用施加侧向力的方式近似模拟两侧摩擦力，分别设置 0.25MPa、0.5MPa、0.75MPa 三组不同围压，另设单轴压缩试验作为对照，以对比分析充填体在侧限-围压条件下的破坏特性。

采用规格为 70.7mm×70.7mm×70.7mm 的三联模具，制备高宽比为 1∶1、2∶1、3∶1 的立方体试件，各试件如图 4.1 所示。本次试验设置了不同灰砂配比、养护龄期的试件，每组包含 4 个试件，分别对应 0MPa、0.25MPa、0.5MPa、0.75MPa 4 个不同初始围压。各组试件参数及编号如表 4.1 所示，编号的首字母代表充填体试件的组名；第二组字符代表高宽比，如 2H 代表高宽比为 2∶1 的试件；第三组字符代表围压大小，如 0.5M 表示试件加载初始状态所受侧向围压为 0.5MPa。例如，C-3H-0.25M 表示第 C 组、高宽比为 3∶1、围压大小 0.25MPa 的充填体试件。A、B、C 三组试件可以对比分析不同高宽比对充填体破坏特征的影响，B、D、E 三组试件可以对比分析不同养护龄期对充填体破坏特征的影响，A、F、G 三组试件可以对比分析不同灰砂配比对充填体破坏特征的影响，A～G 各个组内试件可以对比围压对充填体破坏特征的影响。

图 4.1　不同高宽比的充填体试件

表 4.1　充填体试件参数及编号

试件分组	试件编号	侧向围压 σ_h /MPa	高宽比	灰砂配比	养护龄期/d
A 组	A-1H-0M	0	1∶1	1∶10	28
	A-1H-0.25M	0.25			
	A-1H-0.5M	0.5			
	A-1H-0.75M	0.75			
B 组	B-2H-0M	0	2∶1	1∶10	28
	B-2H-0.25M	0.25			
	B-2H-0.5M	0.5			
	B-2H-0.75M	0.75			
C 组	C-3H-0M	0	3∶1	1∶10	28
	C-3H-0.25M	0.25			
	C-3H-0.5M	0.5			
	C-3H-0.75M	0.75			

续表

试件分组	试件编号	侧向围压 σ_h /MPa	高宽比	灰砂配比	养护龄期/d
D 组	D-2H-0M	0	2∶1	1∶10	7
	D-2H-0.25M	0.25			
	D-2H-0.5M	0.5			
	D-2H-0.75M	0.75			
E 组	E-2H-0M	0	2∶1	1∶10	3
	E-2H-0.25M	0.25			
	E-2H-0.5M	0.5			
	E-2H-0.75M	0.75			
F 组	F-1H-0M	0	1∶1	1∶4	28
	F-1H-0.25M	0.25			
	F-1H-0.5M	0.5			
	F-1H-0.75M	0.75			
G 组	G-1H-0M	0	1∶1	1∶8	28
	G-1H-0.25M	0.25			
	G-1H-0.5M	0.5			
	G-1H-0.75M	0.75			

试验装置示意图如图 4.2 所示。该装置包含轴向加载系统和侧向加载系统，在加载的同时可以记录应力及位移数据。定位支柱的高度可调节，以适应不同尺

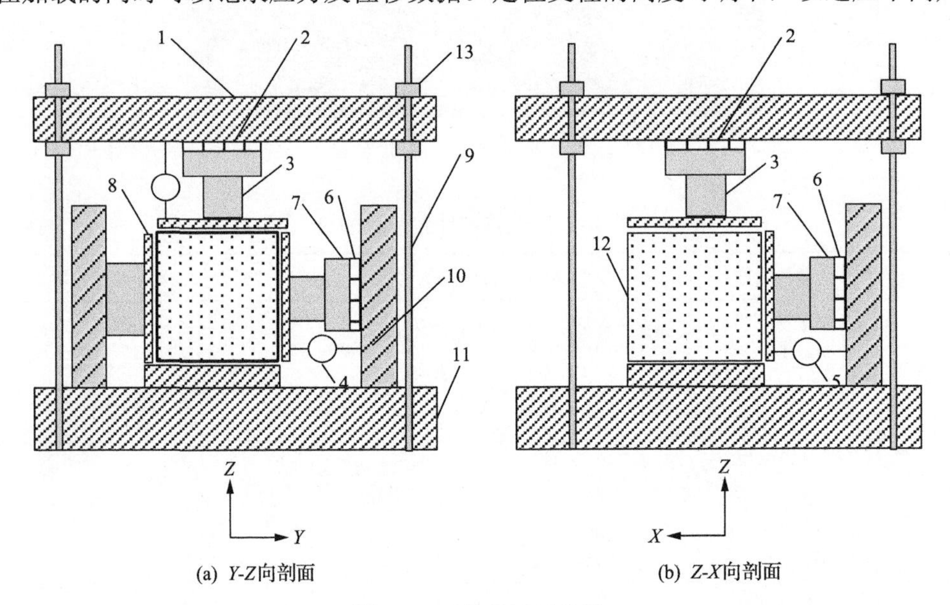

(a) Y-Z向剖面　　(b) Z-X向剖面

图 4.2　试验装置示意图

1-轴向反力构件；2-轴向力传感器；3-轴向加载系统；4、5-位移传感器；6-侧向力传感器；7-侧向加载系统；8-侧压板；9-定位支柱；10-侧向反力钢架；11-基座；12-充填体试件；13-螺纹

寸的充填体试件。根据采场实际边界条件，试件左、右、后三个侧面和顶部、底部均配有刚性侧压板，其中左、右、后三个侧面的侧压板外侧较为光滑，内侧加磨砂材料，以模拟矿井充填体周边岩石的摩擦力，增加试验数据的准确性；试件顶部和底部的侧压板两侧均光滑，以减少顶部加压带来的附加剪切应力。

试件尺寸及加载系统示意图如图 4.3 所示。加载试件之前，通过调整仪器高度，使之与不同高度的试件相适应，保证侧压板与试件临空面两侧及后壁紧密接触。加载时，首先将试件两侧围压施加至预定值，使试件后壁与刚性侧压板紧密接触，然后以恒定的位移速率沿轴向施加荷载，直到试样发生整体破坏失稳时停止加载。在轴向加载过程中，系统会自动记录施加的荷载值和轴向位移，同时在加载全过程中利用高清摄像机对试样的裂纹扩展状态进行摄像。

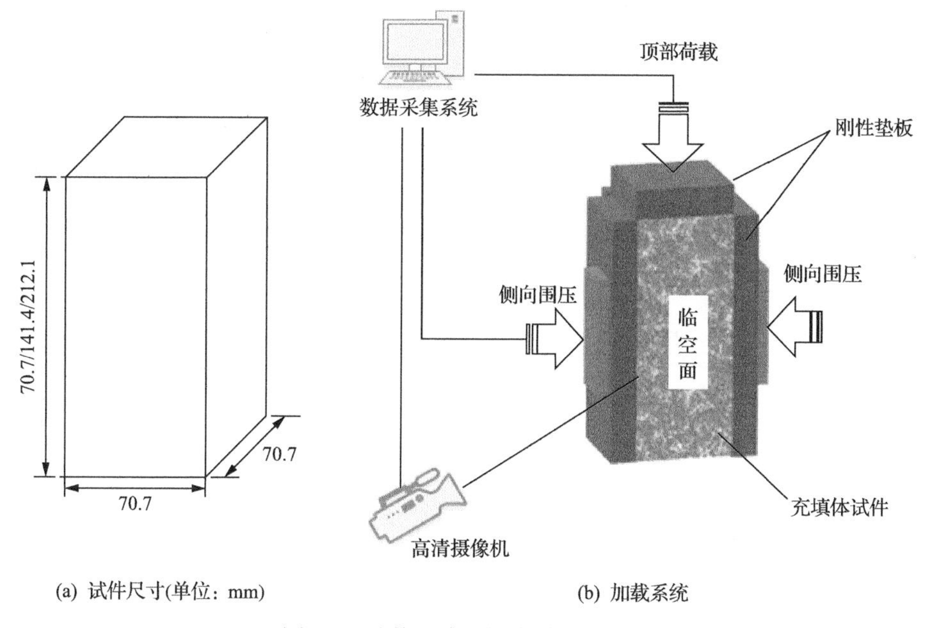

(a) 试件尺寸(单位：mm)　　(b) 加载系统

图 4.3 试件尺寸及加载系统示意图

4.2 高宽比的影响

为分析不同高宽比对单面临空充填体破坏的影响，选用灰砂配比为 1∶10 和养护龄期为 28d 的三组充填体试件进行对比分析，结果如图 4.4 所示。从图中可以看出，不同高宽比对充填体试件的应力-应变演化行为不尽相同。加载初期，试件的应变随着应力的增加而增大，且高宽比为 3∶1 时试件应力-应变曲线斜率明显大于其他两组高宽比试件，这表明充填体试件表现出明显的尺寸效应。随着轴向应变逐渐增大，高宽比为 3∶1 的充填体试件应力率先达到峰值，随后开始降低，

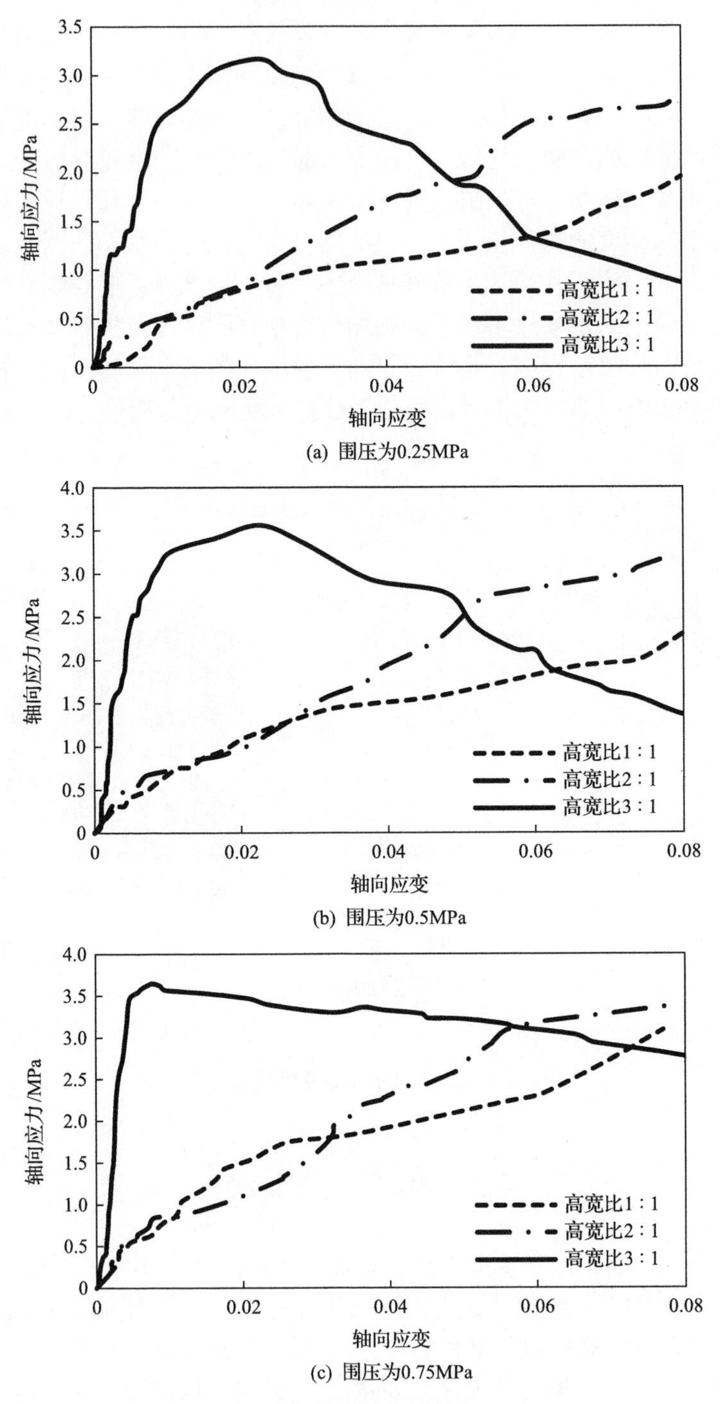

(a) 围压为0.25MPa

(b) 围压为0.5MPa

(c) 围压为0.75MPa

图 4.4　不同高宽比充填体试件的应力-应变曲线

表现出脆性行为。而高宽比为 2∶1 和 1∶1 的充填体应力-应变曲线则持续平缓上升，表现出应变硬化现象，这表明充填体表现出较强的塑性流动行为。高宽比为 3∶1 的试件则因裂隙迅速扩张而出现失稳破坏，试件承载能力开始下降，最终裂隙不断发展直至贯穿前后两面，其承载能力降低。

图 4.5 为不同围压条件下不同高宽比充填体试件的破坏模式，从左到右依次为高宽比 1∶1、2∶1、3∶1 的试件。可以看出，随着高宽比的增长，充填体试件表现出完全不同的破坏特性。当高宽比为 1∶1 时，临空面附近呈圆弧拉裂破坏或竖直剪切破坏，距临空面较远处，试件基本保持完整；围压越大，充填体发生圆弧拉裂现象越明显；当高宽比 2∶1 时，试件也主要表现为临空面附近的竖直剪切破坏；当高宽比为 3∶1 时，试件整体性沿破坏面发生剪切破坏，且随着围压的增大，主裂纹附近出现 Y 状丛生裂纹，贯穿整个试件。

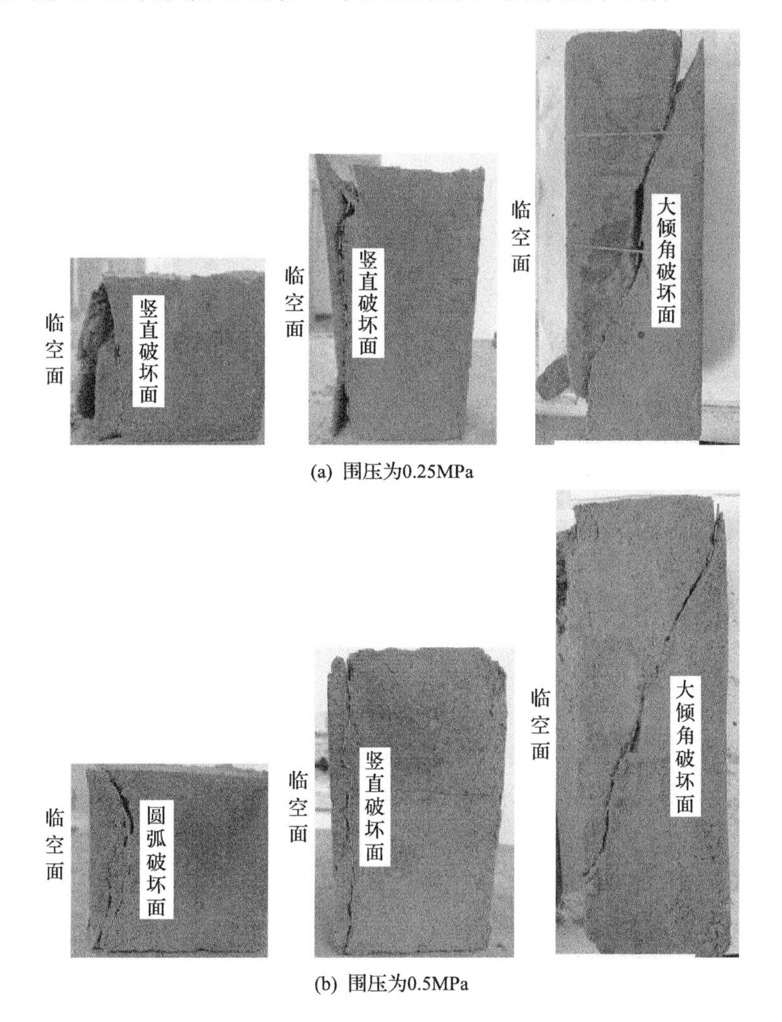

(a) 围压为0.25MPa

(b) 围压为0.5MPa

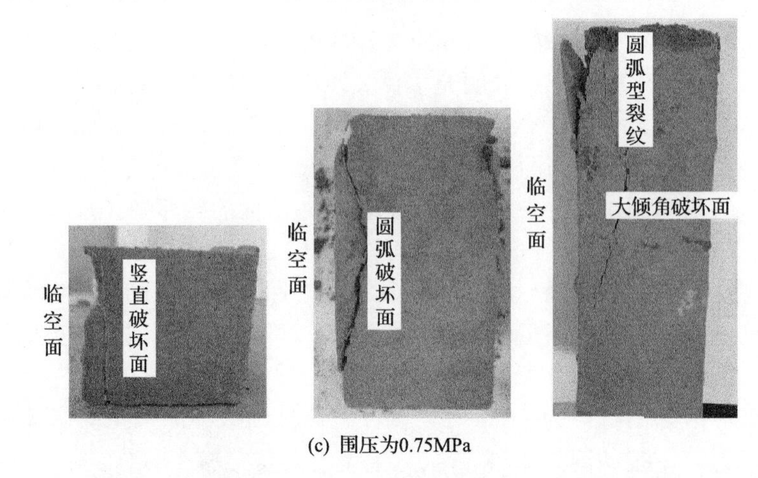

(c) 围压为0.75MPa

图 4.5　不同围压条件下不同高宽比充填体试件的破坏模式

对于没有明显应力峰值的曲线，将应变达到0.06～0.08时的应力作为峰值强度。图 4.6 为不同高宽比试件峰值强度柱状图。从图中可以看出，当高宽比由 1∶1 增大到 2∶1 时，试件的峰值强度得到一定程度的提升，但高宽比从 2∶1 增大到 3∶1 时，试件的峰值强度仅有小幅提升，说明高宽比增大对充填体的峰值强度具有提升作用，但增强效果随高宽比的增大而减弱。

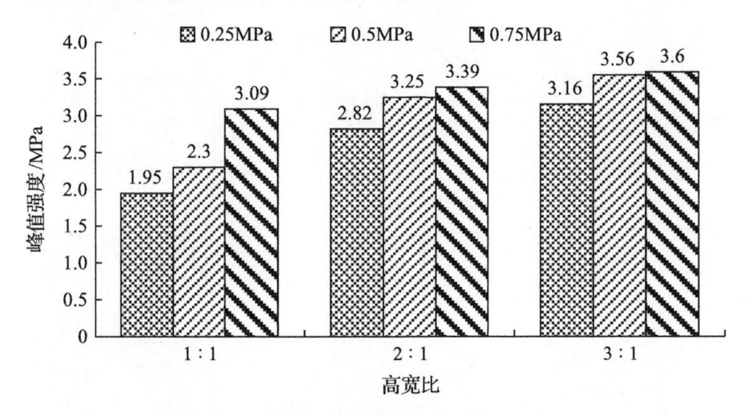

图 4.6　不同高宽比试件的峰值强度柱状图

残余强度为试件发生完全破坏后所能承受的轴向应力，结合试件的应力-应变曲线，绘制不同高宽比试件的残余强度分布情况，如图 4.7 所示。从图中可以看出，高宽比为 3∶1 的试件残余强度最低；相反，高宽比为 2∶1 和 1∶1 的试件残余强度在高围压时基本持平，在低围压时，高宽比为 2∶1 的充填体残余强度略高于高宽比为 1∶1 的充填体残余强度。在初始围压相同的条件下，高宽比为 3∶1 的试件破坏产生了大倾角滑移面，试件被分割为上下两部分，上半部分在轴向应力的作用下出现滑移现象，因此无法拥有足够大的残余强度。高宽比为 1∶1 和 2∶1

试件的破坏只发生在临空面附近，试件中部及背部则持续处于轴向压缩状态，随着这部分区域充填颗粒被充分压密，试件的承载能力得到进一步提升，因此拥有较大的残余强度。

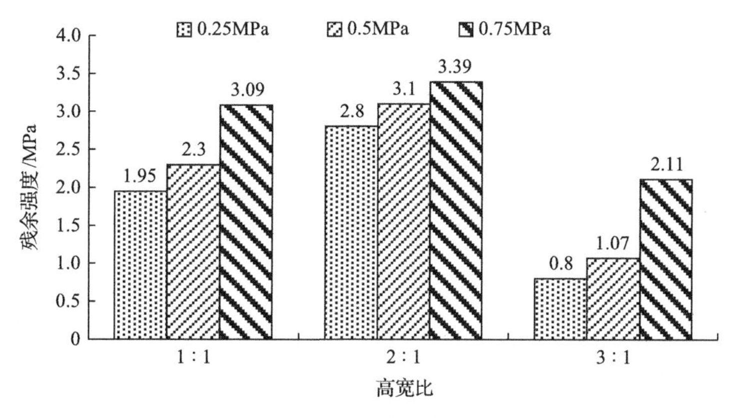

图 4.7　不同高宽比试件的残余强度柱状图

4.3　养护龄期的影响

图 4.8 为不同养护龄期充填体试件的应力-应变曲线。从图中可以看出，不同养护龄期的单面临空充填体试件的应力-应变曲线呈现两种完全不同的趋势。养护龄期 3d 和 7d 的充填体试件因为内部水化反应不充分，尾砂颗粒与胶凝材料之间尚未形成足够强大的黏结力，导致试件整体较为松软，因此曲线走势为先缓慢上升后缓慢下降。养护龄期为 28d 充填体的应力-应变曲线呈线性上升，试件出现应变硬化现象，强度逐渐提升，并在加载末期强度增速变缓。

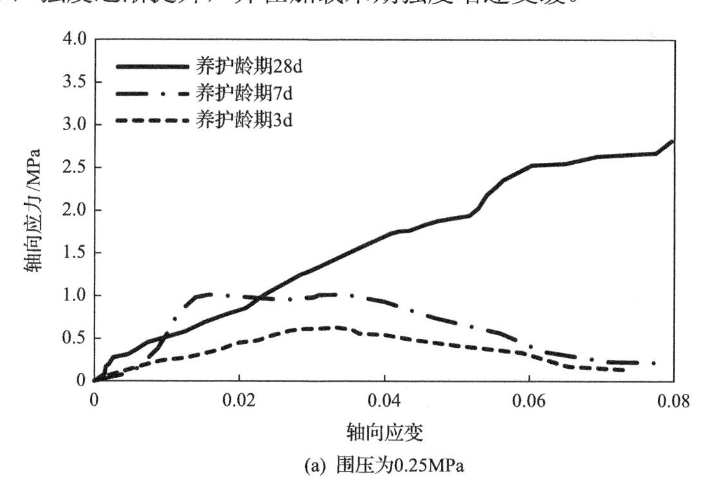

(a) 围压为0.25MPa

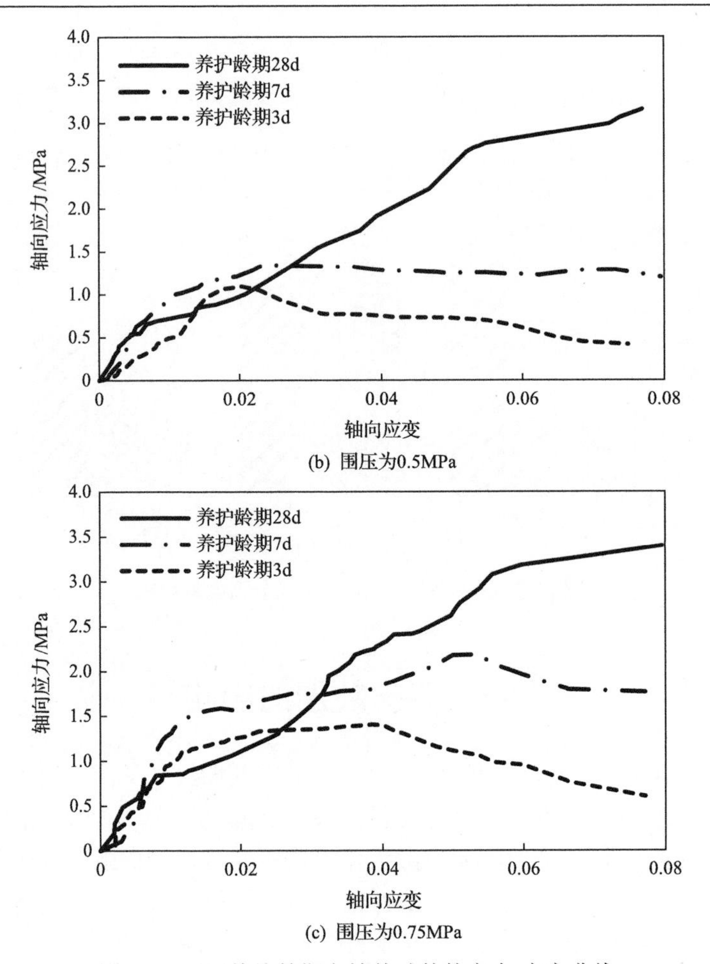

(b) 围压为0.5MPa

(c) 围压为0.75MPa

图 4.8　不同养护龄期充填体试件的应力-应变曲线

图 4.9 为不同养护龄期单面临空充填体试件的峰值强度柱状图。从图中可以看出，养护龄期对单面临空充填体试件的峰值强度有显著影响。养护龄期越长，充填体的峰值强度越大，主要是因为养护龄期越长，充填体内部的水化反应越充分，产生的团絮状产物也越多，水化产物具有提升固结强度的作用[6]。此外，在养护龄期为 3d 和 7d 时，试件峰值强度对围压的敏感性较大，提升围压可以显著提高短龄期单面临空充填体试件的强度。

为探究不同养护龄期对单面临空充填体破坏特征的影响，图 4.10 给出了不同养护龄期胶结充填体的破坏模式，从左到右依次为养护 3d、7d、28d 的试件。从图中可以看出，在围压相同的情况下，养护龄期 3d 和 7d 的试件破坏程度明显比 28d 的试件严重，表现为临空面附近的破坏深度更深、更严重。在低围压下(0.25MPa、0.5MPa)，充填体的破坏模式主要以共轭式竖直剪切型破坏为主。在围压为 0.75MPa

时，养护龄期为 3d 和 7d 的充填体主要沿主裂纹发生剪切破坏；养护龄期 28d 的充填体邻近临空面附近发生圆弧型破坏。

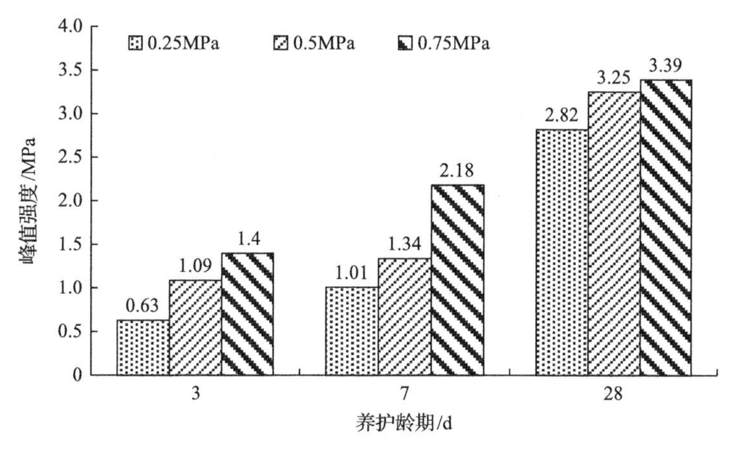

图 4.9　不同养护龄期试件的峰值强度柱状图

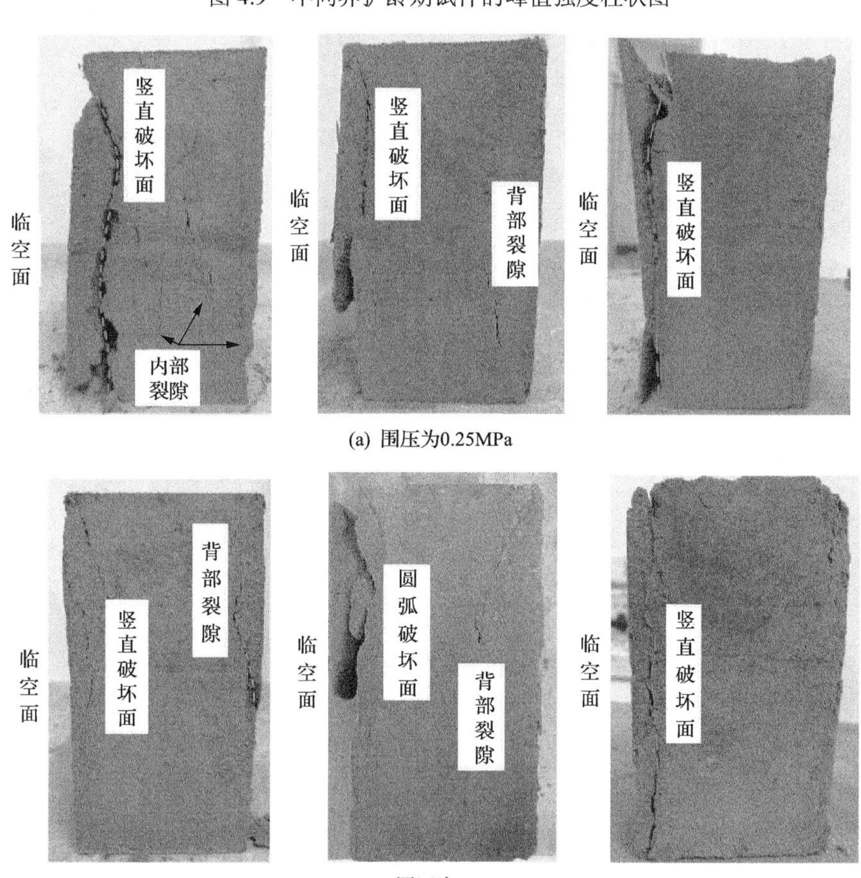

(a) 围压为0.25MPa

(b) 围压为0.5MPa

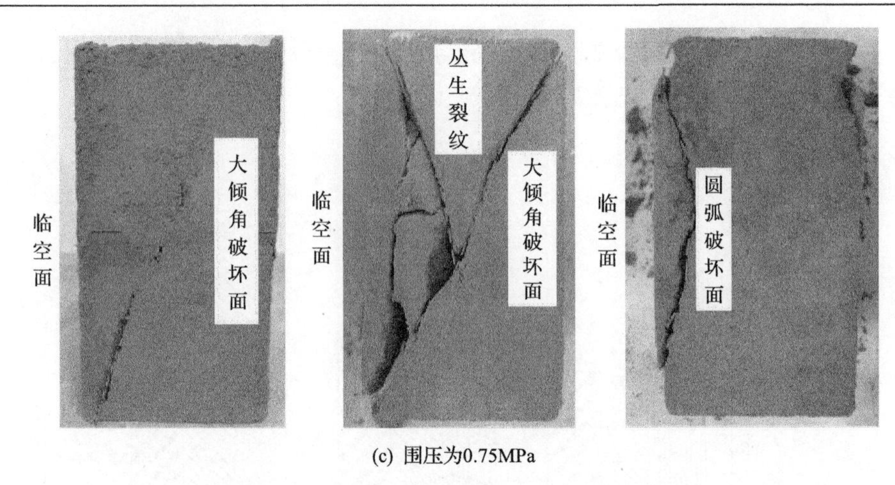

(c) 围压为0.75MPa

图 4.10　不同养护龄期充填体试件的破坏模式

4.4　灰砂配比的影响

图 4.11 给出了高宽比为 1∶1，灰砂配比分别为 1∶4、1∶8 和 1∶10 的充填体，在围压分别为 0.25MPa、0.5MP 和 0.75MPa 条件下的应力-应变曲线。从图中可以看出，不同灰砂配比试件的应力-应变曲线均呈应变软化行为，水泥含量越高，产生相同应变量所需要的轴向应力越大。在加载后期，灰砂配比为 1∶10 和 1∶8 的充填体应力-应变曲线则整体上升，并未出现明显的增速下降。灰砂配比为 1∶4 的充填体曲线同样呈整体上升趋势，曲线斜率最大，峰值强度最大。相同围压条件下，随着灰砂配比的增大，曲线的斜率越来越大，峰值强度显著提高，这是由于高灰砂配比试件中水泥含量较高，胶结效果更明显，试件中的胶结颗粒不易从基体脱离，因此可以获得更大的强度。围压越大，产生相同应变所需要的轴向应力越大。

图 4.12 为不同灰砂配比充填体试件的峰值强度柱状图。从图中可以看出，灰砂配比对充填体峰值强度的影响效果较为明显。灰砂配比越大，充填体的峰值强度越高。相同灰砂配比时，充填体的峰值强度随着围压的增大而增大。当围压为 0.25MPa 时，灰砂配比为 1∶8 的充填体峰值强度比灰砂配比为 1∶10 的充填体峰值强度提升了 61%，灰砂配比为 1∶4 的充填体峰值强度比灰砂配比为 1∶10 的充填体峰值强度提升了 137%。当围压为 0.5MPa 时，灰砂配比为 1∶8 的充填体峰值强度比灰砂配比为 1∶10 的充填体峰值强度提升了 91%，灰砂配比为 1∶4 的充填体峰值强度比灰砂配比为 1∶10 的充填体峰值强度提升了 138%。在围压 0.25MPa 和 0.5MPa 条件下，灰砂配比增大对试件峰值强度的提升效应更为明显。

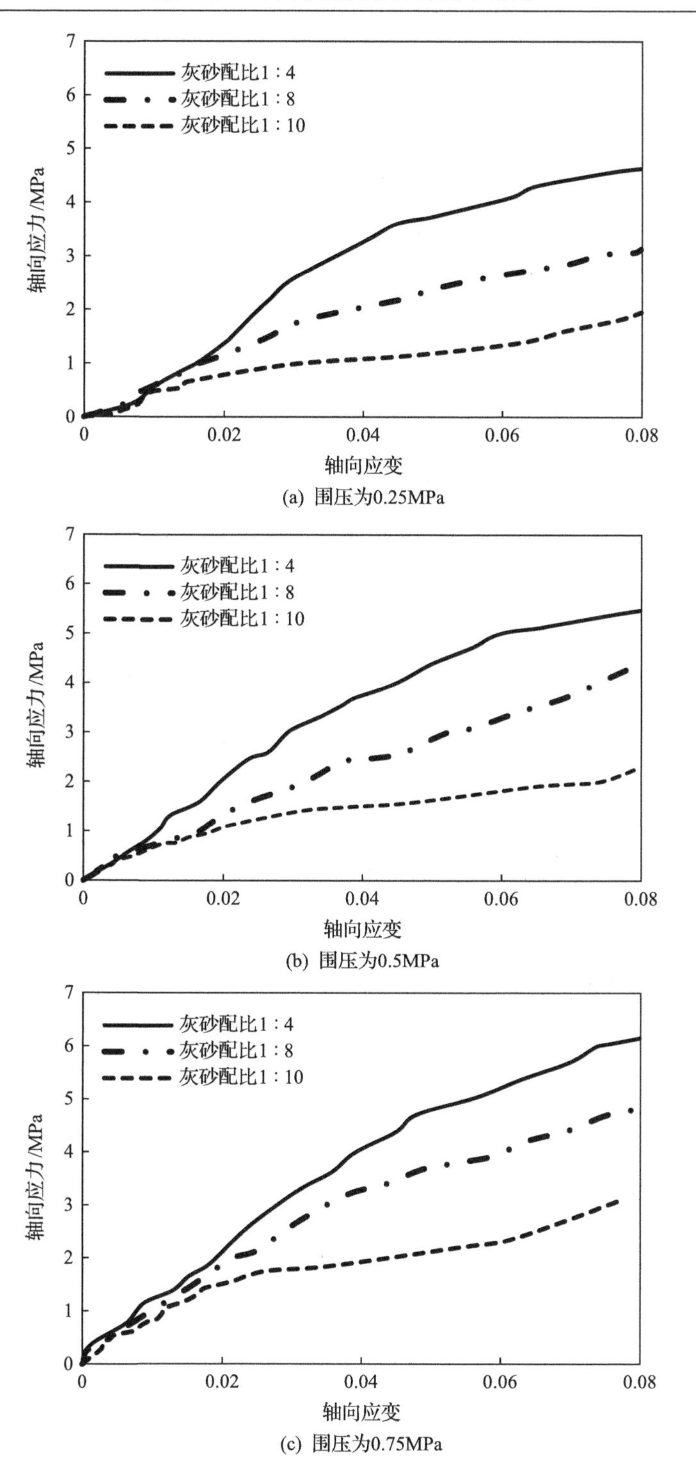

图 4.11　不同灰砂配比充填体试件的应力-应变曲线

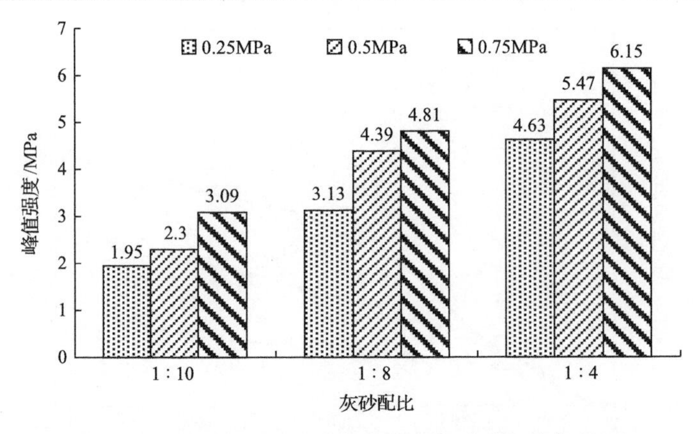

图 4.12　不同灰砂配比充填体试件的峰值强度柱状图

图 4.13 给出了不同灰砂配比的单面临空充填体破坏模式，从左到右依次为灰砂配比 1：4、1：8、1：10 的试件。由图可知，在高宽比为 1：1 的条件下，不同灰砂配比的充填体发生破坏的位置主要集中在邻近临空面，以竖直剪切破坏和圆弧拉裂破坏为主。灰砂配比为 1：10 的充填体破坏形态无明显规律，这是因为水泥含量较少导致试件相对松散，在轴向应力和侧限-围压的作用下，垂直临空面向外方向会产生较大水平位移，导致临空面附近出现较大程度的变形；灰砂配比为 1：8 的充填体在低围压状态下呈现竖直方向的剪切破坏，在围压很高的情况下，压密程度较大，因此也出现了圆弧拉裂破坏现象；灰砂配比为 1：4 的试件则全部为圆弧拉裂破坏，这是由于灰砂配比高的试件固结程度更密实，试件泊松比较小，不易出现水平变形，因此在临空面附近受到水平拉应力影响，进而发生拉裂破坏。

(a) 围压0.25MPa

(b) 围压0.5MPa

(c) 围压0.75MPa

图 4.13　不同灰砂配比充填体试件的破坏模式

4.5　多尺度数值模拟

4.5.1　模型尺寸及网格分布

数值模型示意图如图 4.14 所示。为便于和试验结果进行对比，本次数值模拟建立的模型大小与试验采用的试件实际尺寸相同，长、宽、高分别为 70.7mm、70.7mm、70.7mm 的立方体模型对应高宽比 1∶1 的试件，长、宽、高分别为 70.7mm、70.7mm、141.4mm 的立方体模型对应高宽比 2∶1 的试件，长、宽、高分别为 70.7mm、70.7mm、212.1mm 的立方体模型对应高宽比 3∶1 的试件。网格构建采用扫掠的方式。

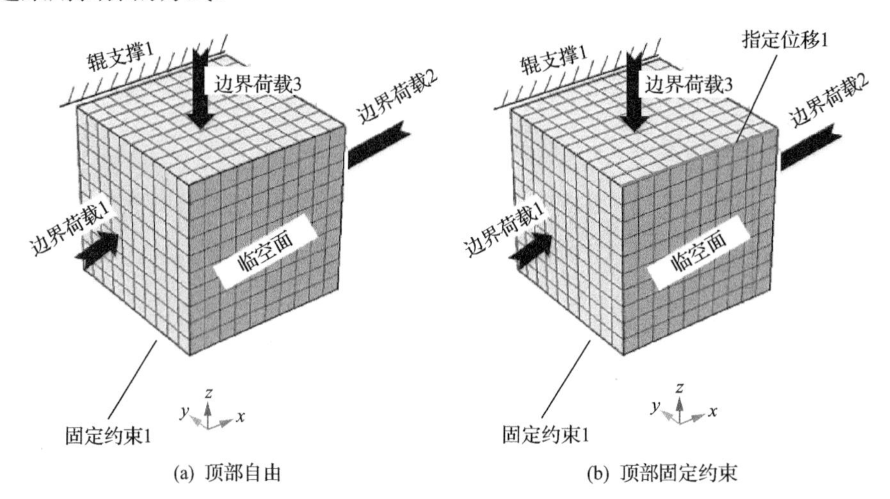

(a) 顶部自由　　(b) 顶部固定约束

图 4.14　数值模型示意图

4.5.2　边界条件的设定

为便于对比分析临空面附近的应力、位移及塑性区分布情况，所有模型统一设定右下角的 X-Z 面为临空面。模型底部采用固定约束，临空面背面采用辊支撑。顶部及临空面左右两侧面施加边界荷载，其中边界荷载条件 1 和边界荷载条件 2 的荷载类型为单位面积力荷载，应力方向为 Z 轴正方向；边界荷载 3 的荷载类型为单位面积力荷载，采用分步加载方式，加载方向为 Z 轴负方向，应力大小设为变量。由于不同试件的临空面破坏方式不同，本节重点研究临空面附近的物理场分布，对临空面的边界条件处理采用两种不同的方式：一种是模型的临空面顶部不做约束，代表顶部为自由状态；另一种是模型的临空面顶部施加指定位移，位移方向为 Y 方向，位移设置为 0，以达到限制临空面顶部水平位移的效果，此时模型顶部可视为固定状态[7]。

4.5.3 材料属性及力学准则

模型材料的基本物理参数如表 4.2 所示，材料屈服准则使用 Mohr-Coulomb 准则，试件加载采用应力控制模式，在正式加载之前先测试出可迭代出结果的最大轴向应力 F_{max}，随后以最大轴向应力为基准分 200 步加载完毕，同时绘制应力场、位移场、塑性区分布图。

表 4.2 材料基本物理参数

材料名称	弹性模量/GPa	黏聚力/MPa	内摩擦角/(°)	泊松比	容重/(kN/m^3)
充填体	0.338	1.8	30	0.29	20

4.6 多尺度数值模拟结果

4.6.1 应力场分布规律

两种模型在轴向应力最大时所对应的最大主应力、最小主应力分布情况分别如图 4.15 和图 4.16 所示。通过对比可以看出，临空面顶部为自由状态时，试件顶

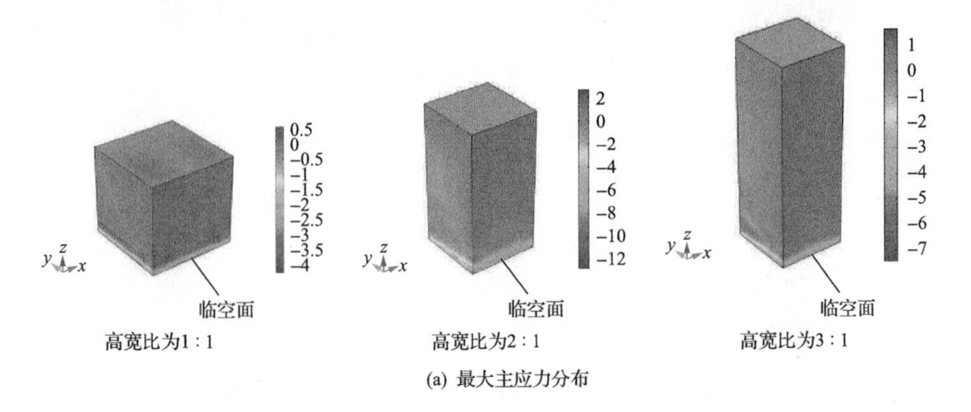

(a) 最大主应力分布

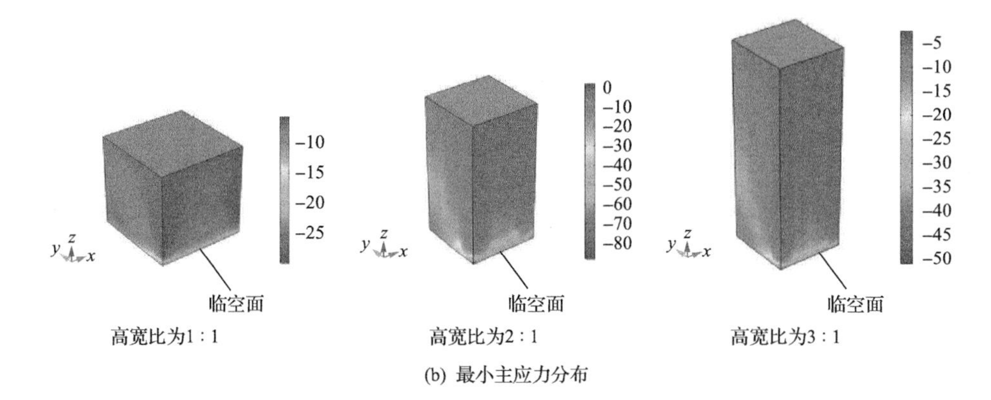

(b) 最小主应力分布

图 4.15　顶部自由模型应力场分布(单位：MPa)

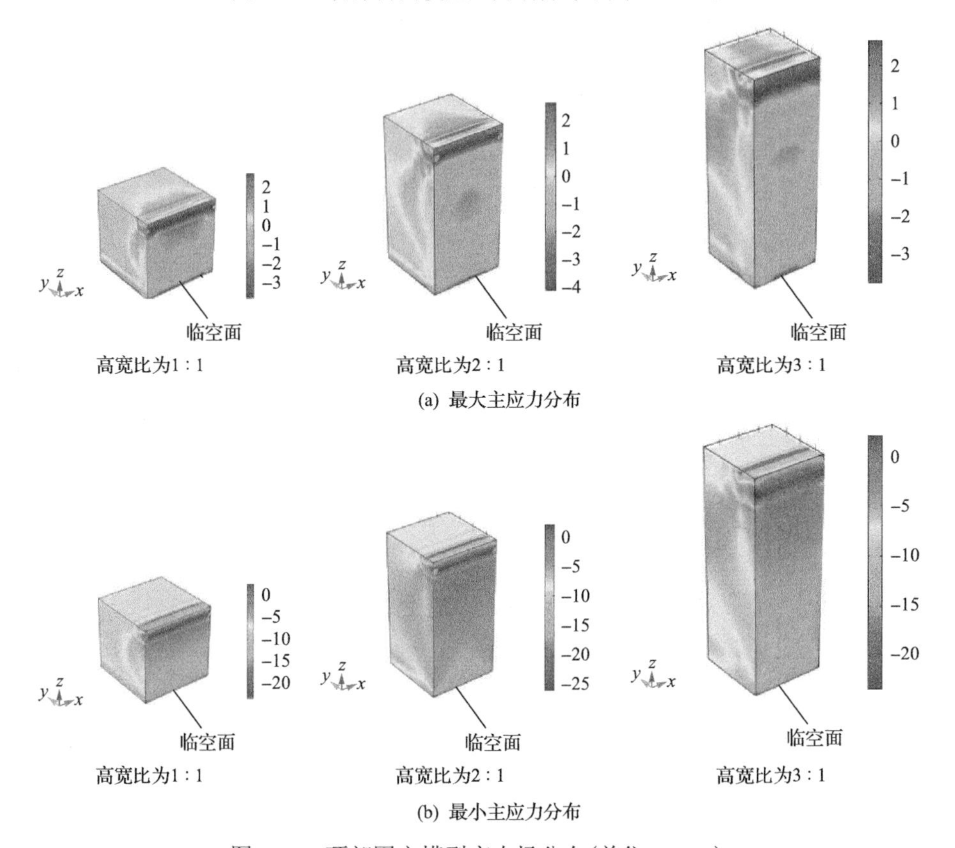

(a) 最大主应力分布

(b) 最小主应力分布

图 4.16　顶部固定模型应力场分布(单位：MPa)

面受到拉应力作用，不同高宽比试件所受拉应力集中在 0.5～1.5MPa，顶面之外的其余部分主要承受压应力作用，越靠近底部，压应力越大。当临空面顶部施加固定约束后，在试件内部靠近临空面位置出现了中部深、上下浅的圆弧型拉应力区，拉应力大小约 0.7MPa，高宽比 3∶1 的试件后壁中上部位置也呈现受拉状态，在临空面上方出现拉应力集中，最大值可达 2.6MPa。

胶结充填体为一种人工复合多孔材料，其抗拉强度远低于抗压强度，因此充填体受拉部位更容易出现破坏。当临空面顶部为自由状态时，除顶面受拉之外，试件内部应力以压应力为主，易出现压剪破坏；当临空面顶部为固定状态时，试件内部形成一定规模的受拉区域，而整体承受的压应力小于顶部自由模型，因此试件在内部拉应力的作用下易出现拉裂破坏。

4.6.2　位移场分布规律

选取模型的 *Y-Z* 平面视角，模型的左边界对应临空面，右边界对应后壁。临空面顶部为自由状态的位移场分布情况如图 4.17 所示。从图中可以看出，加载中期，不同高宽比模型试件的水平位移场皆呈圆弧形，越靠近临空面的部分水平位移越大。试件破坏时，水平位移场变为由顶面向临空面延伸的倾斜直线分布，越靠近临空面，顶部水平位移越大。从位移方向分布可以看出，靠近内侧部分的箭

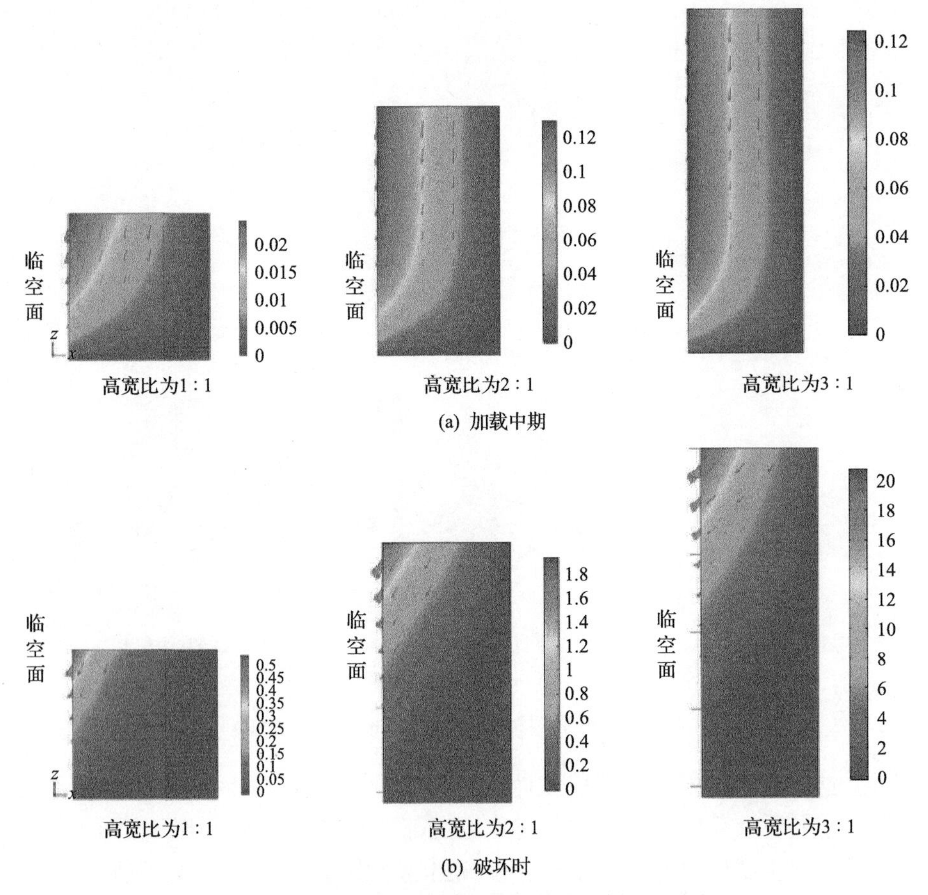

图 4.17　顶部自由模型位移场分布(单位：mm)

头方向为竖直向下，表面主要为垂直位移；而靠近临空面部分的箭头方向主要指向临空面方向，这表明加载过程中，临空面附近的充填体由于受到顶部压力的作用向下移动，同时反向限制而产生向临空面的水平位移。试件破坏时，箭头方向整体表现为向下和向外的趋势，宏观破坏表现为整体沿某一倾角斜面滑动的现象。

临空面顶部施加约束后的位移场分布情况如图 4.18 所示。从图中可以看出，加载中期，临空面内侧呈现出中部深、上下浅的圆弧形水平位移场，最大水平位移集中在 0.5H～0.6H 高度处；试件破坏时，最大水平位移开始向临空面上方转移，高度为 0.65H～0.75H。从位移箭头指向可以得出，模型的位移场主要是以圆弧型向临空面滑移，越靠近充填体内部，位移方向则是竖直向下，表明主要受压缩作用。高宽比越大，充填体位移场的水平位移分量明显增大，水平位移影响深度越大。

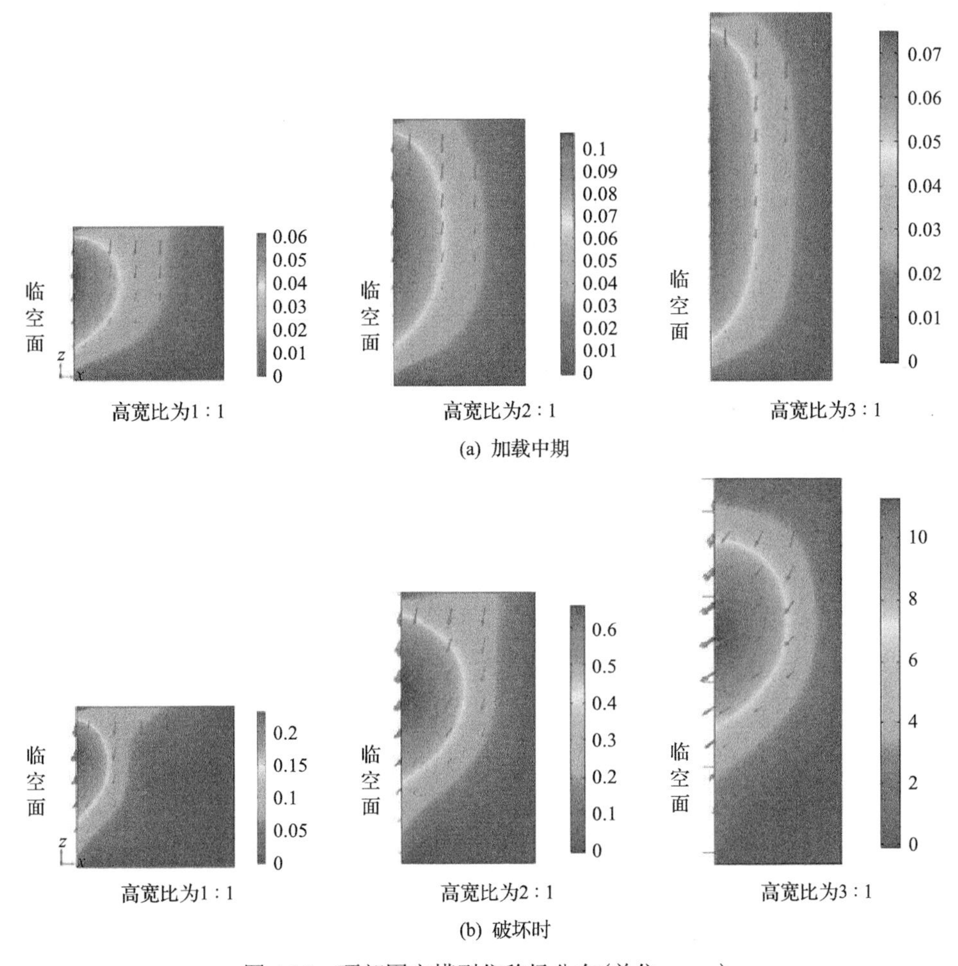

图 4.18　顶部固定模型位移场分布（单位：mm）

相比于充填体自立的情况，当顶部受到荷载时，临空面附近乃至整个试件的位移发展均会受到水平位移的影响，并随不同加载阶段表现出不同的分布状态。在这种情况下，单面临空充填体的破坏形式是水平位移和竖直位移在不同位置、不同阶段共同作用的结果。

4.6.3　塑性区分布规律

临空面顶部自由模型和顶部固定模型的塑性区分布演化规律分别如图 4.19、图 4.20 所示。可以看出，当顶部为自由状态时，试件的塑性区域均先出现在临空面底部附近，高宽比为 1∶1、2∶1、3∶1 的试件分别在轴向应力为 5MPa、5.68MPa、6MPa 时首次出现塑性区，说明试件的高宽比越大，试件弹性阶段的承载能力越高。高宽比为 1∶1 的试件在临空面底部先出现塑性区，第二塑性区出现在试件顶部后方，随后覆盖整个顶面并向临空面发展，待临空面全部进入塑性阶段后，塑性区开始向试件背面底边方向发展，最终形成覆盖全部顶面和临空面的楔形体塑性区域。高宽比为 2∶1 的试件塑性区扩展过程与高宽比为 1∶1 试件的不同之处在于，试件顶面出现塑性区后，接下来沿倾斜方向同时扩展至整个顶面和临空面，最终形成下部倒三角楔形体塑性区。高宽比为 3∶1 的试件第二塑性区出现在试件背面中部，随后向斜上方扩展至临空面及顶面，最终形态同样为下部倒三角楔形体塑性区。形成最终破坏塑性区时，高宽比为 1∶1、2∶1、3∶1 的试件对应的轴向应力分别为 7.2MPa、6.85MPa、6.82MPa，这表明高宽比越大，塑性区出现后，试件的破坏速度越快，承载能力越低。

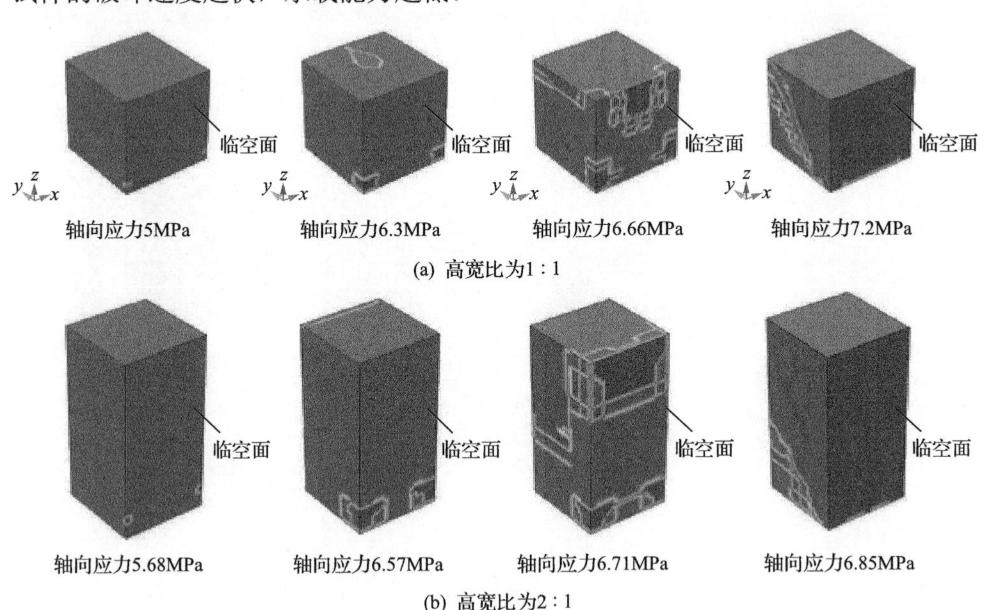

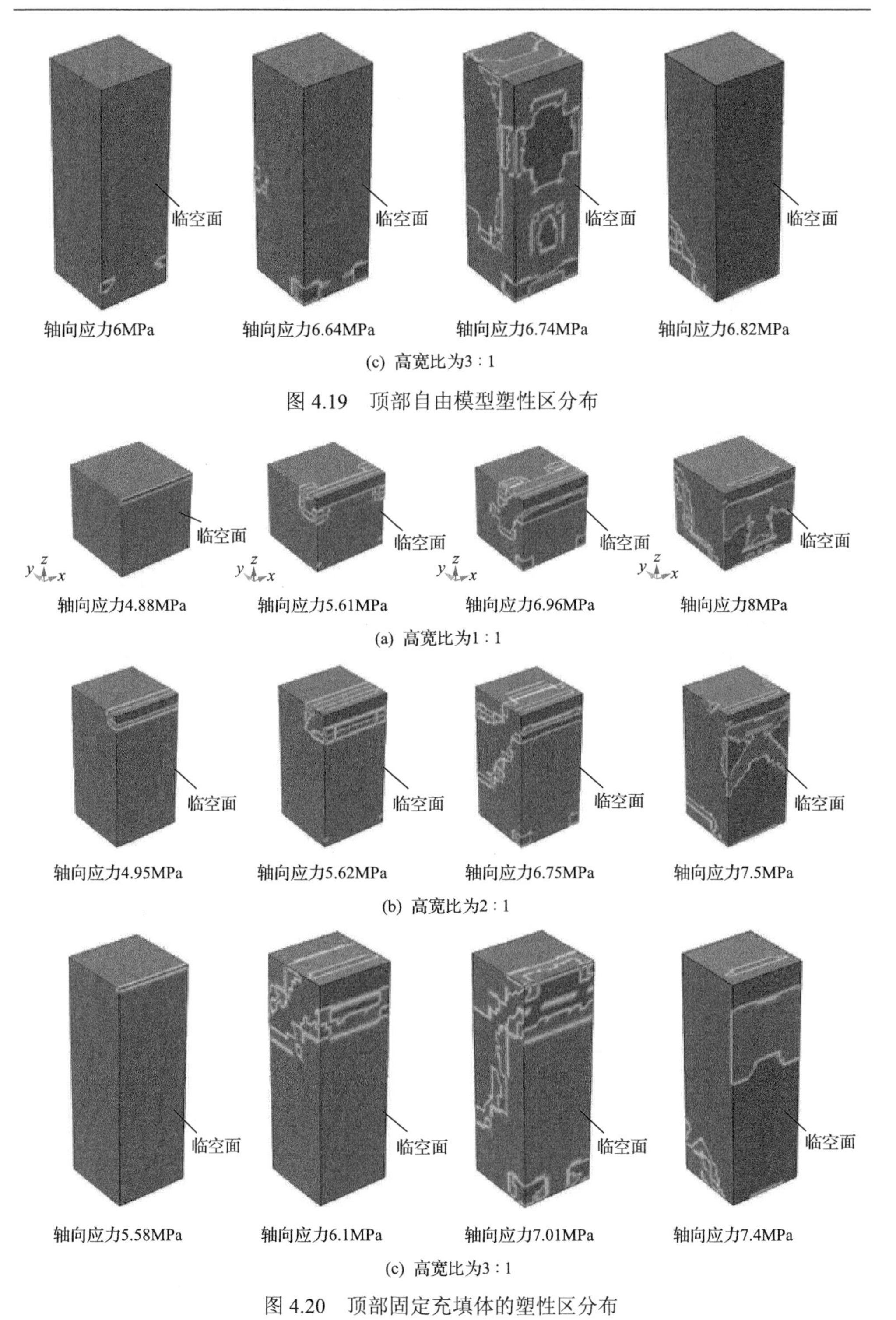

图 4.19　顶部自由模型塑性区分布

图 4.20　顶部固定充填体的塑性区分布

顶部固定条件下各个试件内部塑性区产生及扩展方式大体相同，首先在临空面顶部附近出现塑性区域，随后顶部塑性区向斜后方发展，同时底部产生塑性区域，当试件最终破坏时，临空面上方部分区域进入塑性状态。从轴向应力数值上看，高宽比分别为 1∶1、2∶1、3∶1 的试件在轴向应力分别为 4.88MPa、4.95MPa、5.58MPa 时首次出现塑性区，完全破坏时对应的轴向应力分别为 8MPa、7.5MPa、7.4MPa，这表明试件的高度越大，塑性状态扩展越快，残余强度越低。

4.6.4　嗣后采场充填体稳定性

嗣后采场充填体数值模型示意图如图 4.21 所示，模型尺寸以某铁矿某嗣后采场为背景，采场宽度固定为 20m，采场高度和采场长度为变量，采场位于围岩模型中，距地表埋深 300m。使用长方体填充采场空区，并形成联合体模型，以模拟采场中单面临空的充填体。模型材料的基本物理参数如表 4.3 所示，材料屈服准则使用 Mohr-Coulomb 准则。嗣后采场充填体模型中，充填体的底部设置为固定约束，临空面左右两侧施加边界荷载，荷载类型为单位面积力荷载，应力方向为 Z 轴正方向；充填体后壁同样施加方向为 Z 轴正方向的单位面积力荷载，应力值为 1.0MPa，代表后壁所受的垂直向上的摩擦力。以模型中的充填体为研究对象，构建自由分布式三角形网格。根据计算结果，分别绘制不同尺寸充填体的应力场、位移场、塑性区分布图。

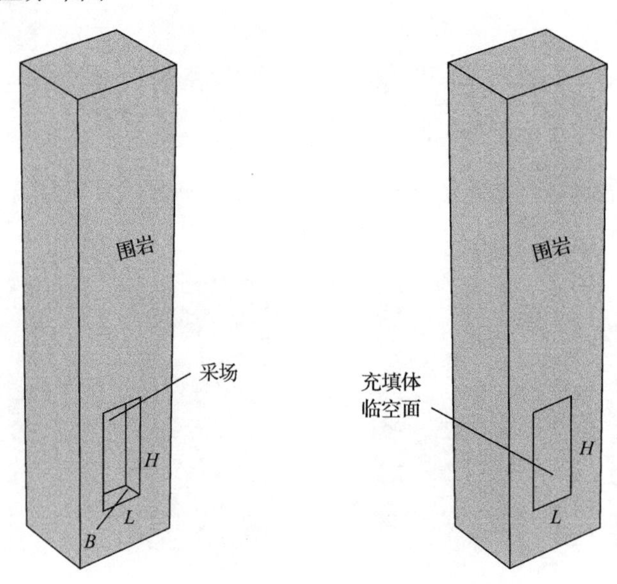

图 4.21　采场充填体数值模型示意图

表 4.3　充填体和矿岩基本物理参数

材料名称	弹性模量/GPa	黏聚力/MPa	内摩擦角/(°)	泊松比	容重/(kN/m^3)
充填体	0.338	1.8	30	0.29	20
矿岩	1.49	6.7	33	0.3	27

为研究采场充填体长度对充填体应力场和位移场分布的影响，充填体高度设定为 100m，长度分别设为 20m、40m、60m，结果如图 4.22 所示。从应力场分布情况看，临空面充填体的底部位置出现较为明显的中部高、两边低的拱形应力区，且充填体的长度越大，拱形区域越明显。充填体后壁及顶部位置为低应力区，临

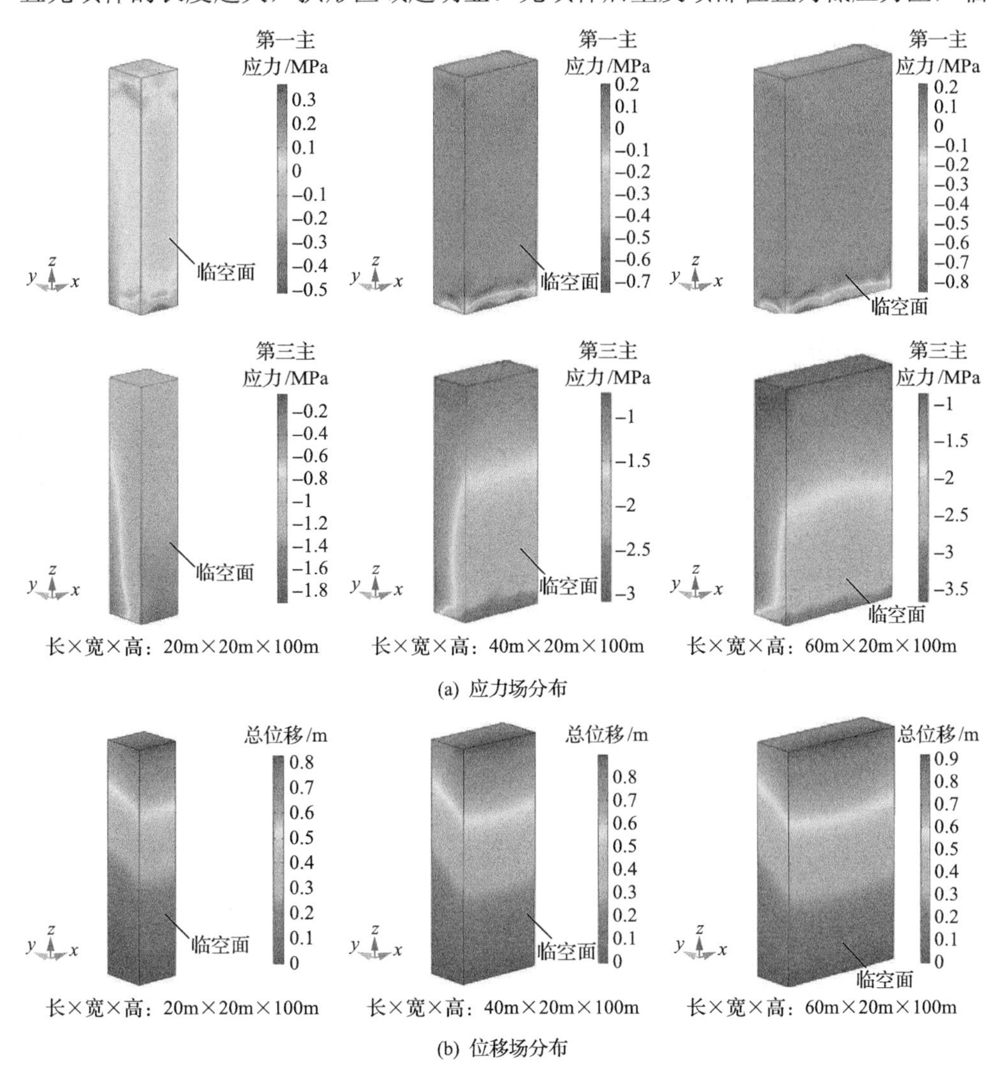

图 4.22　不同长度充填体数值模拟结果

空面中下部分为高应力区。从图 4.22(b)可以看出，不同长度充填体的位移场分布均呈现出贯穿临空面和后壁的倾斜分布形式，越靠近充填体顶部和中部的区域位移量越大。不同长度充填体的位移量差异较小。

在充填体长度不变的情况下，不同高度的充填体应力场和位移场如图 4.23 所示。可以看出，不同高度充填体的应力场和位移场分布规律基本相同，但在数值上表现出较为明显的差异。高度为 80m、60m 时，充填体底部最大应力分别为 2.64MPa、2.35MPa，比高度为 100m 的充填体分别下降了 13%、22%，对应的最大位移同样随高度的减小而减小。

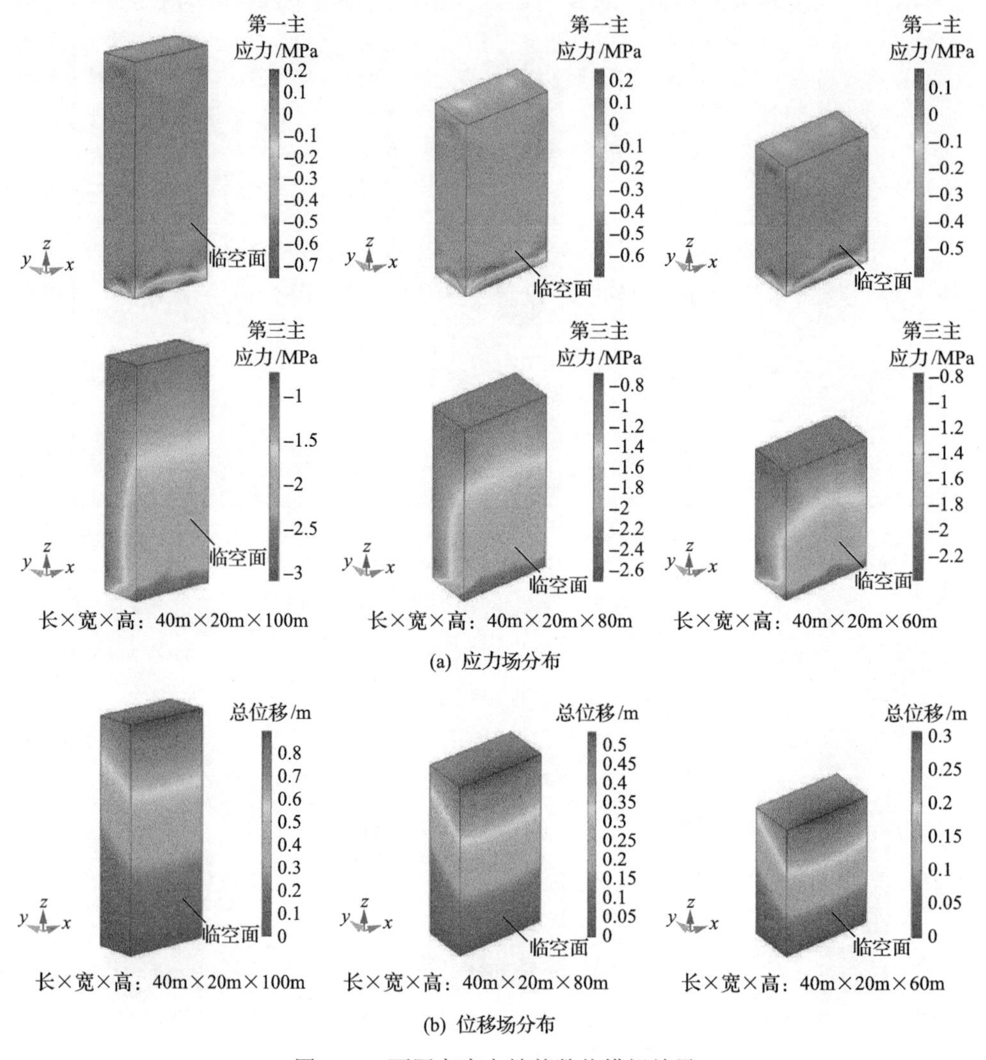

图 4.23　不同高度充填体数值模拟结果

综合以上分析结果可以看出，不同采场尺度的充填体在临空面附近出现较为明显的特征，最大位移出现在临空面顶部，最大应力和塑性区出现在临空面底部，充填体靠后位置则呈现出低应力、低变形的特点，这与压缩试验模拟的结论较为吻合。

4.7　单面临空嗣后采场充填体强度选择

4.7.1　采场充填体强度设计方法

胶结充填体所需强度是指回采相邻矿块时，能够具有一定的自立高度和暴露宽度并且处于稳定状态下的胶结充填体应具有的最低强度。随着阶段嗣后充填采矿法的应用比例不断增加，单面临空充填体的强度设计问题已经成为当前的研究热点。围绕单面临空充填体强度设计问题，目前主要有以下几种计算方法。

1) 经验类比法

经验类比法是指根据国内外充填采场的设计指标，结合资料中各个矿井的采矿方法、采场尺寸、暴露面积等客观因素来判断矿井所需的充填体强度指标。目前我国大部分矿井均采用经验类比法，但由于不同矿井的尾砂性质、地应力环境等因素存在差异，仅凭借经验类比法常常造成充填体强度过高或过低的情况，制约矿山发展[8,9]。

2) Thomas 模型

国外学者 Thomas 于20世纪80年代提出单面临空充填体竖向应力解析模型[10]：

$$\sigma_c = \gamma H / (1 + H / B) \tag{4.1}$$

式中，γ 为充填体容重(kN/m^3)；H 为充填体暴露高度(m)；B 为充填体宽度(m)。

该模型认为充填体所需强度与充填体容重、高度及宽度有关，为不同尺寸采场的充填体强度设计提供了理论依据，但模型忽略了充填体长度和自身属性的影响，也没有考虑到充填体与围岩接触面可能存在的应力影响。

3) Mitchell 模型

Mitchell 等[11]通过物理模拟试验，提出一种基于三维极限平衡法的楔形滑动充填体强度计算模型，如图 4.24 所示，图中 H、L、B 分别为充填体高度、长度、宽度，α 为充填体底部滑移面与水平面的夹角(°)；τ_s 为充填体与两侧围岩接触面上的剪应力(kPa)，H^*为充填体等效高度(m)。Mitchell 等进一步假设充填体内摩擦角为 0、围岩接触面黏聚力等于充填体黏聚力且充填体高度远大于宽度，得出充填体极限平衡强度计算公式为

$$\sigma_c = \gamma / (1/H + 1/L) \tag{4.2}$$

该模型在保证安全开采的同时可以合理降低水泥用量，因此被大范围采用。

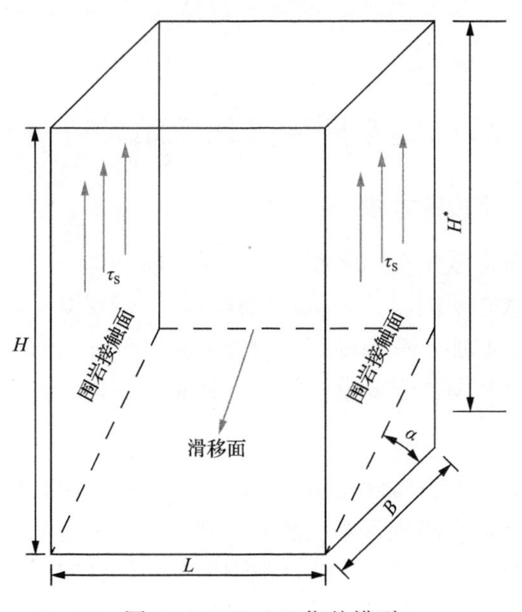

图 4.24　Mitchell 楔体模型

然而，Mitchell 模型存在几个重要缺点：适用于包含一个临空面的高宽比较大的充填体，在高度较低、长度较长的充填体上并不适用；充填体与两侧岩体交界面的黏聚力默认与充填体自身黏聚力相等，忽略了交界面摩擦力的作用；忽视了背面(与楔块滑动方向相反的一侧)的作用力，默认充填体后方接触面是围岩或胶结充填体；忽视了顶部作用力，默认充填体高度与采空区高度相同。

4) 修正 Mitchell 模型

根据 Li 等提出的修正 Mitchell 模型[12,13]，充填体受力模型如图 4.25 所示。图中，q 为充填体顶部受到的垂直方向压力(kPa)；当后壁与矿柱接触时，τ_s 为一步骤充填体与两侧围岩接触面上的剪应力(kPa)，τ_a 为一步骤充填体与矿柱接触面上的剪应力(kPa)。其中

$$\tau_a = c_a \tag{4.3}$$

$$\tau_s = c_s + \sigma_h \tan \delta_s \tag{4.4}$$

式中，c_a 为充填体与矿柱接触面的黏聚力(kPa)；c_s、δ_s 分别为充填体与两侧围岩接触面的黏聚力(kPa)、内摩擦角(°)。接触面上的 c_a、c_s、δ_s 与充填体的黏聚力 c、内摩擦角 φ 的对应关系为

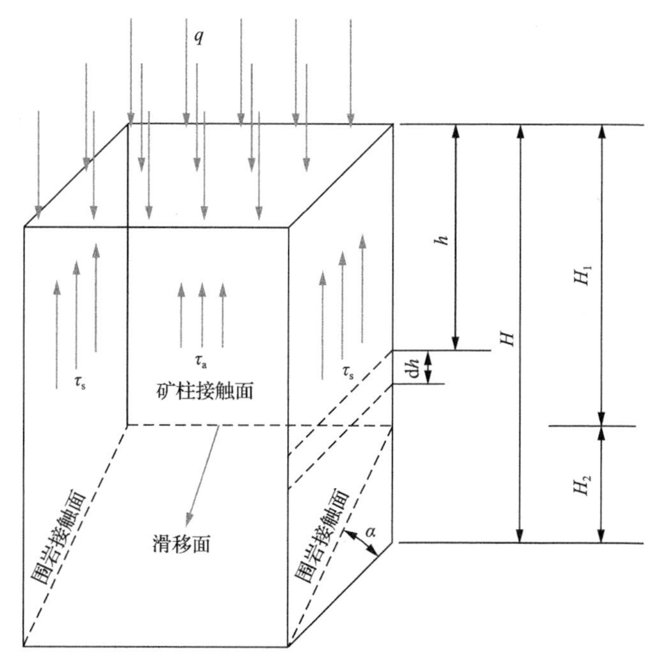

图 4.25　充填体受力模型

$$c_a = r_a c \tag{4.5}$$

$$c_s = r_s c \tag{4.6}$$

$$\delta_s = r_i \varphi \tag{4.7}$$

式中，r_a、r_s、r_i 均为比例系数，数值介于 0～1，具体大小取决于接触面粗糙程度、含水情况等。

σ_h 为埋深 h 处充填体与岩壁接触面上的水平应力(kPa)，其表达式为

$$\sigma_h = \frac{\gamma L}{2\tan\delta_s}\left(1 - e^{\frac{-2Kh\tan\delta_s}{L}}\right) + Kqe^{\frac{-2Kh\tan\delta_s}{L}} \tag{4.8}$$

式中，K 为主动侧压力系数，且

$$K = \tan^2\left(45° - \frac{\varphi}{2}\right) \tag{4.9}$$

则胶结充填体与两侧围岩接触面上的摩擦力 S_s (kN) 为

$$
\begin{aligned}
S_{\mathrm{s}} &= \int_0^{H_1} \tau_{\mathrm{s}} B \mathrm{d}h + \int_{H_1}^{H} \tau_{\mathrm{s}} \frac{H-h}{\tan\alpha} \mathrm{d}h \\
&= B\left(r_{\mathrm{s}} c + \frac{\gamma L}{2}\right)\left(H - \frac{B\tan\alpha}{2}\right) - \frac{BL}{2}\left(\frac{\gamma L}{2K\tan\delta_{\mathrm{s}}} - q\right) \\
&\quad + \frac{L^2}{4K\tan\delta_{\mathrm{s}}\tan\alpha}\left(\frac{\gamma L}{2K\tan\delta_{\mathrm{s}}} - q\right)\left(\mathrm{e}^{\frac{-2K\tan\delta_{\mathrm{s}}}{L}H_1} - \mathrm{e}^{\frac{-2K\tan\delta_{\mathrm{s}}}{L}H}\right)
\end{aligned}
\tag{4.10}
$$

式中，$H_1 = H - B\tan\alpha$；$\alpha = 45° + \varphi/2$。

胶结充填体与后方矿柱之间的摩擦力 S_{a} (kN) 为

$$
S_{\mathrm{a}} = \tau_{\mathrm{a}} L H_1 = r_{\mathrm{a}} c L H_1 \tag{4.11}
$$

保证图 4.25 中充填体楔形滑动体的力学平衡状态时的安全系数 F_{s} 表达式为

$$
F_{\mathrm{s}} = \frac{\tan\varphi}{\tan\alpha} + \frac{2}{\sin(2\alpha)}\left(\frac{p'}{c} - r_{\mathrm{a}}\frac{H_1}{B} - 2r_{\mathrm{s}}\frac{H - \frac{B\tan\alpha}{2}}{L}\right)^{-1} \tag{4.12}
$$

式中

$$
p' = \frac{L}{2K\tan\delta_{\mathrm{s}}}\left[\gamma - \frac{1}{B\tan\alpha}\left(\frac{\gamma L}{2K\tan\delta_{\mathrm{s}}} - q\right)\left(\mathrm{e}^{\frac{-2K\tan\delta_{\mathrm{s}}}{L}H_1} - \mathrm{e}^{\frac{-2K\tan\delta_{\mathrm{s}}}{L}H}\right)\right] \tag{4.13}
$$

当胶结充填体与两侧岩壁间的内摩擦角 δ_{s} 趋于 0 时，

$$
p' = q + \gamma\left(H - \frac{B\tan\alpha}{2}\right) \tag{4.14}
$$

胶结充填体所需黏聚力 c 为

$$
c = p'\left(\frac{2}{\left(F_{\mathrm{s}} - \frac{\tan\varphi}{\tan\alpha}\right)\sin(2\alpha)} + r_{\mathrm{a}}\frac{H_1}{B} + 2r_{\mathrm{s}}\frac{H - \frac{B\tan\alpha}{2}}{L}\right)^{-1} \tag{4.15}
$$

胶结充填体所需强度为

$$
\mathrm{UCS} = 2c\tan\left(45° + \varphi/2\right) \tag{4.16}
$$

修正 Mitchell 模型充分考虑到了充填体自身属性、两侧及后壁接触面摩擦阻力对充填体设计强度的影响，因此比前三种计算模型具有更高的精确度。

4.7.2　单面临空嗣后采场充填体强度模型

计算深部高阶段单面临空充填体在顶部受压情况下的强度时，首先需要计算顶板荷载。国内外学者通常使用 Terzaghi 松散地压理论。Terzaghi 提出的水砂充填材料强度模型认为开采活动会引起土体沉陷，在顶板上方形成移动带，充填材料顶部的荷载是移动带作用的结果。由该理论可知，作用于充填体顶板的垂直应力取决于埋深与移动带宽度之比，当埋深 Z 超过 3 倍移动带宽度 B_1 时，有

$$q=\frac{B_1\gamma^*}{2K\tan\varphi^*}\left(1-\mathrm{e}^{-2K\tan\frac{\varphi^* D_1}{B_1}}\right)+\gamma^*\mathrm{e}^{-2K\tan\frac{\varphi^* D_1}{B_1}} \tag{4.17}$$

当埋深 Z 未超过 3 倍移动带宽度 B_1 时，有

$$q=\frac{B_1\gamma^*}{2K\tan\varphi^*}\left(1-\mathrm{e}^{-2K\tan\frac{\varphi^* Z}{B_1}}\right) \tag{4.18}$$

式中，Z 为埋深(m)；D_1 为充填体上表面至拱顶的垂直距离(m)；D_2 为拱顶至地表的垂直距离(m)；B_1 为移动带宽度(m)；q 为充填体顶部垂直应力(kPa)；γ^* 为上覆岩石容重(kN/m^3)；φ^* 为上覆岩石内摩擦角(°)；K 为主动侧压力系数，通常取 1。

$$B_1=3B+2H\tan(45°-\varphi^*/2) \tag{4.19}$$

将式(4.17)和式(4.18)代入修正 Mitchell 模型可得充填体在受压情况下所需强度为

$$\mathrm{UCS}=2p'\left[\frac{2}{\left(F_\mathrm{s}-\dfrac{\tan\varphi}{\tan\alpha}\right)\sin(2\alpha)}+r_\mathrm{a}\frac{H_1}{B}+2r_\mathrm{s}\frac{H-\dfrac{B\tan\alpha}{2}}{L}\right]^{-1}\tan(45°+\varphi/2) \tag{4.20}$$

式中，当埋深 Z 超过 3 倍移动带宽度 B_1 时

$$p'=\frac{L}{2K\tan\delta_\mathrm{s}}\left(\gamma-\frac{1}{B\tan\alpha}\left\{\frac{\gamma L}{2K\tan\delta_\mathrm{s}}-\left[\frac{B_1\gamma^*}{2K\tan\varphi^*}\left(1-\mathrm{e}^{-2K\tan\frac{\varphi^* D_1}{B_1}}\right)+\gamma^*\mathrm{e}^{-2K\tan\frac{\varphi^* D_1}{B_1}}\right]\right\}\right.$$
$$\left.\times\left(\mathrm{e}^{\frac{-2K\tan\delta_\mathrm{s}}{L}H_1}-\mathrm{e}^{\frac{-2K\tan\delta_\mathrm{s}}{L}H}\right)\right) \tag{4.21}$$

当埋深 Z 未超过 3 倍移动带宽度 B_1 时

$$
p' = \frac{L}{2K\tan\delta_s}\left\{\gamma - \frac{1}{B\tan\alpha}\left[\frac{\gamma L}{2K\tan\delta_s} - \frac{B_1\gamma^*}{2K\tan\varphi^*}\left(1 - e^{-2K\tan\frac{\varphi^* Z}{B_1}}\right)\right]\right.
$$

$$
\left.\times\left(e^{\frac{-2K\tan\delta_s}{L}H_1} - e^{\frac{-2K\tan\delta_s}{L}H}\right)\right\} \tag{4.22}
$$

构建的深部高阶段单面临空充填体强度模型以修正 Mitchell 模型为基础，并充分考虑采场中充填体受到顶板荷载的情况，可用于计算接顶状态充填体所需强度。因此，本节以李楼铁矿工程背景为例，结合采场实际尺寸及充填体力学参数得出充填体所需强度的解析解，找出采场尺寸与强度的关系，保障嗣后充填采场充填体的稳定性。

4.7.3 临空面破坏位置

前两节重点介绍了单侧暴露充填体强度计算模型，结合采场工况得出了胶结充填体所需强度，并分析了采场长度和高度对充填体设计强度的影响。然而，目前现有的研究成果通常认为单面临空充填体的破坏形态是沿底部滑移面的整体性失稳，这与第 3 章单面临空充填体加载试验中个别试件的破坏方式为大倾角剪切破坏基本相符，但无论试验现象还是现场观测结果，都表明单面临空充填体的破坏并非都是整体性失稳破坏模式，试验过程中出现的竖直剪切破坏、圆弧拉裂破坏的破坏位置都集中在临空面附近，试件深部位置则基本完好，现场发生的充填体破坏多表现为临空面的片帮、离层，并非整体性垮塌。本节将通过压杆模型分析临空面破坏机理，并对试验现象做出进一步解释。

1. 挠度分析模型构建

为便于进行挠度分析，现对充填体试件受力模型进行简化，假设临空面满足弹性失稳条件，忽略临空面剪切变形和垂直方向压缩变形，不考虑水平应力对临空面的影响。实际采场中充填体底部通常受“桃型”矿柱影响，可将临空面底部设置为固支端，临空面顶部则可能是自由端、固支端或铰支端中的一种。简化后的临空面挠度特征受力模型如图 4.26 所示，根据小挠度微分方程以及端部约束条件确定临空面挠度曲线，可求得临空面在轴向加载条件下的挠度最大值，即容易失稳破坏的位置。

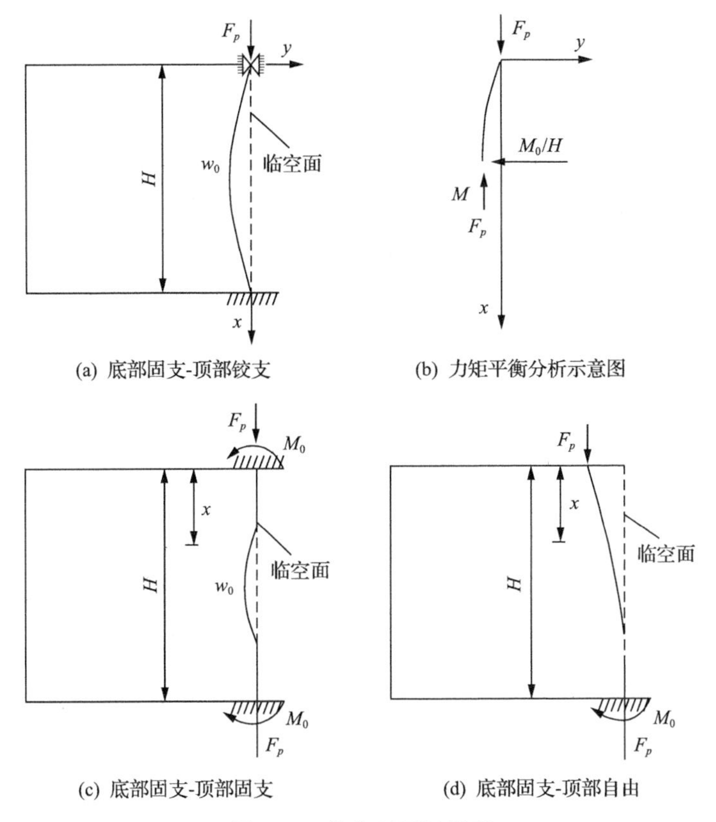

图 4.26　临空面压杆模型

2. 顶部铰支模型

底部固支-顶部铰支的临空面受力模型如图 4.26(a)所示，以 x 截面的形心为中心建立力矩平衡方程得

$$M = F_p w - \frac{M_0 x}{H} \tag{4.23}$$

式中，M 为 x 截面形心的弯矩(kN·m)；F_p 为临空面所受垂直方向压力(kN)；w 为临空面挠度(m)；M_0 为临空面固定端力矩(kN·m)。

再由 $M = -EIw''$ 得微分方程为

$$EIw'' + F_p w = \frac{M_0 x}{H} \tag{4.24}$$

或

$$w'' + K^2 w = \frac{M_0 x}{EIH} \tag{4.25}$$

式中，E 为弹性模量；I 为惯性矩；EI 为临空面的弯曲刚度，且

$$K^2 = \frac{F_p}{EI} \tag{4.26}$$

微分方程(4.25)的解为

$$w = C_1 \cos(Kx) + C_2 \sin(Kx) + \frac{M_0}{F_p} \cdot \frac{x}{H} \tag{4.27}$$

w 的一阶导数为

$$\frac{\mathrm{d}w}{\mathrm{d}x} = -C_1 K \sin(Kx) + C_2 K \cos(Kx) + \frac{M_0}{F_p} \cdot \frac{1}{H} \tag{4.28}$$

底部固支-顶部铰支临空面的边界条件为

当 $x = 0$ 时，
$$w = 0 \tag{4.29}$$

当 $x = H$ 时，
$$w = 0, \quad \frac{\mathrm{d}w}{\mathrm{d}x} = 0 \tag{4.30}$$

将边界条件代入式(4.27)和式(4.28)得

$$\begin{cases} C_1 = 0 \\ C_1\cos(KH) + C_2\sin(KH) + \dfrac{M_0}{F_p} = 0 \\ C_2K\cos(KH) - C_1K\sin(KH) + \dfrac{M_0}{F_p H} = 0 \end{cases} \tag{4.31}$$

得到

$$KH = 4.49 \tag{4.32}$$

$$w = \frac{M_0}{F_p}\left[\frac{x}{H} + 1.02\sin\left(4.49\frac{x}{H}\right)\right] \quad (0 < x < H) \tag{4.33}$$

当 $\sin\left(4.49\dfrac{x}{H}\right) = 1$ 时，w 取最大值，解得

$$x = 0.35H \tag{4.34}$$

将式(4.32)代入式(4.26)得到临空面所能承受的临界轴向压力为

$$F_{cr} = K^2 EI = \frac{20.16EI}{H^2} \tag{4.35}$$

式(4.35)表明，底部固支-顶部铰支的临空面在垂直荷载作用下，其侧向位移最大处位于 $0.35H$ 处，当垂直荷载大于临界轴向压力 F_{cr} 时，临空面将首先从距顶部 $0.35H$ 处破坏。

3. 顶部固支模型

如图 4.26(b) 所示，顶部为固支情况下，临空面侧向变形关于中点对称，故上、下两端的力矩同为 M_0，根据力矩平衡方程得

$$M = F_p w - M_0 / H \tag{4.36}$$

简化式(4.24)和式(4.25)得到微分方程的通解为

$$w = C_1\cos(Kx) + C_2\sin(Kx) + \frac{M_0}{F_p} \tag{4.37}$$

w 的一阶导数为

$$\frac{dw}{dx} = -C_1 K\sin(Kx) + C_2 K\cos(Kx) \tag{4.38}$$

边界条件为

当 $x = 0$ 时，
$$w = 0,\quad \frac{dw}{dx} = 0 \tag{4.39}$$

当 $x=H$ 时，
$$w = 0,\quad \frac{dw}{dx} = 0 \tag{4.40}$$

将边界条件代入式(4.37)和式(4.38)得到

$$\cos(KH) - 1 = 0,\quad \sin(KH) = 0 \tag{4.41}$$

计算得

$$C_1 = -\frac{M_0}{F_p},\ C_2 = 0,\ K = 2\pi / H \tag{4.42}$$

代入式(4.37)得

$$w=-\frac{M_0}{F_p}\cos\frac{2\pi}{H}x+\frac{M_0}{F_p} \tag{4.43}$$

当$0 \leqslant x \leqslant H$时，临空面侧向位移在$x=0.5H$处取最大值，此时临空面中部易发生破坏。临空面所能承受的临界轴向压力为

$$F_{\mathrm{cr}}=K^2EI=\frac{4\pi^2EI}{H^2} \tag{4.44}$$

4. 顶部自由模型

对于底部固支、顶部自由的临空面，其受力结构如图4.26(d)所示，其最大水平位移位于$x=0$处，临空面临界轴向压力为

$$F_{\mathrm{cr}}=K^2EI=\frac{\pi^2EI}{4H^2} \tag{4.45}$$

由以上分析可知，临空面在不同受力条件下的最大水平位移位置不同，当临空面顶部为自由状态时，最大水平位移位于顶部；当临空面顶部为铰支时，最大水平位移位置位于0.65H附近；当临空面顶部为固支时，最大水平位移位置位于试件中部。从临空充填体的破坏模式可以得出，发生竖直剪切破坏的试件首先从临空面顶部破裂，而这类试件通常自身强度小、围压小，加载过程中试件顶部与上方刚性铁板发生剪切错动，因此可视为自由状态；发生圆弧拉裂破坏的试件首先从临空面中部或中上部破裂，这类试件通常自身强度大、围压大，加载过程中试件顶部不易发生剪切错动，因此可将临空面顶部视为固支或铰支状态。可以看出，临空面破坏位置通常位于中上部，顶部固定状态下临空面所能承受的临界轴向压力是顶部自由状态的16倍，因此提高顶部的充填料浆灰砂配比，可使顶部接近固支状态，进而提升临空面稳定性。

挠度分析结果可以作为临空面最大水平位移位置的判断依据，挠度最大位置的水平位移越大，越容易发生离层破坏。从本章压缩试验数值模拟结果可以看出，临空面顶部自由时，模拟结果的最大水平位移位于临空面顶部，与顶部自由的压杆模型分析结果相吻合；临空面顶部施加约束时，加载中期的最大水平位移出现在临空面中部附近，破坏时上移至0.65H附近，与顶部固支、顶部铰支的压杆模型分析结果相吻合。对于模拟结果中最大水平位移位置从临空面中部向上部转移的现象，作者认为与临空面是否破坏有关，临空面未破坏时上部区域不存在围绕

顶边旋转的可能性，因此可视为固支形态，当临空面中部发生破坏后，在内部水平位移的作用下，破坏部分将以临空面顶边为轴发生旋转，此时临空面顶部将由固支端变为铰支端，后续的水平位移发展建立在顶部铰支的压杆模型上，因此出现了最大水平位移区域向上转移的现象。

4.8 工 程 实 例

充填体稳定性由采场尺寸、自身属性、围岩属性、充填工艺、顶板稳定性等多重因素共同决定，应结合具体采场状况制定不同的充填方案。根据矿山地质资料，当前某铁矿矿房和矿柱宽度为 20m，采场高度为 100m，采场长度取决于矿体厚度，通常从 20m 至 80m 不等[14-16]。一步骤采空区充填使用料浆灰砂配比为 1∶4，从现场实测结果看完全满足需求，但其是否存在强度过剩的情况需要通过理论分析去论证，当前设计的矿房高度及宽度是否合理也需要进一步讨论。本节将根据采场工况，采用理论模型计算不同采场尺寸、不同受力条件下的充填体所需强度，并提出合理的优化建议。

宽度不变时不同尺寸充填体自立强度计算结果如表 4.4 所示。当采场顶板稳定，充填体顶部不受压时，可按照自立强度选择合适的充填料浆属性。根据表中计算结果，自立强度最大值为 1.91MPa，因此使用灰砂配比为 1∶8 的充填体即可满足全尺寸采场的安全生产需求，并达到节约成本的效果；对于阶段高度为 40m 的采场，使用灰砂配比为 1∶10 的充填体即可满足需求。

表 4.4　不同尺寸充填体自立强度计算结果（B=20m）

采场高度 H/m	自立强度/MPa						
	L=20m	L=30m	L=40m	L=50m	L=60m	L=70m	L=80m
100	0.87	1.20	1.43	1.60	1.72	1.83	1.91
90	0.88	1.18	1.38	1.52	1.63	1.71	1.78
80	0.88	1.14	1.31	1.43	1.52	1.58	1.63
70	0.86	1.08	1.22	1.31	1.38	1.43	
60	0.83	0.99	1.10	1.17	1.21		
50	0.76	0.87	0.94	0.98			
40	0.64	0.70	0.73				

表 4.5 为宽度不变时不同尺寸充填体受压强度计算结果。若采场顶板条件复杂，或存在上下中段的衔接情况，充填体强度设计需考虑顶板压力作用。根据计算结果可知，受压状态下不同尺寸充填体所需强度差异很大，表中受压强度最大值为 2.40MPa，最小值为 1.01MPa。表中部分尺寸的计算强度已超出灰砂配比

1∶8 的充填体的承载能力，此时需提高充填料浆灰砂配比至 1∶6 才可以保证充填体稳定。

表 4.5　不同尺寸充填体受压强度计算结果（B=20m）

采场高度 H/m	受压强度/MPa						
	L=20m	L=30m	L=40m	L=50m	L=60m	L=70m	L=80m
100	1.01	1.44	1.75	1.98	2.15	2.29	2.40
90	1.05	1.46	1.74	1.95	2.10	2.23	2.32
80	1.10	1.47	1.72	1.90	2.04	2.14	2.22
70	1.14	1.48	1.70	1.84	1.95	2.04	
60	1.19	1.47	1.65	1.77	1.85		
50	1.23	1.45	1.58	1.67			
40	1.27	1.41	1.49				

在采场高度保持不变的情况下，不同宽度充填体所需自立强度、受压强度计算结果如表 4.6 和表 4.7 所示。从表中可以明显看出，采场高度 100m 情况下，当采场宽度从 20m 增大到 25m、30m 时，无论自立状态还是受压状态，充填体所需强度均显著增大，宽度 30m 时充填体自立强度和受压强度分别为 4.07MPa、4.44MPa，已远超灰砂配比 1∶6 充填体的承载能力，这种情况下若继续使用灰砂配比 1∶4 的充填体，虽然可以满足安全生产需求，但宽度增大导致充填体体积变大，将增大充填制备站的料浆制备压力，同时投入过多的胶凝材料将显著增大充填成本。采场高度为 50m 时，充填体所需强度随宽度的变化规律与采场高度 100m 时相同，在深地开采已成趋势的情况下，增大阶段高度可以显著提升采场开采效率，因此推荐采用 100m 的采场高度。

表 4.6　不同宽度充填体所需强度计算结果（H=100m）

强度类型	采场宽度 B/m	强度计算值/MPa						
		L=20m	L=30m	L=40m	L=50m	L=60m	L=70m	L=80m
自立强度	20	0.87	1.20	1.43	1.60	1.72	1.83	1.91
	25	1.02	1.49	1.89	2.25	2.56	2.86	3.15
	30	1.16	1.75	2.26	2.74	3.21	3.65	4.07
受压强度	20	1.01	1.44	1.75	1.98	2.15	2.29	2.40
	25	1.14	1.70	2.16	2.56	2.92	3.25	3.56
	30	1.27	1.92	3.50	3.02	3.52	3.98	4.44

表 4.7　不同宽度充填体所需强度计算结果(H=50m)

强度类型	采场宽度 B/m	强度计算值/MPa			
		L=20m	L=30m	L=40m	L=50m
自立强度	20	0.76	0.87	0.94	0.98
	25	1.14	1.47	1.75	2.03
	30	1.49	1.96	2.40	2.83
受压强度	20	1.23	1.45	1.58	1.67
	25	1.56	1.96	2.31	2.61
	30	1.88	2.41	2.89	3.34

综合以上分析可以看出，采场高度从 40m 增大到 100m 的过程中，充填体所需强度的变化幅度比较缓慢，在长度 20m 时甚至会出现受压强度降低的趋势；宽度和长度因素对充填体强度的影响较为明显，但由于长度取决于矿体赋存条件，因此在采场设计时需确定合理的宽度。从节约充填成本和提高开采效率方面看，采场设计为高度 100m、宽度 20m 较为合理，但当前采用的灰砂配比为 1∶4 的充填料浆强度过剩，存在较大的优化空间。根据计算结果，充填体自立时采用灰砂配比为 1∶8 和 1∶10 的充填体充填，充填体顶部受压时采用灰砂配比为 1∶8 和 1∶6 的充填体充填。

参 考 文 献

[1] 曹帅, 杜翠凤, 唐占信, 等. 准深部缓倾厚大矿体采场稳定性分析及现场应用[J]. 东北大学学报(自然科学版), 2015, 36(增刊 1): 27-32.

[2] 张世超, 姚中亮. 安庆铜矿特大型采场充填体稳定性分析[J]. 矿业研究与发展, 2001, 21(4): 12-15.

[3] 杨磊, 邱景平, 孙晓刚, 等. 双暴露面的阶段充填体孤柱需求强度模型及影响因素[J]. 东北大学学报(自然科学版), 2018, 39(9): 1327-1331.

[4] 王新民, 张国庆, 李帅, 等. 高阶段大跨度充填体稳定性评估[J]. 中国安全科学学报, 2015, 25(6): 91-97.

[5] 由希, 任凤玉, 何荣兴, 等. 阶段空场嗣后充填胶结充填体抗压强度研究[J]. 采矿与安全工程学报, 2017, 34(1): 163-169.

[6] 徐文彬, 田喜春, 侯运炳, 等. 全尾砂固结体固结过程孔隙与强度特性实验研究[J]. 中国矿业大学学报, 2016, 45(2): 272-279.

[7] Liang C, Mamadou F. Multiphysics modeling and simulation of strength development and distribution in cemented tailings backfill structures[J]. International Journal of Concrete Structures and Materials, 2018, 12(1): 1-22.

[8] 徐文彬, 宋卫东, 杜建华, 等. 崩落法转阶段嗣后充填法采场稳定性分析[J]. 北京科技大学学报, 2013, 35(4): 415-422.

[9] 徐文彬, 宋卫东, 万海文, 等. 大阶段嗣后充填回采顺序及出矿控制技术研究[J]. 金属矿山, 2011, (6): 13-15.

[10] 杨磊, 邱景平, 孙晓刚, 等. 阶段嗣后胶结充填体矿柱强度模型研究与应用[J]. 中南大学学报(自然科学版), 2018, 49(9): 2316-2322.

[11] Mitchell R J, Olsen R S, Smith J D. Model studies on cemented tailings used in mine backfill[J]. Canadian Geotechnical Journal, 1982, 19(1): 14-28.

[12] Li L, Aubertin M, Belem T. Formulation of a three dimensional analytical solution to evaluate stresses in backfilled vertical narrow openings[J]. Canadian Geotechnical Journal, 2005, 42(6): 1705-1717.

[13] Li L. Analytical solution for determining the required strength of a side-exposed mine backfill containing a plug[J]. Canadian Geotechnical Journal, 2014, 51(5): 508-519.

[14] 徐文彬, 宋卫东, 谭玉叶, 等. 金属矿山阶段嗣后充填采场空区破坏机理[J]. 煤炭学报, 2012, 37(s1): 53-58.

[15] 刘光生, 杨小聪, 郭利杰. 阶段空场嗣后充填体三维拱应力及强度需求模型[J]. 煤炭学报, 2019, 44(5): 1391-1403.

[16] 夏兴. 特大型地下铁矿山建设关键技术研究[D]. 北京: 中国矿业大学(北京), 2011.

第5章 改性充填体的力学行为

目前，大多数的充填矿山主要是通过提高充填料浆中的水泥含量来改善充填体的强度，但这往往会造成胶凝材料的浪费，充填成本也随之增大，同时对大体积的胶结充填体而言，较高的水泥掺量还会导致胶结充填体脆性增强，抗拉强度及韧性降低，由此引发的突发性破坏失稳等问题突出[1]。另外，作为一种人工制备的多相复合材料，胶结充填体的力学特性不仅受尾砂等骨料、胶凝材料类型及其含量、料浆浓度等自身材料的属性特征影响，还受外部环境因素的影响，随着矿井开拓深度的不断增加，矿井温度将不断增大，全世界范围内开采深度超过1000m 的矿井平均温度为 30～40℃，如我国冬瓜山铜矿在井深 1100m 处地温为32～40℃，山东黄金集团三山岛金矿西岭矿区–1240m 中段原岩温度预计达到38.2℃，–1770m 中段将达到 51.8℃，南非西部矿在井深 3300m 处井下温度达到50℃，由于受到裂隙热水的影响，日本丰羽铅锌矿在采深为 500m 处矿井温度就已高达 80℃[2]。由此可知，高温也将成为影响胶结充填体力学特性的重要因素，因此针对深部充填开采所处的特殊环境条件，需要对胶结充填体强度及稳定性采取进一步的改进措施。

5.1 纤维充填料浆流变力学行为

5.1.1 胶结充填料浆流变参数测试

针对胶结充填料浆管道输送设计问题，一些用于充填料浆流动性能测试的仪器应运而生，主要包括界面流变仪、旋转流变仪及小型环管试验装置等，其中旋转流变仪因能有效降低剪切测试过程中的滑移效应，已被广泛应用在室内流变试验中[3]。因此，本节采用 Rheolab QC 旋转流变仪对不同条件下的胶结充填料浆进行流变试验，如图 5.1 所示，采用控制剪切速率模式，测试时从 0 上升至 $120s^{-1}$，测试数据由计算机采集系统进行实时监测与记录，基于本章的主要研究内容，流变试验具体方案设计如下。

1) 含纤维胶结充填料浆流变测试

针对含纤维胶结充填料浆流变特性的研究，选择制备灰砂配比为 1∶10 和 1∶20，纤维掺量为 0、0.05%、0.15%和 0.25%的充填料浆进行流变试验，具体方案如表 5.1 所示，其中，充填料浆编号样式为 S*a*-*b*，S 代表充填料浆(slurry)，*a* 代表灰砂配比，*b* 代表纤维掺量。本部分充填料浆在制备完成后立即装入烧杯中进行流变试验，测试过程在室温下完成。

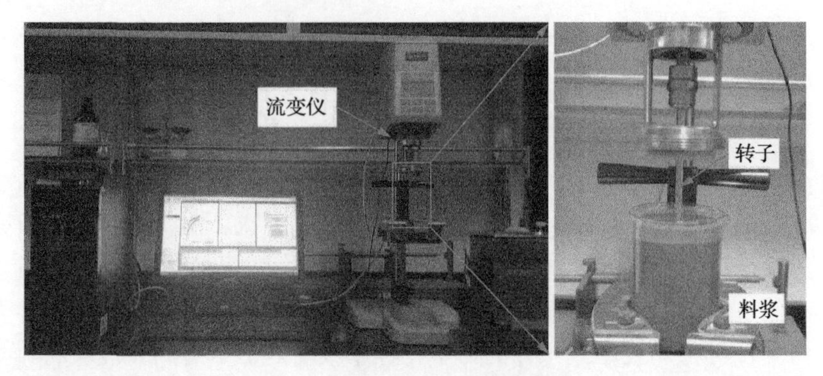

图 5.1　Rheolab QC 旋转流变仪

表 5.1　含纤维胶结充填料浆流变试验方案

料浆编号	灰砂配比	养护温度/℃	养护时间/min	纤维掺量/%
S10-0	1∶10	20	0	0
S10-0.05	1∶10	20	0	0.05
S10-0.15	1∶10	20	0	0.15
S10-0.25	1∶10	20	0	0.25
S20-0	1∶20	20	0	0
S20-0.05	1∶20	20	0	0.05
S20-0.15	1∶20	20	0	0.15
S20-0.25	1∶20	20	0	0.25

2) 温-时效应下胶结充填料浆流变测试

针对不同温度和时间养护条件下胶结充填料浆流变特性研究，选择制备灰砂配比为 1∶10、纤维掺量为 0.15%的充填料浆进行流变试验。表 5.2 为不同养护温度和时间下充填料浆流变试验方案，本部分充填料浆以养护温度划分为三组进行养护，试验过程中将制备完成的充填料浆分别装入 500ml 的烧杯中，放置在恒温水浴中进行养护，养护温度分别设置为 20℃、35℃和 50℃，养护时间从充填料浆制备完成时开始计算，分别为 0、20min、40min 和 60min，待到各组充填料浆养护至既定的时间进行流变测试。

表 5.2　不同养护温度和时间下充填料浆流变试验方案

料浆编号	灰砂配比	纤维掺量/%	养护温度/℃	养护时间/min
S0.15-20	1∶10	0.15	20	0/20/40/60
S0.15-35	1∶10	0.15	35	0/20/40/60
S0.15-50	1∶10	0.15	50	0/20/40/60

3) Zeta 电位分析

Zeta 电位值表征分散体系颗粒之间吸引力或排斥力的大小，是评价分散体系稳定性和流动性的重要指标，胶结充填料浆中存在大量的细粒尾砂和水泥颗粒，因吸附异性电荷离子形成带电颗粒，由于同性电荷相排斥、异性电荷相吸引，从而充填料浆内部形成电位差，且电位差(绝对值)越大，充填料浆越稳定，流动性能越好。外部环境的变化必然对料浆内部水化反应产生影响，从而造成料浆内部电位大小的变化，因此本节采用型号 Delsa Nano C 的 Zeta 电位分析仪对不同养护条件下的充填料浆进行电位分析，如图 5.2 所示。该设备应用电泳光散射及动态光散射原理，电迁移率为–10～10μm · cm/ (s · V)，电位测试范围为–200～200mV。

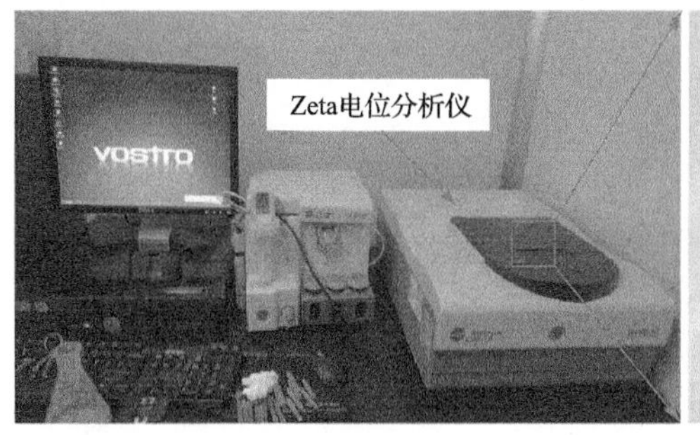

图 5.2　Zeta 电位分析

5.1.2　胶结充填料浆流变模型

在剪切作用下，胶结充填料浆的剪切应力与剪切速率之间的关系称为流变模型。相关研究表明，胶结充填料浆可以采用 Hershel-Bulkley 模型对其剪切应力与剪切速率之间的关系进行分析，其数学方程通式为

$$\tau = \tau_0 + \eta\gamma^n \tag{5.1}$$

式中，τ 表示剪切应力(Pa)；τ_0 表示屈服应力(Pa)；η 表示塑性黏度(Pa · s)；γ 为剪切速率(s^{-1})，n 为流态指数。根据式(5.1)中 τ_0、η、n 各个参数的变化情况，料浆的流变模型又可以划分为牛顿体、伪塑性体、膨胀体、宾汉塑性体和具有屈服应力的伪塑性体五种类型，不同流变模型对应的剪切应力与剪切速率的关系曲线如图 5.3 所示，具体的流变方程及其特征参数如表 5.3 所示。

5.1.3　不同纤维掺量下充填料浆流变曲线

按照试验方案要求，分别配制灰砂配比为 1∶10 和 1∶20，纤维掺量为 0、0.05%、0.15%和 0.25%的充填料浆进行流变试验，得到充填料浆剪切应力、表观黏度随剪切速率变化的数据，整理后绘制出不同灰砂配比和纤维掺量下充填料浆的流变特性曲线。

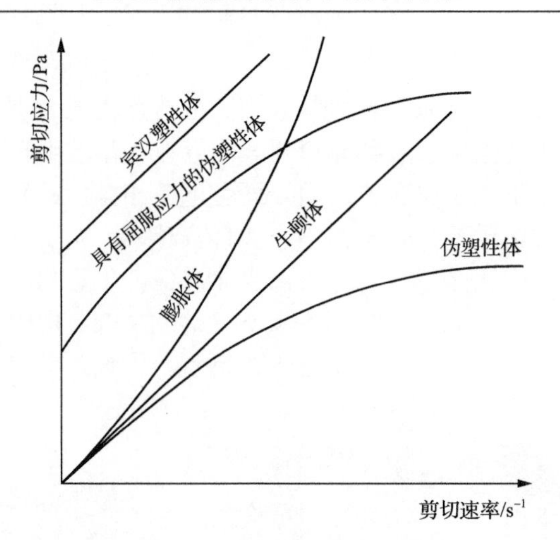

图 5.3　流变特性曲线分类

表 5.3　流变模型分类及其特征参数

流变模型	流变参数	流态指数	流变方程	模型特征
牛顿体	τ_0=0	n=1	$\tau=\eta\gamma$	过原点的直线
伪塑性体	τ_0=0	n<1	$\tau=\eta\gamma^n$	过原点且向上凸的曲线
膨胀体	τ_0=0	n>1	$\tau=\eta\gamma^n$	过原点且向上凹的曲线
宾汉塑性体	τ_0为常数	n=1	$\tau=\tau_0+\eta\gamma$	剪切应力轴上存在截距的直线
具有屈服应力的伪塑性体	τ_0为常数	n<1	$\tau=\tau_0+\eta\gamma^n$	剪切应力轴上存在截距且向上凸的曲线

图 5.4 为不同灰砂配比和纤维掺量下充填料浆剪切应力随剪切速率的变化曲线。从图中可以看出，相同灰砂配比下，不同纤维掺量的充填料浆剪切应力随剪

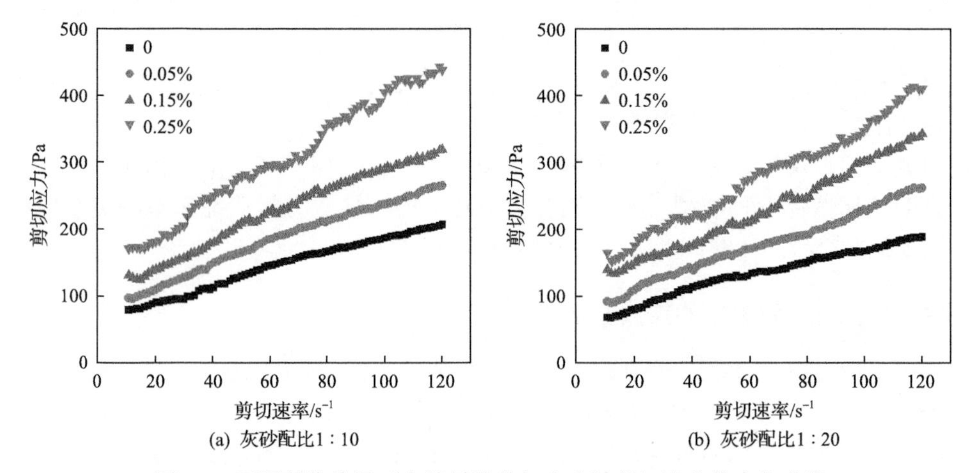

图 5.4　不同纤维掺量下充填料浆剪切应力随剪切速率的变化曲线

切速率的增加表现出类似的变化趋势，这表明掺入纤维对充填料浆的流变模型影响较小。本节以灰砂配比 1∶10 为例，分析纤维掺量对充填料浆剪切应力与剪切速率关系的影响，如图 5.4(a)所示，当剪切速率在 $120s^{-1}$ 范围内时，不同纤维掺量下充填料浆的剪切应力随剪切速率的增加逐渐增大，两者之间基本呈线性关系，且曲线在剪切应力轴上存在一定的截距，充填料浆表现出明显的非牛顿流体特征，当剪切速率一定时，纤维掺量从 0 增加至 0.25%，充填料浆剪切应力与剪切速率的关系曲线向上移动，对应在剪切应力轴上的截距增大，这表明纤维掺量越高，充填料浆的剪切应力越大。

图 5.5 为不同灰砂配比和纤维掺量下充填料浆表观黏度随剪切速率的变化曲线。从图中可以看出，不同纤维掺量下充填料浆表观黏度随剪切速率的增加主要分为两个不同的变化阶段：①当剪切速率在 $0\sim40s^{-1}$ 范围内时，充填料浆的表观黏度随剪切速率的增加呈迅速下降趋势；②当剪切速率大于 $40s^{-1}$ 时，随着剪切速率的不断增大，充填料浆的表观黏度缓慢减小，然后逐渐趋于稳定状态，表现出“剪切稀化”现象，这主要是因为充填料浆中的细粒尾砂和水泥吸附异性电荷离子后会形成带电颗粒，在表面电场的吸引和排斥作用下，颗粒之间发生碰撞、聚集形成絮团、絮网结构，这些絮状结构遭到剪切破坏后，由于颗粒之间的相互作用力还能重新组合，在整个剪切测试过程中，充填料浆内部结构体系处于“破坏”与“重组”的动态变化过程，在剪切初期，浆体受外力剪切被迫开始产生变形流动，此时，破坏作用占主导地位，表观黏度出现迅速下降，随着剪切时间的推移，在某个时刻料浆内部结构体系剪切破坏与重组达到动态平衡，表观黏度逐渐开始趋于稳定。对比图 5.5(a)和(b)中的四条曲线可以看出，当灰砂配比一定时，纤

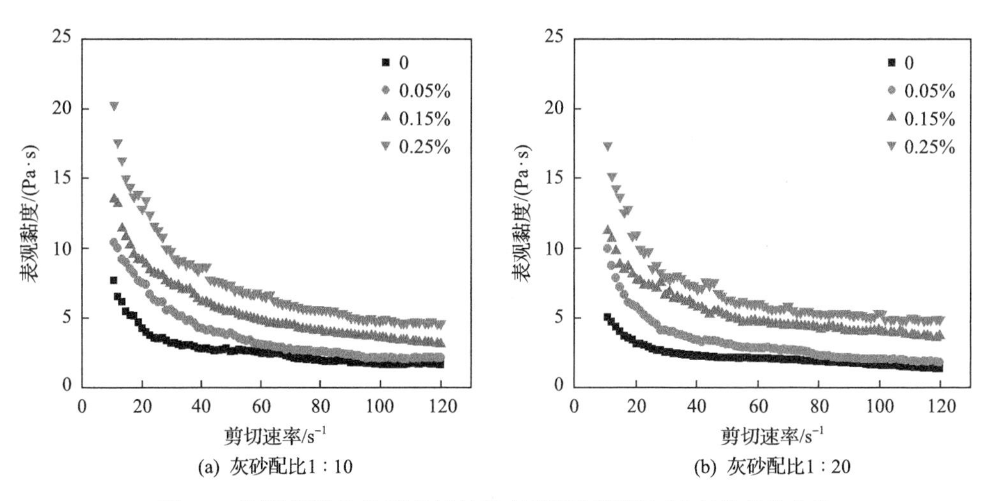

图 5.5　不同纤维掺量下充填料浆表观黏度随剪切速率的变化曲线

维掺量越高，充填料浆的表观黏度趋于稳定时对应的剪切速率越大，即打破浆体结构所需要的剪切时间越长。

基于 Hershel-Bulkley 模型，通过对图 5.4 中充填料浆剪切应力与剪切速率的关系曲线进行分析，得到不同灰砂配比和纤维掺量下充填料浆的流变特性参数，结果如表 5.4 所示。由表可知，不同灰砂配比和纤维掺量下充填料浆剪切应力与剪切速率的变化关系可用不经过原点的直线描述，且各组数据的相关系数 R^2 均大于 0.98，表明回归显著，充填料浆存在一定的屈服应力 τ_0，流变模型符合表 5.3 中的宾汉塑性流体模型。

表 5.4　不同纤维掺量下充填料浆流变特性参数

料浆编号	灰砂配比	纤维掺量/%	τ_0/Pa	η/(Pa·s)	R^2
S10-0	1∶10	0	65.84	1.22	0.9908
S10-0.05	1∶10	0.05	83.49	1.57	0.9921
S10-0.15	1∶10	0.15	107.46	1.84	0.9894
S10-0.25	1∶10	0.25	136.60	2.61	0.9893
S20-0	1∶20	0	63.98	1.07	0.9830
S20-0.05	1∶20	0.05	78.45	1.50	0.9920
S20-0.15	1∶20	0.15	103.59	1.93	0.9917
S20-0.25	1∶20	0.25	130.08	2.27	0.9876

5.1.4　纤维掺量对充填料浆流变参数的影响

根据表 5.4 得到的充填料浆流变参数，绘制出充填料浆屈服应力和塑性黏度随纤维掺量的变化曲线，如图 5.6 所示。

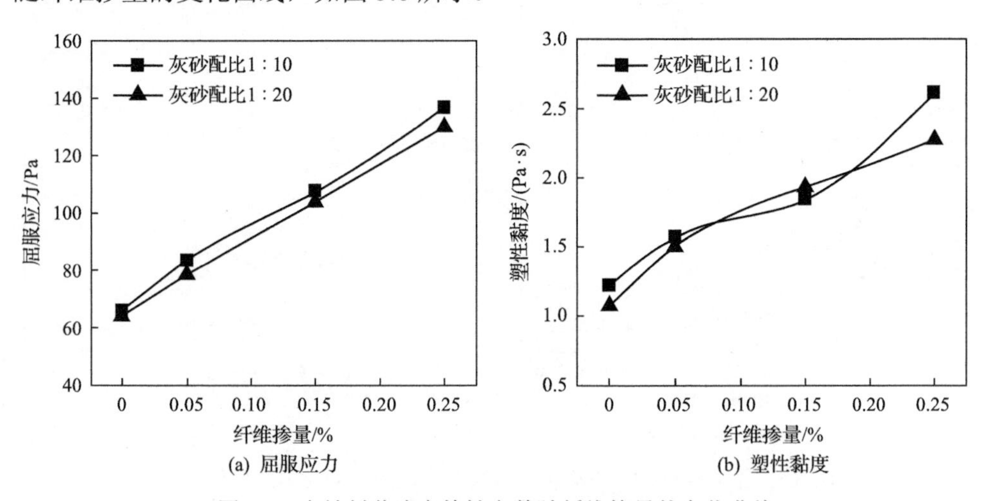

图 5.6　充填料浆流变特性参数随纤维掺量的变化曲线

从图 5.6 可以看出，充填料浆的屈服应力和塑性黏度均随纤维掺量的增加表现出增大的趋势，且屈服应力与纤维掺量之间存在线性关系，当纤维掺量从 0 增加到0.25%时，灰砂配比 1∶10 和 1∶20 的充填料浆屈服应力增幅分别为 107.47%、103.31%，塑性黏度增幅分别为 113.93%、112.15%，其主要原因是充填料浆中纤维的长度远大于尾砂颗粒的尺寸，一定掺量的纤维分散在充填料浆中相互搭接形成的网状结构(图 5.7)起到物理支撑作用，阻碍了充填料浆中粗颗粒的离析、沉降，提高了充填料浆的均质性、整体性，使得充填料浆抵抗剪切变形的能力增强，同时，这些纤维网状结构还会在充填料浆剪切过程中产生流动阻力，且随着纤维掺量的增加，单位体积充填料浆中纤维的数量随之增大，纤维相互搭接形成网状结构的可能性越大，数量也就越多，充填料浆抵抗剪切破坏的能力及层流之间的阻力会进一步强化，此时，需要更大的剪切力来打破浆体内部结构体系，宏观表现在流变测试结果中则是屈服应力和塑性黏度的增大。

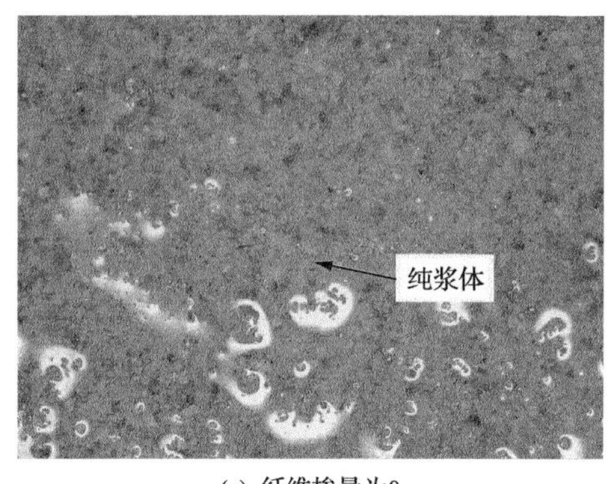

(a) 纤维掺量为0

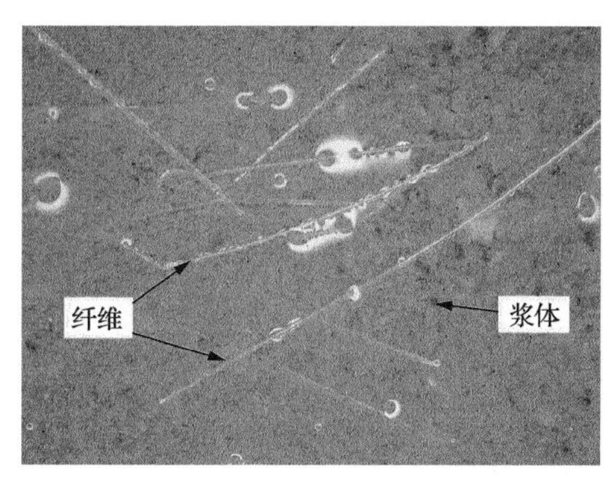

(b) 纤维掺量为0.15%

图 5.7　不同纤维掺量下充填料浆结构形态

5.2　温-时效应下胶结充填料浆流变特性

5.2.1　温-时效应下料浆流变曲线

5.1 节重点探讨了纤维掺量对充填料浆流变特性的影响，因此对温度和时间影响作用下充填料浆流变特性进行研究时，选择制备灰砂配比 1∶10、纤维掺量为0.15%的充填料浆进行流变试验。图 5.8～图 5.10 分别表示在温度 20℃、35℃和 50℃养护下充填料浆的流变特性曲线。从图中可以看出，温度 35℃和 50℃养护下充填料浆流变特性曲线的变化趋势与温度 20℃养护下类似，随着剪切速率的增加，充填料浆的剪切应力基本呈线性增大，表观黏度先迅速降低后趋于稳定，表明改变养护温度和时间对充填料浆的流变模型影响较小。对比图中四条曲线可知，相同剪切速

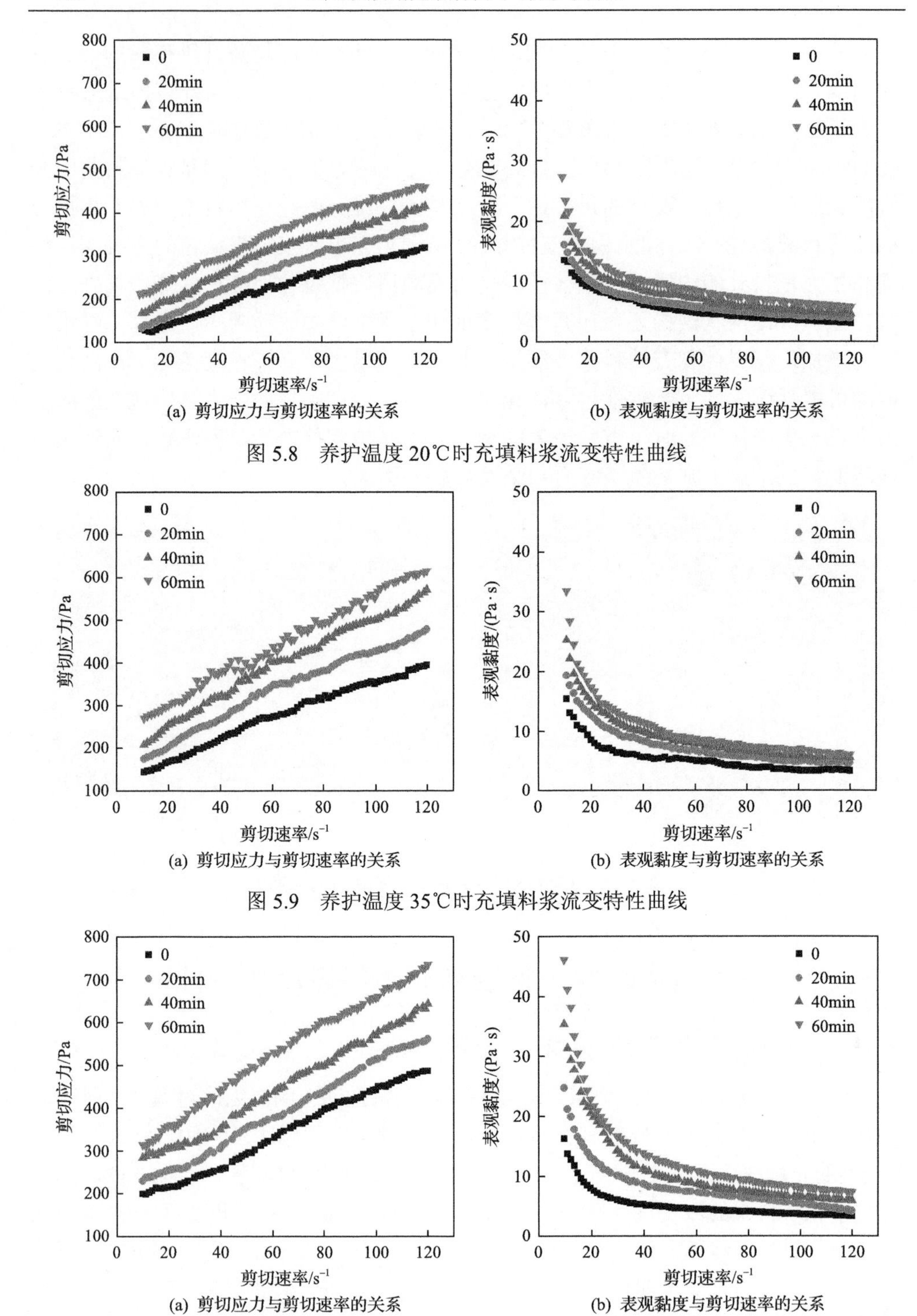

图 5.8　养护温度 20℃时充填料浆流变特性曲线

图 5.9　养护温度 35℃时充填料浆流变特性曲线

图 5.10　养护温度 50℃时充填料浆流变特性曲线

率下，养护温度越高、时间越长，充填料浆的剪切应力和表观黏度越大。通过对图 5.8～图 5.10 中充填料浆的流变特性曲线进行分析，得到不同养护温度和时间下充填料浆的流变特性参数，结果汇总在表 5.5 中。从表中可以看出，拟合结果的相关系数 R^2 均大于 0.97，表明回归显著，不同养护温度和时间下充填料浆的流变模型仍然可用宾汉塑性流体表征。

表 5.5　不同温度和时间养护下充填料浆流变特性参数

料浆编号	纤维掺量/%	养护温度/℃	养护时间/min	τ_0 /Pa	η /(Pa·s)	R^2
S20-0	0.15	20	0	107.46	1.84	0.9894
S20-20	0.15	20	20	126.09	2.14	0.9803
S20-40	0.15	20	40	161.51	2.22	0.9721
S20-60	0.15	20	60	199.62	2.34	0.9838
S35-0	0.15	35	0	128.11	2.29	0.9892
S35-20	0.15	35	20	160.80	2.70	0.9858
S35-40	0.15	35	40	194.11	3.12	0.9925
S35-60	0.15	35	60	239.36	3.20	0.9929
S50-0	0.15	50	0	157.65	2.84	0.9936
S50-20	0.15	50	20	187.38	3.18	0.9963
S50-40	0.15	50	40	231.46	3.39	0.9949
S50-60	0.15	50	60	286.75	3.79	0.9939

5.2.2　养护温度对料浆流变参数的影响

图 5.11 为充填料浆流变参数随养护温度的变化曲线。从图中可以看出，不同养护时间下充填料浆的屈服应力和塑性黏度均随温度的升高呈现增大趋势，如养

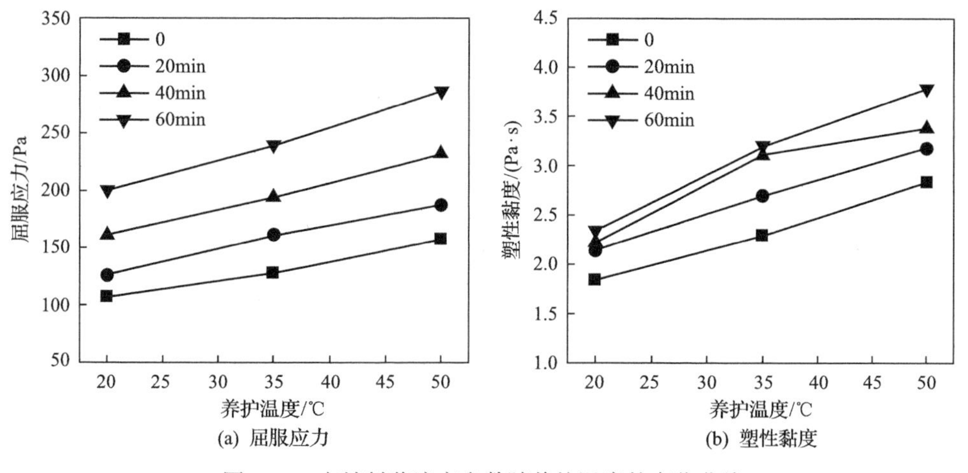

(a) 屈服应力　　(b) 塑性黏度

图 5.11　充填料浆流变参数随养护温度的变化曲线

护时间为 40min，温度从 20℃上升到 35℃、50℃时，充填料浆的屈服应力增幅分别为 20.18%、43.31%，塑性黏度增幅分别为 40.54%、52.7%。结果表明，高温养护会降低充填料浆的流动性，其主要原因是在常温养护条件下，充填料浆中水泥的水化反应相对缓和，温度升高会使水泥熟料成分溶解加速以及充填料浆中水分子热运动增强，从而引起更加剧烈的水化反应，在相同时间内，料浆中水化生成物增多，增强了颗粒之间的胶结能力，充填料浆在水化产物的胶结作用下逐渐失去流动能力，因而表现出较大的屈服应力和塑性黏度。

图 5.12 为不同养护温度下充填料浆 Zeta 电位测试结果，其中负值代表负电。由图可知，养护温度从 20℃上升到 50℃时，充填料浆的 Zeta 电位绝对值从 10.97mV 降低至 8.72mV。结果定量表明，养护温度升高，充填料浆的水化反应速率加快，离子消耗加速，生成稳定的水化产物，从而导致 Zeta 电位绝对值减小，颗粒之间的排斥力降低，充填料浆趋于聚集或沉降，流动性能降低。

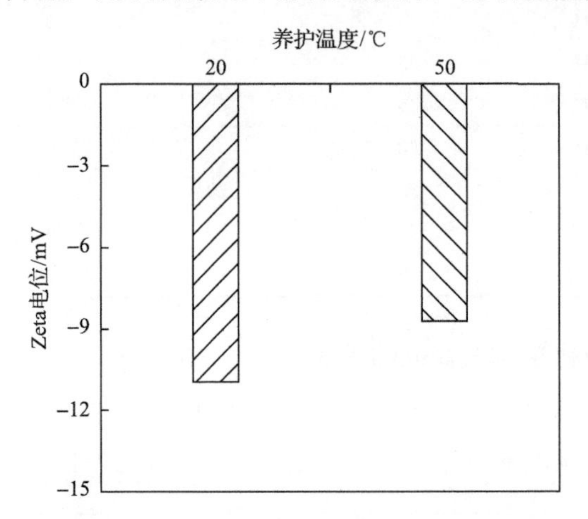

图 5.12　不同养护温度下充填料浆 Zeta 电位测试结果

此外，不同养护温度下充填料浆的热重分析结果也证实了随着养护温度的升高，水化产物数量增多，如图 5.13 所示。从图中可以看出，不同温度养护的充填料浆在整个受热过程中均存在三个失重阶段(TG 曲线)或峰值(DTG 曲线)。第一个失重阶段出现在 80～200℃，这主要是由水化铝酸钙等部分水化产物脱去结合水和钙钒石(AFt)分解造成的；第二个失重阶段发生在 450～600℃，主要是因为氢氧化钙(CH)的分解；第三个失重阶段出现在 600～800℃，主要是碳酸钙($CaCO_3$)分解的结果。由热重分析结果可知，当养护温度从 20℃上升到 50℃时，充填料浆总失重量从 10.31%增大至 11.63%。结果定量地表明，养护温度升高，料浆水化程度提高，水化产物数量增多。

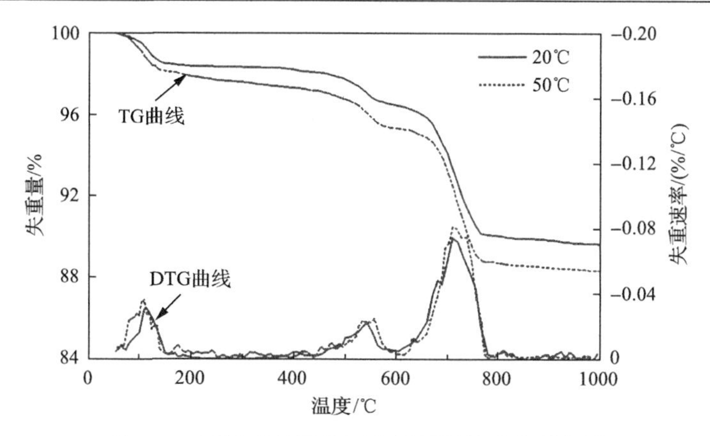

图 5.13　不同养护温度下充填料浆热重分析结果

5.2.3　养护时间对料浆流变参数的影响

图 5.14 为充填料浆流变参数随养护时间的变化曲线。从图中可以看出，不同养护温度下充填料浆的屈服应力和塑性黏度均随着养护时间的延长呈增长趋势，当养护时间从 0 增加至 60min 时，不同养护温度下充填料浆屈服应力增幅分别为 85.76%、86.84%和 81.89%，塑性黏度增幅分别为 27.17%、39.74%和 33.45%，这主要是因为随着养护时间的延长，充填料浆中的水泥颗粒持续发生水化反应，水化产物累积增多，使得离散分布的絮团和絮状结构逐渐发育，附着在尾砂颗粒表面，进一步增强了充填料浆抵抗剪切变形的能力，另外，充填料浆中的水主要以结合水、附着水和游离水三种形式存在，随着养护时间的推移，具有润滑作用的游离水不断被水化反应消耗，从而导致充填料浆内部摩擦力增大，流动性随之降低。

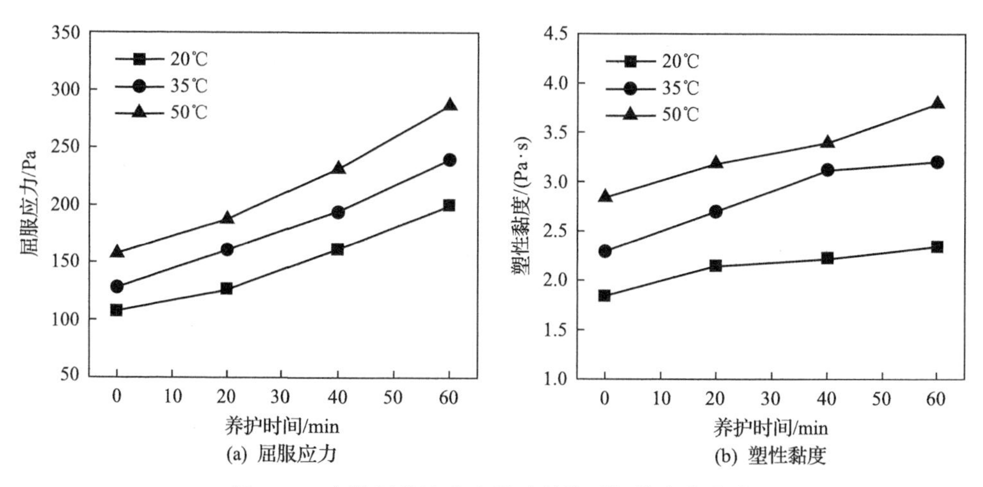

图 5.14　充填料浆流变参数随养护时间的变化曲线

不同养护时间下充填料浆 Zeta 电位测试结果如图 5.15 所示。由图可知，当养护温度一定时，养护时间从 20min 增加至 60min，充填料浆的 Zeta 电位绝对值由 14.03mV 降低至 10.97mV。结果表明，随着养护时间的延长，水泥溶解产生的离子不断参与水化反应，导致 Zeta 电位绝对值逐渐减小，充填料浆的流动性逐渐降低。

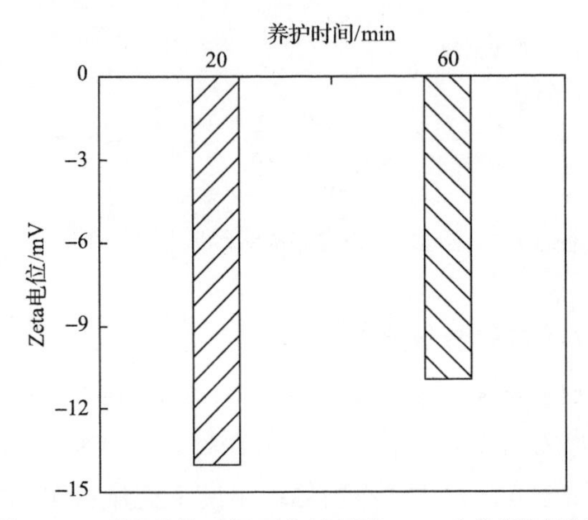

图 5.15　不同养护时间下充填料浆 Zeta 电位测试结果

图 5.16 为不同养护时间下充填料浆的热重分析结果。从图中可以看出，不同养护时间下充填料浆热重曲线中也存在三个与图 5.13 类似的失重阶段或峰值，该现象产生的原因在 5.2.2 节中已进行了详细解释，这里不再叙述。对比图 5.16 中的 TG 曲线可知，养护 60min 的充填料浆总失重量(10.31%)明显大于养护 20min 的充填料浆(9.25%)。结果定量表明，在相同养护温度下，随着养护时间的延长，充填料浆中水化产物数量增加，表现在流变测试结果中则是屈服应力和塑性黏度的增大。

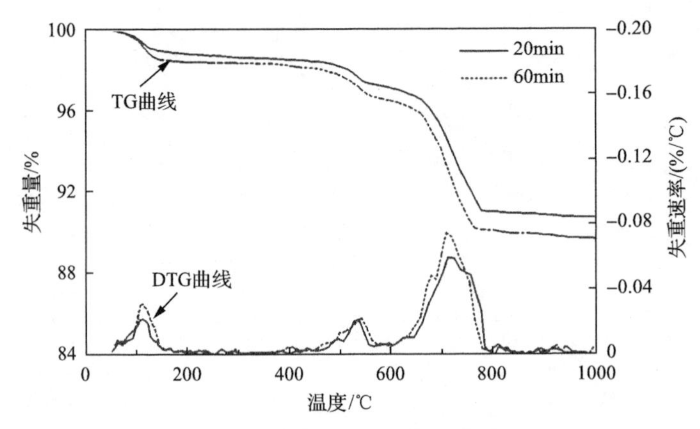

图 5.16　不同养护时间下充填料浆热重分析结果

5.2.4　温-时效应下料浆流变参数预测模型

从以上结果分析可知，胶结充填料浆的屈服应力和塑性黏度与养护温度、养护时间存在密切关系，为了进一步探究胶结充填料浆流变参数的温度和时间耦合效应，根据表 5.5 的流变试验结果，分别绘制温-时效应下充填料浆屈服应力和塑性黏度的曲面图和等高线图，如图 5.17 和图 5.18 所示。

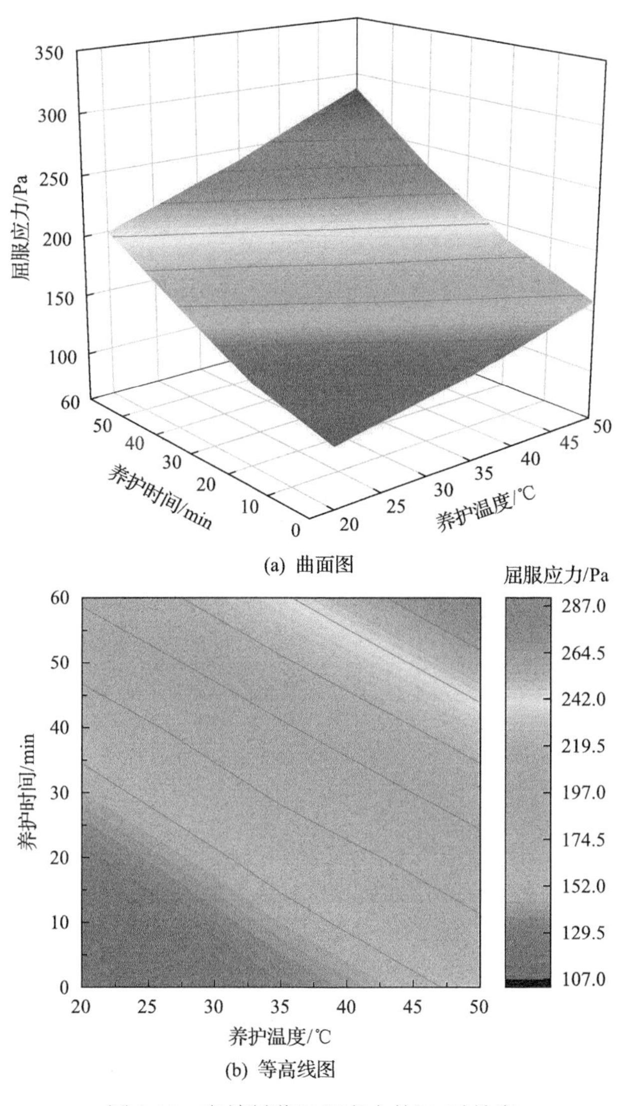

图 5.17　充填料浆屈服应力的温-时效应

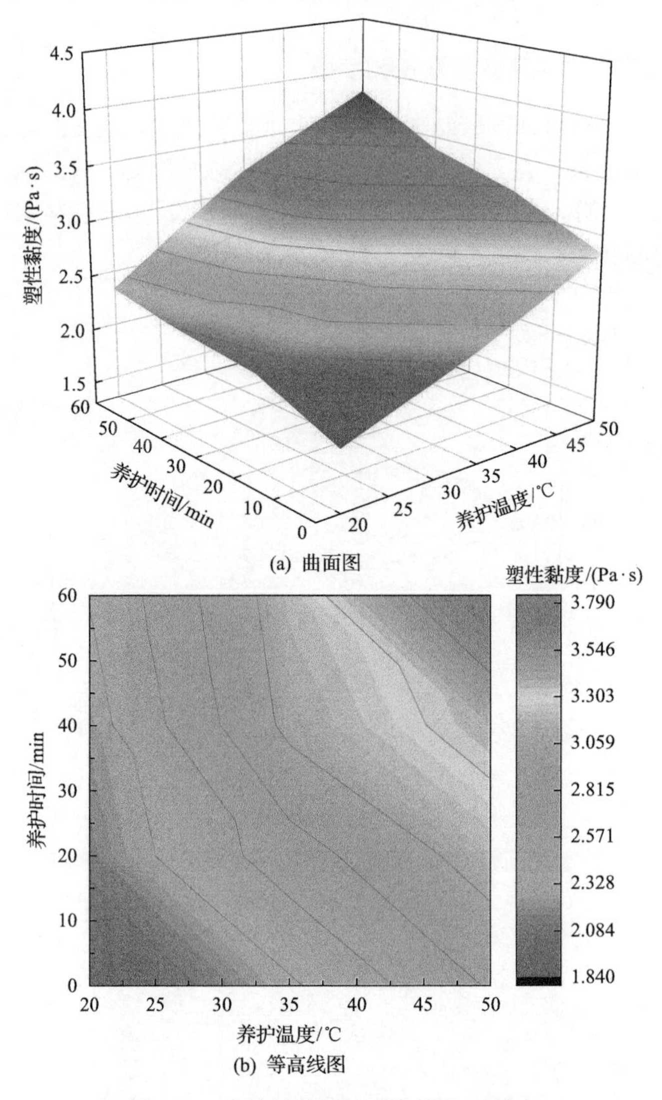

(a) 曲面图

(b) 等高线图

图 5.18　充填料浆塑性黏度的温-时效应

从图 5.17 和图 5.18 可以看出，屈服应力和塑性黏度的等高线呈现非平行关系，表明温度和时间因素之间存在一定的交互作用，随着养护温度的升高，养护时间对充填料浆屈服应力和塑性黏度的影响越显著。通过回归分析建立了温度和时间耦合作用下预测胶结充填料浆流变参数变化的数学模型，即

$$\tau_0(T,t)=81.4131+1.1300T+0.4336t+0.0073T^2+0.0120t^2+0.0199Tt \tag{5.2}$$

$$\eta(T,t)=0.7014+0.0657T+0.0099t-0.0005T^2-0.0001t^2+0.0002Tt \tag{5.3}$$

式中，$\tau_0(T, t)$ 表示某一时刻充填料浆的屈服应力(Pa)；$\eta(T, t)$ 表示某一时刻充填料浆的塑性黏度(Pa·s)；T 代表养护温度(℃)；t 代表养护时间(min)。

由回归分析结果可知，式(5.2)和式(5.3)的相关系数 R^2 分别为 0.9977 和 0.9731，回归显著，表明二次多项式函数能较好地表征胶结充填料浆的屈服应力、塑性黏度与温度和时间影响因素之间的关系。

为了验证胶结充填料浆流变参数计算模型的可靠性，将养护温度(20℃、35℃、50℃)和时间(0、20min、40min、60min)分别代入式(5.2)和式(5.3)，计算得到流变参数理论值，并与试验测试值进行比较，结果如表 5.6 所示，其中，相对误差=(理论值–测试值)/测试值×100%。由表可知，充填料浆流变参数的理论值与测试值之间的相对误差均在 7%以内，表明此模型可用于预测不同温度和时间养护条件下充填料浆流变参数的变化。需要注意的是，上述模型中的具体参数可能会因尾砂、胶凝材料、灰砂配比等发生变化，但该模型的形式可供其他研究人员参考。

表 5.6　充填料浆流变参数理论值与测试值结果

养护温度/℃	养护时间/min	屈服应力/Pa			塑性黏度/(Pa·s)		
		测试值	理论值	相对误差/%	测试值	理论值	相对误差/%
20	0	107.46	106.93	–0.49	1.84	1.82	–1.09
	20	126.09	128.37	1.81	2.14	2.05	–4.21
	40	161.51	159.40	–1.31	2.22	2.21	–0.45
	60	199.62	200.03	0.21	2.34	2.29	–2.14
35	0	128.11	129.91	1.41	2.29	2.39	4.37
	20	160.80	157.31	–2.17	2.70	2.69	–0.37
	40	194.11	194.31	0.10	3.12	2.90	–7.05
	60	239.36	240.91	0.65	3.20	3.04	–5.00
50	0	157.65	156.16	–0.95	2.84	2.74	–3.52
	20	187.38	189.54	1.15	3.18	3.09	–2.83
	40	231.46	232.51	0.45	3.39	3.37	–0.59
	60	286.75	285.08	–0.58	3.79	3.57	–5.80

5.3　纤维胶结充填体力学行为

5.3.1　纤维对充填体应力-应变行为的影响

全应力-应变曲线不仅能够准确反映出充填体在单轴压缩过程中的变形行为，还能得到表征充填体力学特性的相关参数，如单轴抗压强度(UCS)、峰值应变(ε_1)、弹性模量(E)及残余强度(σ_r)等。本节通过无侧限抗压强度试验得到灰砂配比 1∶10 和 1∶20 时不同纤维掺量下充填体试件的应力-应变曲线，分别如

图 5.19 和图 5.20 所示。从图中可以看出，掺入纤维对充填体的应力-应变行为产生显著的影响，不同灰砂配比下充填体试件的应力-应变曲线均随纤维掺量的增加表现出类似的变化规律，与普通岩石单轴压缩过程相似，充填体试件的应力-应变曲线存在压密阶段、弹性阶段、屈服变形阶段、峰后应变软化阶段及残余强度阶段，但各个变形阶段的变化特征又与普通掺纤维土的变化特征存在一定的区别[4-10]。

因此，本节以灰砂配比 1∶10、养护龄期 28d 的充填体试件为例(图 5.19(c))，详细讨论纤维掺量对充填体应力-应变曲线各个变形阶段的影响。

(1)压密阶段。对应曲线 *OA* 段，作为人工制备的复合材料，胶结充填料浆固结过程中会形成一定的微孔洞和微裂隙，在轴向压缩作用下，这些微孔隙逐渐被压密，此阶段内，充填体试件的变形量较小，纤维与充填体基体共同受力。因此，不同纤维掺量下充填体试件的应力-应变曲线变化趋势类似，均呈上凹型。

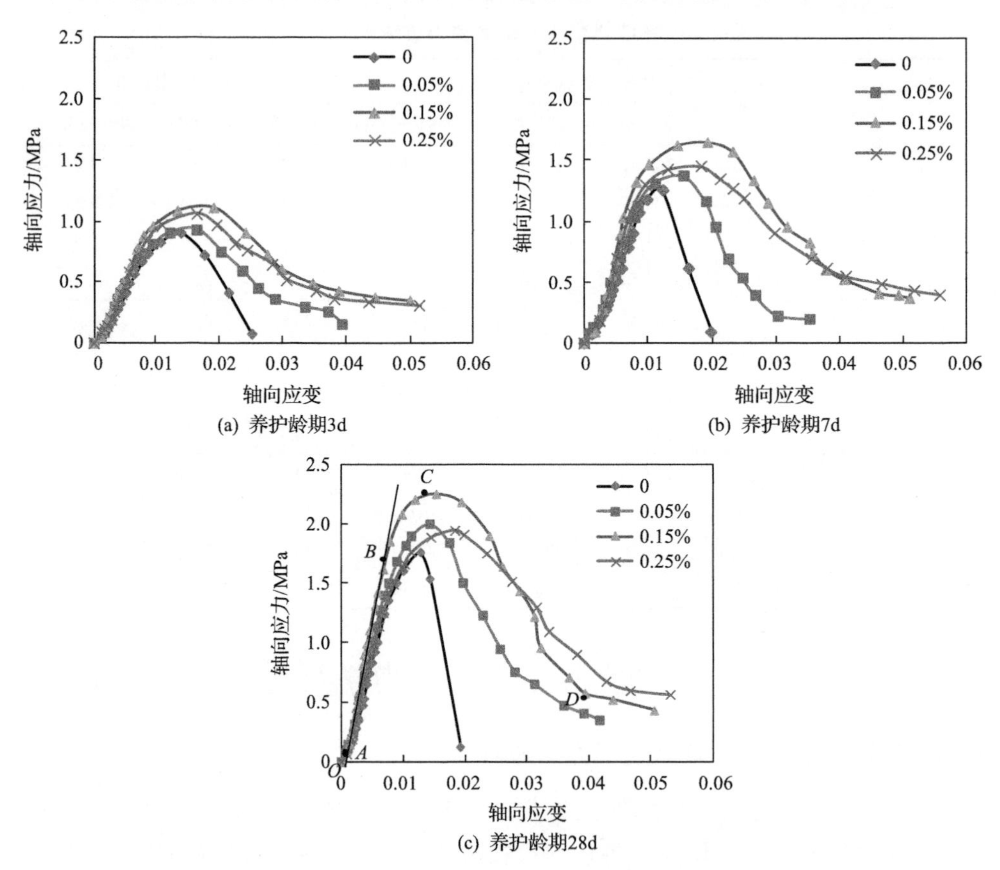

图 5.19　灰砂配比 1∶10 时不同纤维掺量下充填体试件应力-应变曲线

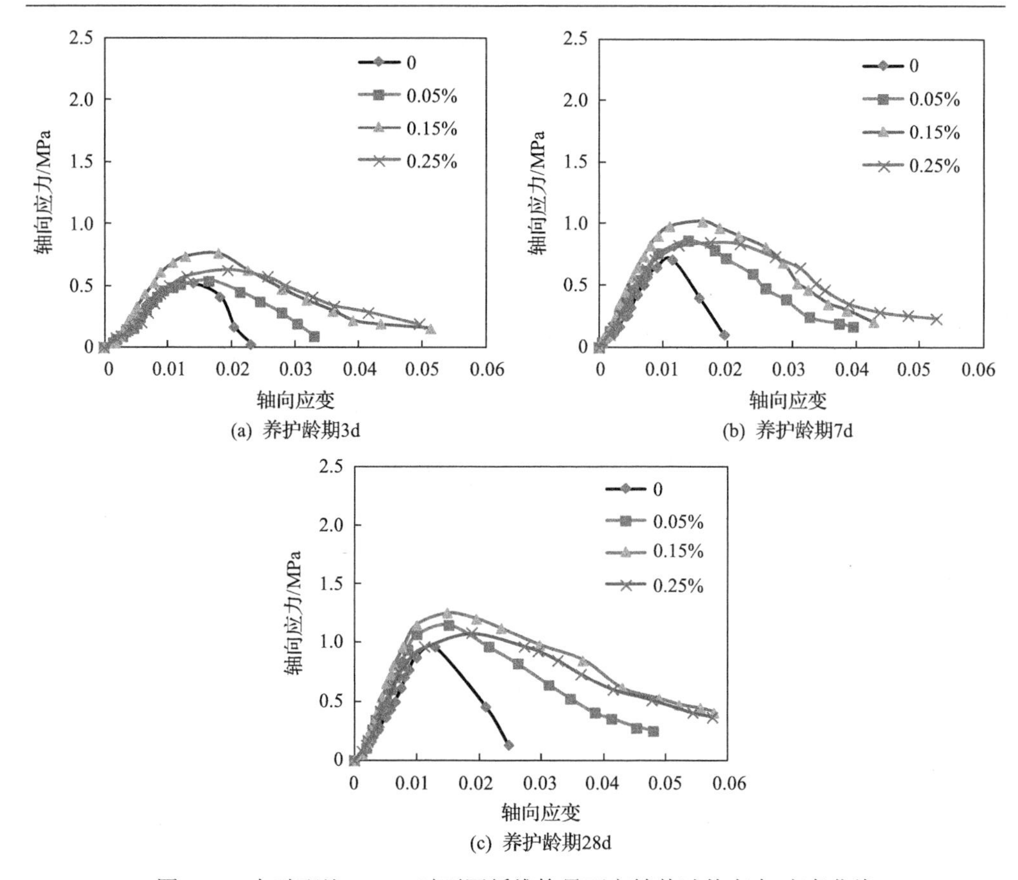

图 5.20　灰砂配比 1∶20 时不同纤维掺量下充填体试件应力-应变曲线

(2) 弹性阶段。对应曲线 *AB* 段，随着轴向应变的增加，轴向应力近似呈线性增大，从图中曲线可以看出，掺入纤维的充填体试件弹性阶段变长，且弹性阶段曲线的斜率要大于未掺纤维的试件，表明掺入纤维在一定程度上能提高充填体抵抗弹性变形的能力，通过对弹性阶段的数据进行分析得到不同纤维掺量下充填体试件的弹性模量 *E*，结果汇总在表 5.7 中。

(3) 屈服变形阶段。对应曲线 *BC* 段，充填体试件内部的微裂纹开始扩展、延伸，在轴向压缩作用下，轴向应力呈非线性增大，应力-应变曲线斜率逐渐下降至零，达到峰值应力，从图中可以看出掺入纤维的充填体表现出更长的屈服变形阶段和更大的峰值应力。由表 5.7 可知，峰值应变 ε_1 随纤维掺量的增加也有所增大。

(4) 峰后应变软化阶段。对应曲线 *CD* 段，未掺纤维的充填体试件达到峰值应力后在短时间内发生破坏而失去支撑作用，峰后应力呈陡降式跌落，表现出脆性破坏特征，而掺入纤维的充填体峰后应力损失较小，峰后应力随轴向应变的增加呈缓慢下降，峰后应变软化阶段明显大于未掺纤维的充填体。

(5)残余强度阶段。对应曲线 D 点以后阶段，未掺纤维的充填体试件表现出较小的残余强度，掺入纤维的充填体试件破坏后在纤维的连接作用下仍具有一定的承载能力，应力-应变曲线斜率随轴向应变的增加逐渐趋于零，试件表现出较高的残余强度，且纤维掺量越高，残余强度越大。

表 5.7　不同纤维掺量下充填体无侧限抗压强度测试结果

试件编号	3d			7d			28d		
	$\varepsilon_1/10^{-2}$	E/GPa	UCS/MPa	$\varepsilon_1/10^{-2}$	E/GPa	UCS/MPa	$\varepsilon_1/10^{-2}$	E/GPa	UCS/MPa
C10-0	1.412	0.99	0.91	1.230	1.45	1.25	1.273	2.05	1.76
C10-0.05	1.653	1.05	0.93	1.560	1.54	1.37	1.422	2.27	2.00
C10-0.15	1.928	1.17	1.11	1.941	2.27	1.65	1.527	2.64	2.25
C10-0.25	1.641	1.19	1.06	1.828	1.19	1.45	1.826	2.19	1.95
C20-0	1.404	0.60	0.52	1.313	0.90	0.71	1.301	0.98	0.96
C20-0.05	1.653	0.60	0.54	1.380	0.98	0.87	1.522	1.22	1.15
C20-0.15	1.786	0.80	0.76	1.599	1.20	1.02	1.504	1.42	1.25
C20-0.25	1.936	0.55	0.63	1.727	0.92	0.85	1.889	1.12	1.08

从图 5.19 和图 5.20 还可观察到，掺入 0.15%纤维的充填体试件应力-应变曲线明显高于其他三条曲线，这表明纤维掺量为 0.15%时，纤维发挥的增强效果最好，当纤维掺量达到 0.25%时，试件应力-应变曲线在达到峰值应力前介于 0.05%和 0.15%的曲线之间，但部分试件的峰后应变软化阶段和残余强度阶段高于 0.15%的曲线，表明随着掺量的增加，纤维的增强作用具有一定的后期效应[11-13]。从充填体试件的应力-应变曲线整体变化趋势可以看出，随着纤维掺量的增加，充填体由脆性向塑性、延性过渡。

5.3.2　充填体脆性特征

胶结充填体作为一种人工构筑物，不仅要有足够的力学强度以保证其在采空区中维持自立，还要具有一定的韧性以便适应充填采场围岩应力变化引起的体积变形。目前，关于胶结充填体脆性程度定量评价指标的研究成果相对较少，而在岩石力学领域方面，众多学者基于岩石强度、应力-应变曲线、能量变化等方面对岩石脆性特征进行了大量的研究并取得丰硕成果，同时提出了许多定量评价岩石脆性的指标。周辉等[14]在讨论和总结前人提出的各种评价岩石脆性指标的基础上，通过考虑应力-应变曲线峰后应力降的相对大小和绝对速率，提出了一种定量评价岩石脆性的新指标，基于此，本节为了进一步定量分析掺入纤维对胶结充填体脆性的影响，定义

$$\Delta\sigma=\frac{\sigma_{\mathrm{p}}-\sigma_{\mathrm{r}}}{\sigma_{\mathrm{p}}} \tag{5.4}$$

式中，$\Delta\sigma$ 为充填体试件峰后应力降的大小；σ_{p} 为峰值强度；σ_{r} 为残余强度。

$$v_{\sigma}=\frac{\lg|k_{ab}|}{10} \tag{5.5}$$

式中，v_{σ} 为充填体试件峰后应力降的绝对速率；k_{ab} 表示试件应力-应变曲线从屈服起始点(a)到残余起始点(b)连线的斜率；以 10 为分母的目的是将 v_{σ} 转化为 0～1 内的数值。

因此，表征充填体试件脆性程度的指标 B_{s} 为

$$B_{\mathrm{s}}=\Delta\sigma\cdot v_{\sigma}=\frac{\sigma_{\mathrm{p}}-\sigma_{\mathrm{r}}}{\sigma_{\mathrm{p}}}\frac{\lg|k_{ab}|}{10} \tag{5.6}$$

以养护龄期 28d 的充填体试件应力-应变曲线为例，将数据代入式(5.6)计算得到表征充填体试件脆性程度的指标 B_{s}，结果如表 5.8 所示。由表可知，当灰砂配比和养护龄期一定时，随着纤维掺量的增加，充填体试件峰后应力降的大小和绝对速率逐渐减小，说明纤维对充填体试件峰后应力的影响显著，当纤维掺量从 0 增加至 0.25%时，表征充填体试件脆性程度的指标 B_{s} 值分别从 0.2325、0.2752 下降至 0.1301、0.1542，降幅分别为 44.04%、43.97%。结果定量地表明，掺入纤维能显著改善胶结充填体的脆性。

表 5.8　不同纤维掺量下充填体试件脆性程度指标

灰砂配比	纤维掺量/%	$\Delta\sigma$	v_{σ}	B_{s}
1∶20	0	0.86	0.2704	0.2325
	0.05	0.78	0.2243	0.1750
	0.15	0.67	0.2041	0.1367
	0.25	0.66	0.1971	0.1301
1∶10	0	0.93	0.2959	0.2752
	0.05	0.83	0.2479	0.2058
	0.15	0.81	0.2434	0.1972
	0.25	0.71	0.2172	0.1542

5.3.3　纤维掺量对单轴抗压强度的影响

为了定量分析纤维对胶结充填体单轴抗压强度的增强效果，将掺入 0.05%、0.15%和 0.25%纤维的充填体试件单轴抗压强度增长值与不掺纤维的充填体试件

单轴抗压强度的比值定义为胶结充填体单轴抗压强度的增强系数 R_f，其计算公式为

$$R_f = \frac{UCS_f - UCS_n}{UCS_n} \times 100\% \tag{5.7}$$

式中，R_f表示不同纤维掺量下充填体单轴抗压强度增强系数(%)；UCS_f表示不同纤维掺量下充填体试件单轴抗压强度(MPa)；UCS_n表示未掺纤维的充填体试件单轴抗压强度(MPa)。

将各组充填体试件抗压强度值代入式(5.7)进行计算，得到不同纤维掺量下充填体试件单轴抗压强度增强系数 R_f，结果如表 5.9 所示。

表 5.9　不同纤维掺量下充填体试件抗压强度及增强系数

灰砂配比	养护温度/℃	养护龄期/d	0	0.05%		0.15%		0.25%	
			UCS/MPa	UCS/MPa	R_f/%	UCS/MPa	R_f/%	UCS/MPa	R_f/%
1∶10	20	3	0.91	0.93	2.20	1.11	21.98	1.06	16.48
		7	1.25	1.37	9.60	1.65	32.00	1.45	16.00
		28	1.76	2.00	13.64	2.25	27.84	1.95	10.80
1∶20	20	3	0.52	0.54	3.85	0.76	46.15	0.63	21.15
		7	0.71	0.87	22.54	1.02	43.66	0.85	19.72
		28	0.96	1.15	19.79	1.25	30.21	1.08	12.50

图 5.21 为不同纤维掺量下充填体试件单轴抗压强度的变化特征。从图中可以看出，当灰砂配比和养护龄期一定时，充填体试件单轴抗压强度随纤维掺量的增加呈先增大后减小的趋势，各组试件单轴抗压强度均在纤维掺量为 0.15%时达到最大值。由表 5.9 可知，当纤维掺量为 0.15%时，灰砂配比 1∶10、各个养护龄期下充填体

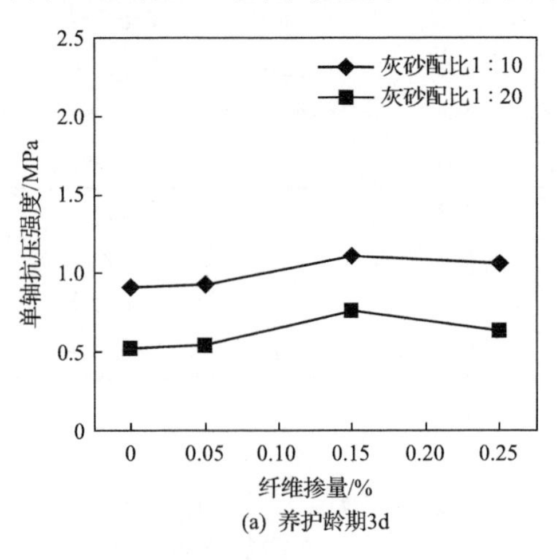

(a) 养护龄期3d

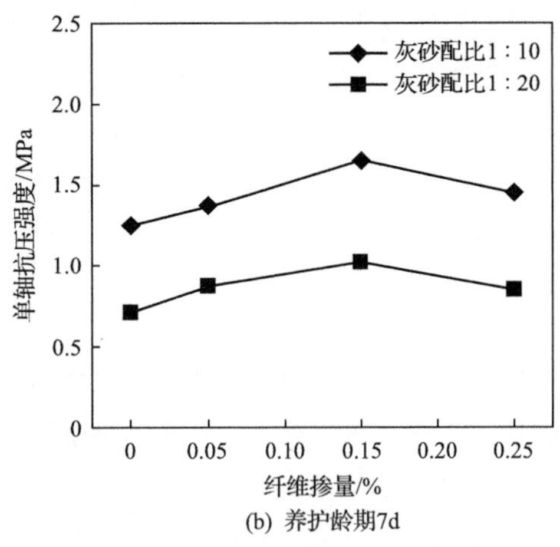

(b) 养护龄期7d

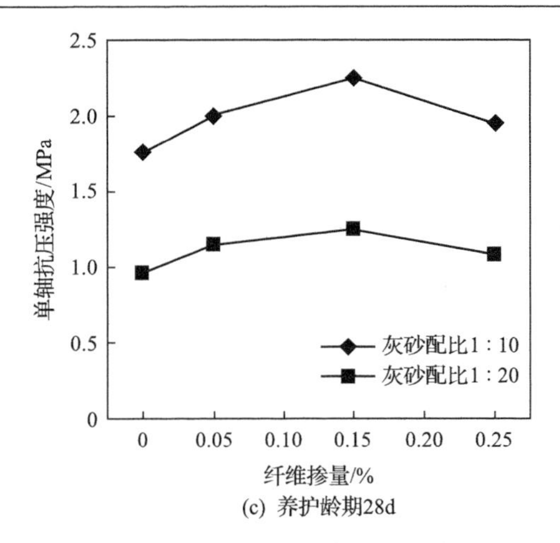

(c) 养护龄期28d

图 5.21　充填体试件单轴抗压强度随纤维掺量的变化曲线

试件抗压强度增强系数分别为 21.98%、32.00%和 27.84%，灰砂配比为 1∶20、对应的试件抗压强度增强系数分别为 46.15%、43.66%和 30.21%。当纤维掺量超过 0.15%时，与纤维掺量为 0.15%的试件相比，充填体试件抗压强度的增强系数呈现降低趋势，但掺入 0.25%纤维的充填体试件单轴抗压强度仍然高于不掺纤维的试件，这说明充填料浆中纤维掺量并不是越大越好，而是存在一个最优掺量，其他学者在对纤维加筋混凝土、水泥土等研究中也得到了类似的结果。

5.4　温度影响纤维胶结充填体力学行为

5.4.1　应力-应变曲线

通过无侧限抗压强度试验得到不同养护条件下充填体试件的应力-应变曲线，限于篇幅，本节仅列出灰砂配比 1∶10、不同纤维掺量下充填体试件在不同养护条件下的应力-应变曲线，如图 5.22～图 5.25 所示。从图中可以看出，不同温度养护条件下充填体试件的应力-应变曲线也存在与图 5.19 相似的压密阶段、弹性阶段、屈服变形阶段、峰后应变软化阶段及残余强度阶段，且随着养护温度升高和养护龄期延长，不同纤维掺量下充填体试件的应力-应变曲线对应同一个变形阶段表现出类似的变化特征[15,16]。

当养护温度从 20℃上升至 50℃时，应力-应变曲线的压密阶段逐渐减小，主要是因为养护温度越高，充填料浆内部水化产物越多，填充在孔隙中形成的原生微裂纹和微孔隙数量越少，相应的压密阶段越小；但弹性阶段明显变长，且养护温度越高，弹性阶段曲线的斜率越大，即弹性模量 E 越大，当轴向应变相同时，高温养护下充填体所承受的加载应力增大，抵抗变形的能力增强；屈服变形阶段随养护温度的升高整体出现减小趋势，此阶段，随着轴向应变的增加，应力-应变曲线的斜率逐渐减小至零，充填体试件达到峰值强度，对比图中曲线可知，

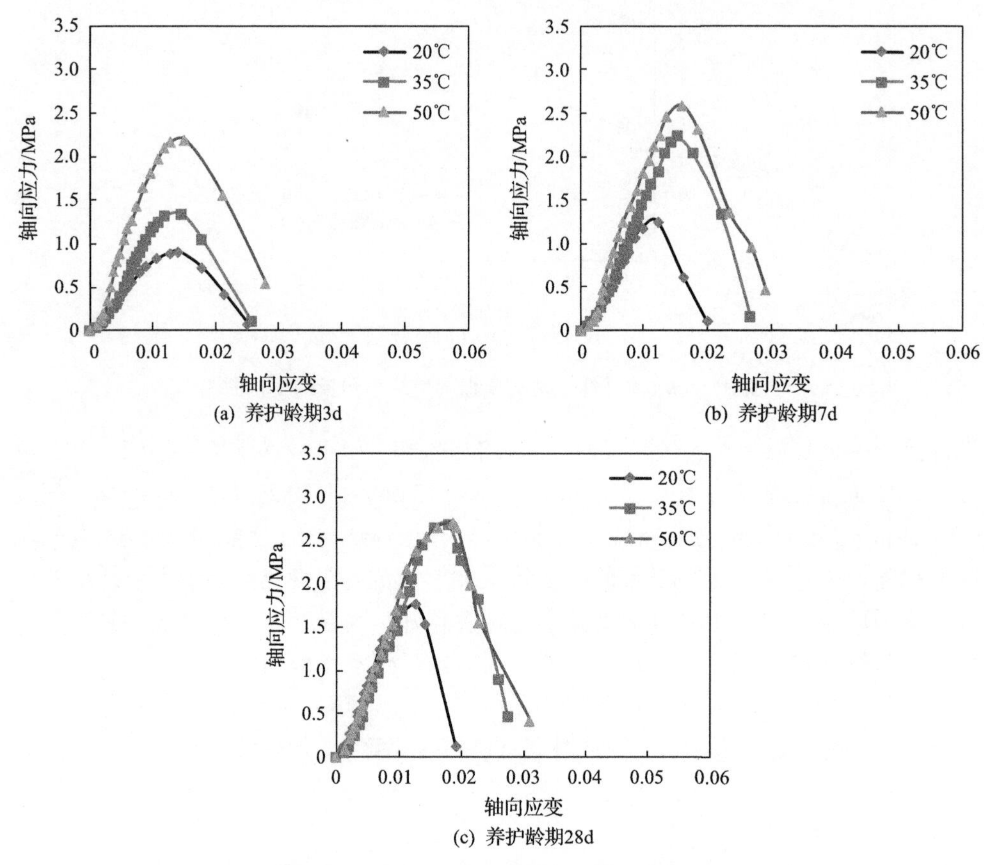

图 5.22　纤维掺量为 0 时不同养护温度下充填体试件应力-应变曲线

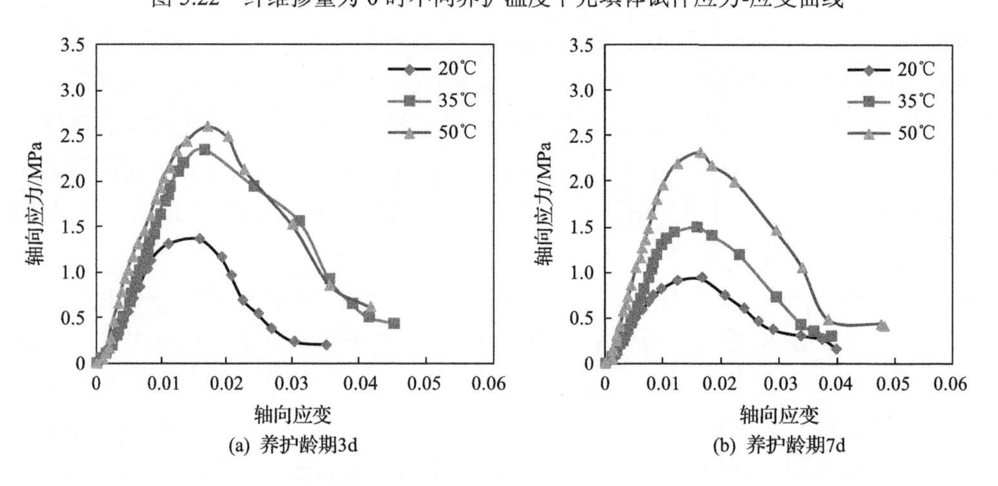

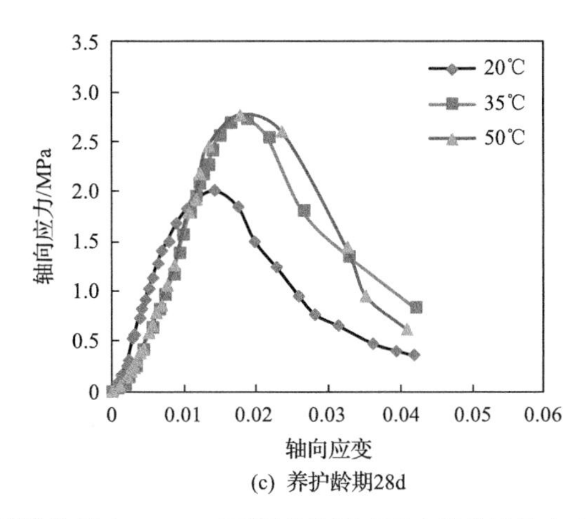

(c) 养护龄期28d

图 5.23　纤维掺量为 0.05%时不同养护温度下充填体试件应力-应变曲线

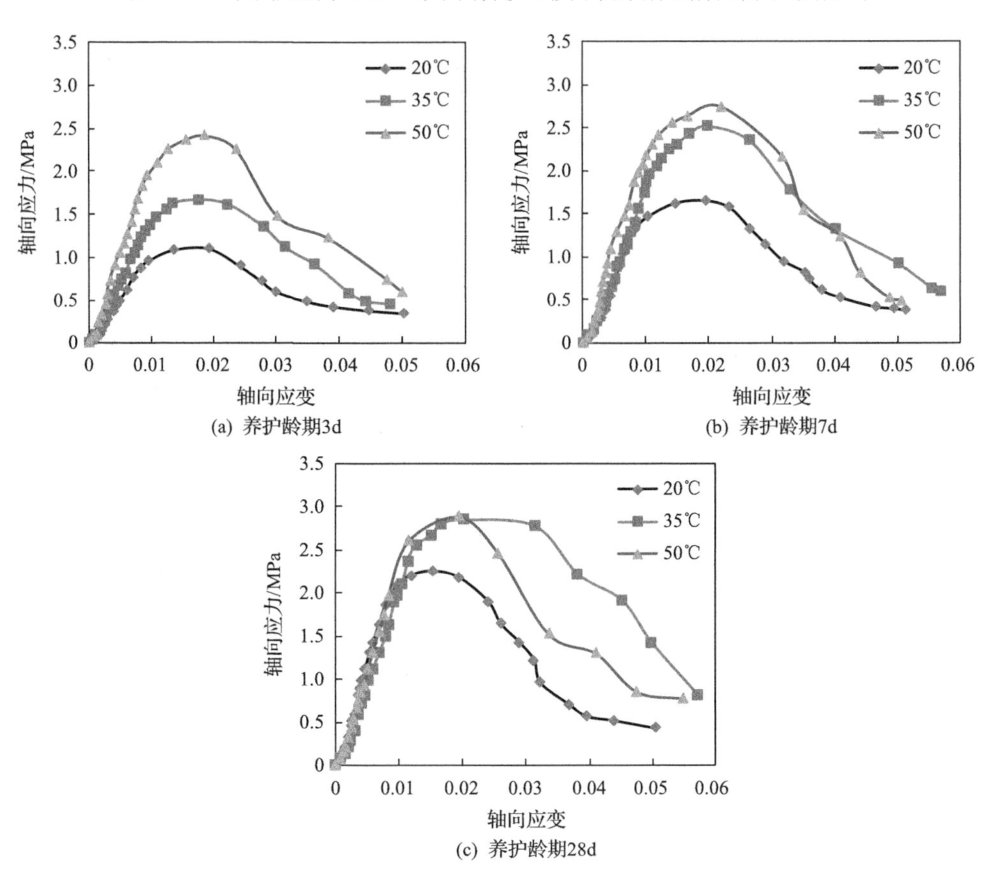

(a) 养护龄期3d

(b) 养护龄期7d

(c) 养护龄期28d

图 5.24　纤维掺量为 0.15%时不同养护温度下充填体试件应力-应变曲线

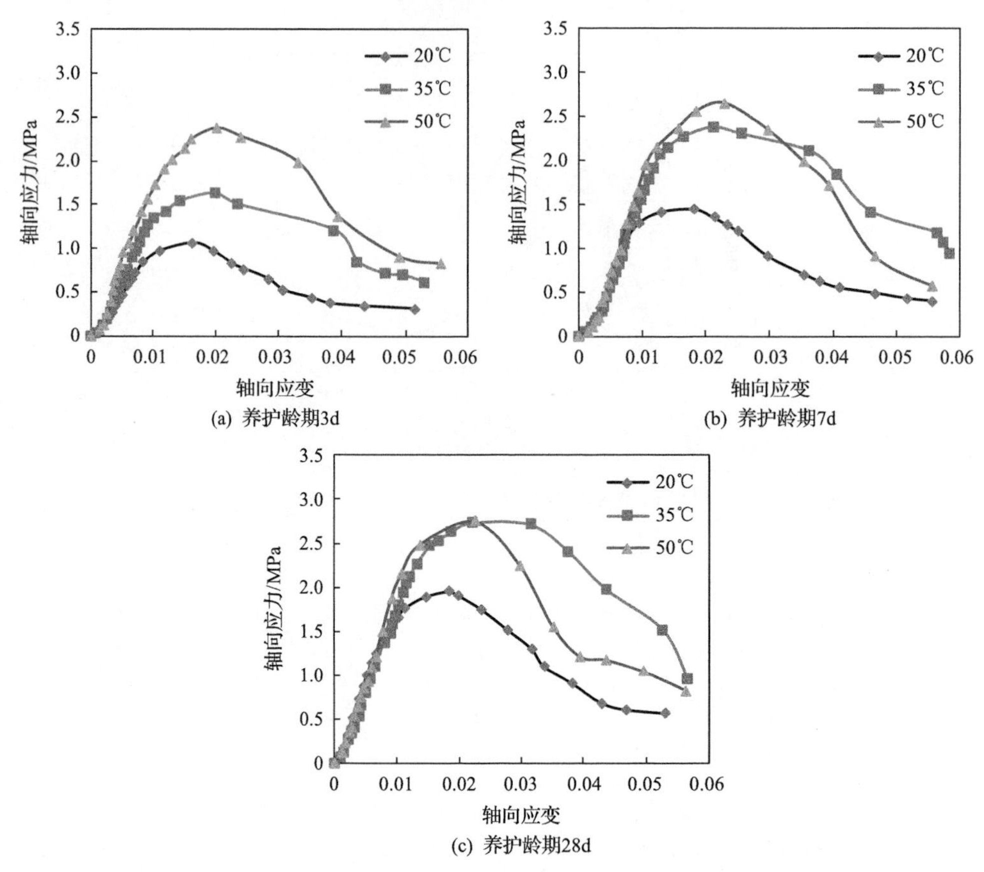

(a) 养护龄期3d

(b) 养护龄期7d

(c) 养护龄期28d

图 5.25　纤维掺量为 0.25%时不同养护温度下充填体试件应力-应变曲线

不同养护龄期下充填体试件在温度 50℃养护时表现出最大的峰值应力；未掺纤维的充填体试件峰后应力均表现出迅速下降趋势，且养护温度越高，峰后曲线斜率的绝对值越大，表明峰后应力随轴向应变的增加下降速度越快，而掺入纤维的充填体峰后曲线斜率由负值逐渐趋近于零，随着轴向应变的增加，峰后应力逐渐减小，充填体承载能力逐渐降低，且峰后应变软化阶段随养护温度的变化整体呈现增大趋势，如纤维掺量 0.15%和 0.25%的充填体试件在温度 35℃养护下的峰后应变软化阶段比 20℃和 50℃养护的试件更长，如图 5.24(c)、图 5.25(b)和 5.25(c)所示；残余强度阶段，无论纤维掺量如何，养护温度越高、龄期越长，充填体试件的残余强度越大。此外，当养护温度从 20℃增加至 35℃和 50℃时，不同养护龄期下充填体试件的峰值应力均随纤维掺量的增加呈现先增大后减小的趋势，纤维掺量为 0.15%的试件对应的峰值应力均高于其他三种掺量的试件，这表明不同养护温度条件下纤维发挥着相同的增强作用。

5.4.2　抗压强度与养护温度的关系

充填体试件单轴抗压强度随养护温度的变化曲线如图 5.26 所示。从图中可以看出，养护温度对充填体早期单轴抗压强度的影响显著，不同养护龄期下充填体试件单轴抗压强度随养护温度的升高均呈现增大趋势，但不同养护龄期下充填体的单轴抗压强度增幅随养护温度的升高却存在明显的差异，其主要原因是养护温度升高，充填体中水泥水化反应速率加快，相同时间内生成的水化产物数量增多，充填体内部结构变得更加密实，单轴抗压强度也随之增大，但在养护早期，充填体中水泥含量充足，水化速率最快，此时提高养护温度，充填体单轴抗压强度增长速率明显大于养护后期。通过拟合分析得到充填体试件单轴抗压强度与养护温度之间的关系，结果如表 5.10 所示。

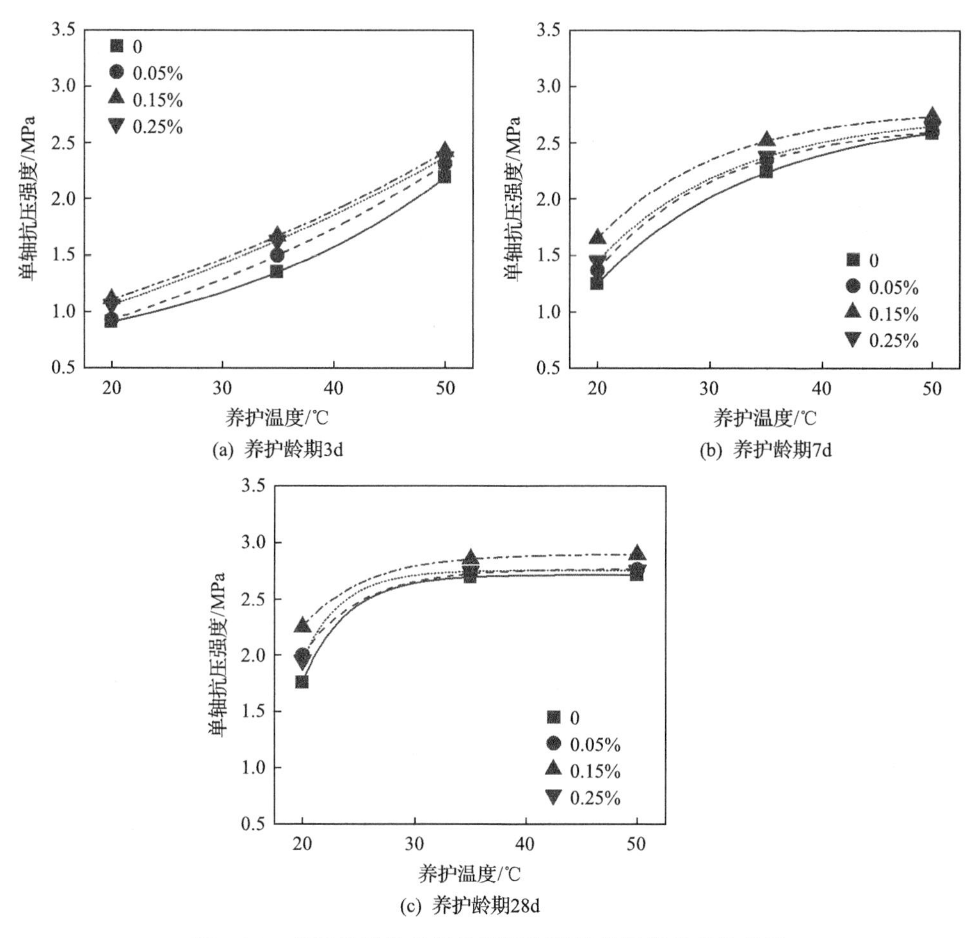

图 5.26　充填体试件单轴抗压强度随养护温度的变化曲线

表 5.10　充填体试件单轴抗压强度与养护温度关系的拟合结果

灰砂配比	纤维掺量/%	养护龄期/d	拟合函数	R^2
1∶10	0	3	$UCS_T=0.4992e^{0.0293T}$	0.9966
1∶10	0.05	3	$UCS_T=0.5110e^{0.0303T}$	0.9991
1∶10	0.15	3	$UCS_T=0.6643e^{0.0260T}$	0.9992
1∶10	0.25	3	$UCS_T=0.6257e^{0.0268T}$	0.9984
1∶10	0	7	$UCS_T=1.4896\ln T-3.1687$	0.9800
1∶10	0.05	7	$UCS_T=1.3786\ln T-2.7016$	0.9594
1∶10	0.15	7	$UCS_T=1.2220\ln T-1.9585$	0.9588
1∶10	0.25	7	$UCS_T=1.3409\ln T-2.5166$	0.9678
1∶10	0	28	$UCS_T=1.0922\ln T-1.4228$	0.8638
1∶10	0.05	28	$UCS_T=0.8700\ln T-0.5409$	0.8827
1∶10	0.15	28	$UCS_T=0.7316\ln T+0.1116$	0.8884
1∶10	0.25	28	$UCS_T=0.9209\ln T-0.7317$	0.8556
1∶20	0	3	$UCS_T=0.3032e^{0.0265T}$	0.9980
1∶20	0	7	$UCS_T=0.8064\ln T-1.6726$	0.9614
1∶20	0	28	$UCS_T=0.6116\ln T-0.8363$	0.9252

当养护龄期为 3d 时，如图 5.26(a)所示，随着养护温度升高，不同纤维掺量下充填体试件的单轴抗压强度增长显著，养护温度从 20℃分别上升至 35℃和 50℃时，纤维掺量为 0.15%的充填体单轴抗压强度增幅分别为 50.45%和 118.02%，养护温度从 35℃上升至 50℃时，对应的单轴抗压强度增幅为 44.91%，与温度 20～35℃范围内充填体单轴抗压强度增幅相差较小。由表 5.10 可知，养护龄期为 3d 时，不同纤维掺量下充填体单轴抗压强度与养护温度均满足指数函数关系，表达式为

$$UCS_T = A_1 e^{B_1 T} \tag{5.8}$$

式中，UCS_T 为某一养护温度下充填体单轴抗压强度(MPa)；T 为养护温度(℃)；A_1、B_1 均为常数，与灰砂配比、纤维掺量和养护温度有关。

当养护龄期为 7d 和 28d 时，如图 5.26(b)和(c)所示，不同纤维掺量下充填体试件的单轴抗压强度均随养护温度升高呈先迅速增大后缓慢增长趋势。养护龄期为 28d，温度从 20℃分别上升到 35℃和 50℃时，充填体单轴抗压强度增幅分别为 26.67%和 28.44%，而温度从 35℃增加至 50℃时，充填体对应的单轴抗压强度增幅却仅为 1.40%。由拟合结果可知，养护龄期为 7d 和 28d 时，不同纤维掺量下充填体单轴抗压强度与养护温度均呈对数函数分布，表达式为

$$UCS_T = A_2 \ln T + B_2 \tag{5.9}$$

式中，UCS_T 为某一养护温度下充填体的单轴抗压强度(MPa)；T 为养护温度(℃)；A_2、B_2 均为常数，与灰砂配比、纤维掺量和养护温度有关。

从图 5.26 还可以看出，温度 35℃养护下 7d 和温度 50℃养护下养护 3d 的充填体试件单轴抗压强度均已超过温度 20℃养护下 7d 的试件。因此，在实际工程中，可根据采场环境温度的大小预测充填体的力学强度，在满足采空区充填要求的情况下，适当缩短回采矿房-充填采空区-回采矿柱的循环周期，以提高矿山开采工作效率。

5.4.3　抗压强度与养护龄期的关系

图 5.27 为不同养护温度下充填体试件单轴抗压强度随养护龄期的变化曲线。从图中可以看出，不同温度养护下充填体单轴抗压强度随养护龄期的延长均表现

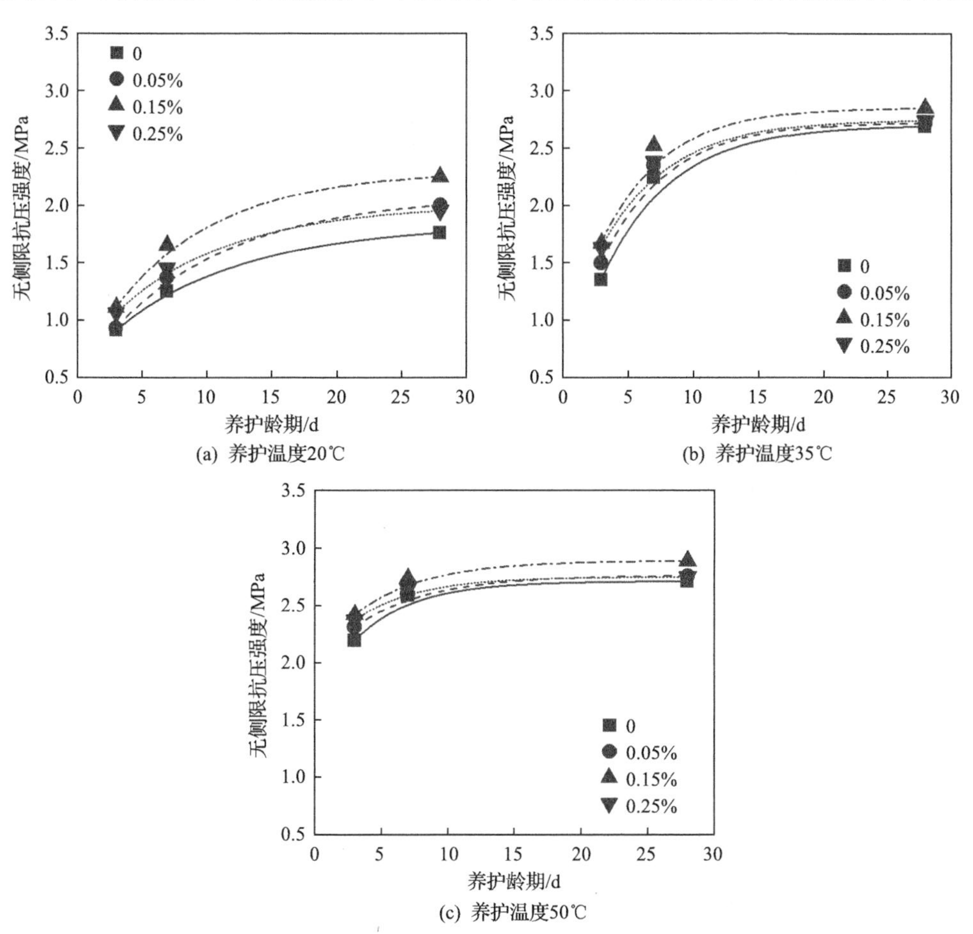

图 5.27　充填体试件抗压强度随养护龄期的变化曲线

出类似的变化特征，3～7d 增长迅速，7～28d 增长明显变得缓慢。以纤维掺量为0.15%的充填体为例，当养护温度为 20℃时，充填体单轴抗压强度在 3～7d 增幅为48.65%，7～28d 增幅为 26.67%；当养护温度达到 50℃，充填体单轴抗压强度在 3～7d 增幅为 13.22%，7～28d 增幅却仅为 5.47%。结果表明，随着养护时间的延长，充填体的单轴抗压强度逐渐增大，但强度增长率却减小，且养护温度越高，强度增长率越小，这主要是因为高温养护早期剧烈的水化反应消耗大量的水泥，同时高温养护下水化产物成核、结晶及沉淀速率加快，导致养护后期的水泥水化基本达到稳定期，此时充填体内部水化产物数量增加较少，相应的单轴抗压强度增长也较小。另外，养护龄期均为 28d 时，温度 35℃养护的充填体试件单轴抗压强度(2.85MPa)与温度 50℃养护的试件(2.89MPa)相差较小，表明在这两种养护条件下，充填体内部水泥水化基本结束，其单轴抗压强度也已接近最终强度，此时，随着养护龄期继续增加，充填体的单轴抗压强度逐渐趋于稳定值。通过拟合分析建立了不同温度养护下充填体单轴抗压强度随养护龄期的增长模型，结果如表 5.11 所示。

表 5.11　充填体单轴抗压强度与养护龄期变化关系的拟合结果

灰砂配比	纤维掺量/%	养护温度/℃	拟合函数	R^2
1∶10	0	20	UCS_t=0.3793ln$t$+0.5004	0.9994
1∶10	0	35	UCS_t=0.5730ln$t$+0.8755	0.8976
1∶10	0	50	UCS_t=0.2185ln$t$+2.0323	0.8187
1∶10	0.05	20	UCS_t=0.4766ln$t$+0.4202	0.9987
1∶10	0.05	35	UCS_t=0.5188ln$t$+1.0871	0.8747
1∶10	0.05	50	UCS_t=0.1930ln$t$+2.1463	0.9106
1∶10	0.15	20	UCS_t=0.5028ln$t$+0.6013	0.9884
1∶10	0.15	35	UCS_t=0.4999ln$t$+1.2842	0.8572
1∶10	0.15	50	UCS_t=0.2004ln$t$+2.2573	0.8861
1∶10	0.25	20	UCS_t=0.3948ln$t$+0.6476	0.9955
1∶10	0.25	35	UCS_t=0.4737ln$t$+1.2431	0.8897
1∶10	0.25	50	UCS_t=0.1605ln$t$+2.2488	0.8445
1∶20	0	20	UCS_t=0.1954ln$t$+0.3147	0.9964
1∶20	0.05	20	UCS_t=0.2661ln$t$+0.2876	0.9659
1∶20	0.15	20	UCS_t=0.2141ln$t$+0.5548	0.9701
1∶20	0.25	20	UCS_t=0.1980ln$t$+0.4325	0.9843
1∶20	0	35	UCS_t=0.2852ln$t$+0.5471	0.8104
1∶20	0	50	UCS_t=0.1463ln$t$+1.0490	0.7934

由表 5.11 可知，随着养护时间的延长，不同纤维掺量下充填体单轴抗压强度均呈对数函数分布，且相关系数 R^2 较高，回归显著，这与其他学者的研究结果基

本一致。因此，不同养护温度条件下充填体单轴抗压强度的增长模型可表示为

$$\mathrm{UCS}_t = A_3 \ln t + B_3 \tag{5.10}$$

式中，UCS_t为某一养护龄期下充填体的单轴抗压强度(MPa)；t为养护龄期(d)；A_3、B_3均为常数，其大小主要取决于灰砂配比、纤维掺量和养护温度等因素。

5.4.4　孔隙结构

为了定量地分析养护温度和龄期对胶结充填料浆固结过程中孔隙结构的影响，选择灰砂配比1∶10、纤维掺量0和0.15%的充填体试件在不同温度和龄期养护下进行孔隙结构测试。图5.28为养护龄期28d时不同养护温度下充填体试件的孔径分布曲线，表5.12为不同养护条件下充填体试件孔隙结构特征参数。

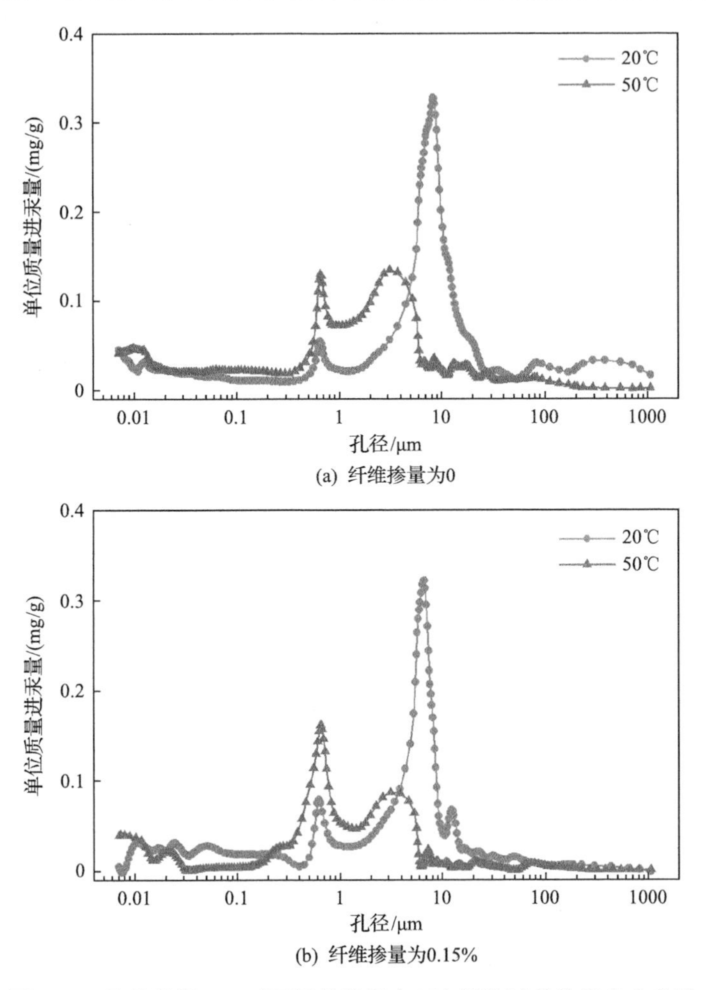

图5.28　养护龄期28d时不同养护温度下充填体试件孔径分布曲线

表 5.12　不同养护条件下充填体试件孔隙结构特征参数

养护温度/℃	纤维掺量/%	养护龄期/d	最可几孔/μm	平均孔径/μm	中值孔径/μm	孔隙率/%
20	0	28	8.35	0.20	7.87	50.06
50	0	28	3.17	0.13	2.82	40.69
20	0.15	28	6.73	0.18	6.62	46.02
50	0.15	28	0.69	0.10	1.68	37.99
20	0.15	3	8.27	0.23	7.67	54.96
20	0	3	10.56	0.24	7.95	56.84

从图 5.28(a)可以看出，提高养护温度对充填体内部孔径分布产生显著的影响，在温度 20℃养护条件下，未掺纤维的充填体孔径主要分布在 1.27～28.05μm，对应的最可几孔为 8.35μm，当养护温度上升至 50℃，充填体的孔径分布曲线峰值向左偏移，出现“双峰值”现象，这两个峰值所对应的孔径分别为 0.66μm 和 3.17μm，与常温养护相比，高温养护下充填料浆固结过程中其内部大孔向小孔发生明显的转变。由表 5.12 可知，养护温度从 20℃上升至 50℃，未掺纤维的充填体总孔隙率由 50.06%下降至 40.69%，降幅为 18.72%，结果定量表明在设置的温度梯度范围内，提高养护温度可改善充填料浆固结过程中孔隙结构分布，降低充填体的孔隙率。另外，对纤维掺量为 0.15%的充填体试件进行孔隙结构分析也得到了类似的结果，结果如图 5.28(b)所示，对比图中曲线变化趋势可以看出，随着养护温度的升高，纤维掺量为 0.15%的充填体孔径分布曲线第一个峰值高度明显大于第二个，这表明高温养护下含纤维的充填料浆在固结过程中大孔向小孔转变的数量更多，小孔分布占主导地位。对比图 5.28(a)和(b)可知，养护温度和纤维的耦合作用对充填料浆固结过程中小孔的贡献要远大于养护温度单一因素。

图 5.29 为养护温度 20℃时不同养护龄期下充填体试件孔径分布曲线。当养护龄期 3d 时，未掺纤维的充填体孔径主要分布在 2.42～37.03μm，最可几孔径为 10.56μm，纤维掺量为 0.15%的充填体孔径主要分布在 1.32～13.07μm；当养护龄期延长至 28d 时，两种纤维掺量的充填体孔径分布曲线均出现向左偏移，这主要是因为养护时间越长，水化产物沉淀、累积越多，从而在充填体内部形成更精细的孔隙结构，这也印证了之前扫描电子显微镜观察得到的结果。由表 5.12 可知，养护龄期从 3d 增加至 28d，未掺纤维和纤维掺量 0.15%的充填体孔隙率分别从 56.84%和 54.96%下降至 50.06%和 46.02%，降幅分别为 11.93%和 16.27%。结果表明，养护龄期的增加有利于胶结充填料浆固结形成低孔隙率的固结体，且养护龄期和纤维耦合作用对充填体孔隙结构的改善要大于养护龄期单一因素。

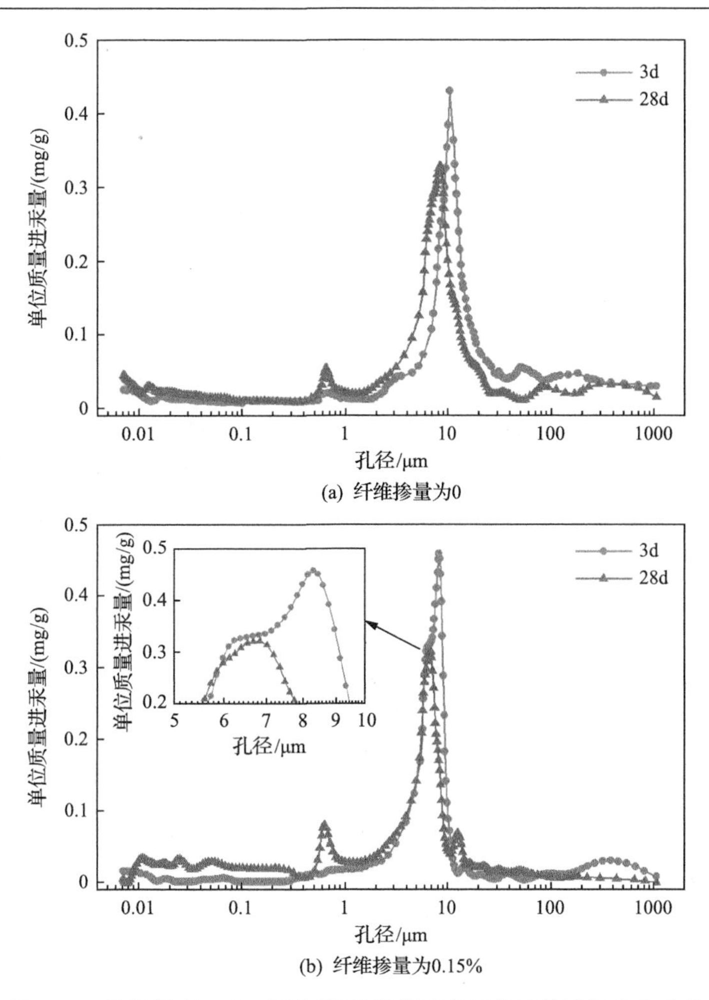

图 5.29　养护温度 20℃时不同养护龄期下充填体试件孔径分布曲线

5.4.5　破坏模式

不同养护条件下胶结充填体料浆固结过程中内部形成微观形貌和孔隙结构，导致充填体在单轴压缩过程中表现出的破坏形态存在显著差异。表 5.13 为不同养护条件下充填体试件破坏模式。

从表 5.13 可以看出，随着养护温度和龄期的变化，未掺纤维充填体的破坏形态存在显著差异。当养护温度上升至 35℃时，养护龄期 3d 的充填体破坏模式与同龄期 20℃养护的试件类似，均表现为单斜面剪切破坏，养护龄期为 7d 的充填体试件以张拉破坏为主，养护龄期为 28d 时的充填体试件以张拉-剪切破坏为主，张拉破坏诱导形成的次生薄弱面在轴向应力作用下向右上方产生次生裂纹。当养护温度达到 50℃时，充填体破坏时形成的主裂纹数量比温度 20℃和 35℃养护的

表 5.13　不同养护条件下充填体试件破坏模式

纤维掺量/%	养护龄期 3d	养护龄期 7d	养护龄期 28d
0	20℃　35℃　50℃	20℃　35℃　50℃	20℃　35℃　50℃
0.05	20℃　35℃　50℃	20℃　35℃　50℃	20℃　35℃　50℃
0.15	20℃　35℃　50℃	20℃　35℃　50℃	20℃　35℃　50℃
0.25	20℃　35℃　50℃	20℃　35℃　50℃	20℃　35℃　50℃

试件明显增加，这些裂纹相互交叉呈现 V 形、X 形和 Y 形，将整个充填体试件分割成许多块体。结合不同温度养护下充填体试件应力-应变曲线变化特征可知，随着养护温度升高和养护龄期延长，充填体的脆性增强。养护温度 35℃和 50℃时，纤维掺量为 0.05%、0.15%和 0.25%的充填体试件的破坏形态与常温养护的试件类似，主要表现为混合(剪切-张拉)破坏，试件破坏时受多条交叉裂纹控制，且裂纹扩展路径无统一的规律性，但破坏后的试件在纤维的桥接作用下仍能保持较高的完整性。

5.5　纤维增强作用机制

5.5.1　充填料浆固结水化特征

本节研究所用的聚丙烯纤维是一种耐久性极强的高分子聚合材料，具有较为稳定的化学性质[17]。因此，在胶结充填料浆固结过程中，纤维不会参与水化反应，而充填料浆中的水泥与水混合搅拌后，熟料矿物成分如硅酸三钙(C_3S)、硅酸二钙(C_2S)、铝酸三钙(C_3A)和铁铝酸四钙(C_4AF)等会产生分解，并伴随一系列水化反应的发生，主要的化学反应过程如下所示。

C_3S 水化反应方程式为

$$2(3CaO \cdot SiO_2)+6H_2O = 3CaO \cdot SiO_2 \cdot 3H_2O+3Ca(OH)_2 \tag{5.11}$$

C_2S 水化反应方程式为

$$2(2CaO \cdot SiO_2)+4H_2O = 3CaO \cdot SiO_2 \cdot 3H_2O+Ca(OH)_2 \tag{5.12}$$

C_3A 水化反应方程式为

$$3CaO \cdot Al_2O_3+6H_2O = 3CaO \cdot Al_2O_3 \cdot 6H_2O \tag{5.13}$$

其中，水化生成物水化铝酸钙会进一步参与反应，即

$$3CaO \cdot Al_2O_3 \cdot 6H_2O+3(CaSO_4 \cdot 2H_2O)+19H_2O = 3CaO \cdot Al_2O_3 \cdot 3CaSO_4 \cdot 31H_2O \tag{5.14}$$

由式(5.11)～式(5.14)可知，胶结充填料浆中的水泥遇水发生化学反应，主要生成水化硅酸钙凝胶(C-S-H)、氢氧化钙(CH)及钙矾石(AFt)等产物，通过对养护龄期 3d、7d 和 28d 的充填体试件进行 X 射线衍射分析证实了这些水化产物的生成。图 5.30 为不同养护龄期下充填体试件 X 射线衍射分析结果。

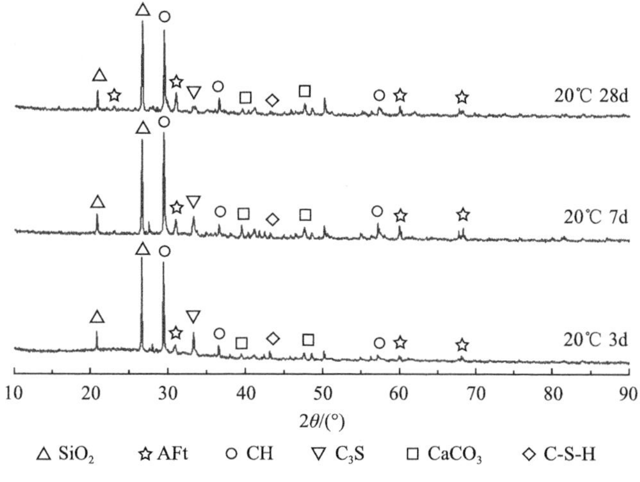

图 5.30 不同养护龄期下充填体试件 X 射线衍射分析结果

从图 5.30 可以看出，在常温养护条件下，养护龄期的改变对水化产物的类型影响较小，但不同种类的水化产物所对应的衍射峰强度随着养护龄期延长而有所变化，如养护龄期从 3d 增长至 28d 时，AFt 衍射峰强度增强，C_3S 衍射峰强度出现降低，这主要是因为随着养护龄期的延长，水泥不断参与水化反应，导致 C_3S 逐渐被消耗，相应的水化生成物 AFt 逐渐累积增多，而 CH 衍射峰强度则呈现先增大后减小的趋势，这主要是因为养护初期水化反应生成大量的 CH，但随着时间的延长，部分 CH 还会继续参与二次水化反应，从而造成在养护后期 CH 的数量又有所降低，对应的衍射峰强度出现减弱[18,19]。

5.5.2　充填体中纤维分布特征

充填体掺入一定含量的纤维后表现出不同的力学强度及变形特征，其根本原因在于不同掺量下纤维对充填体内部结构形态产生了影响，从而导致充填体的力学特性存在显著的差异。因此，试验过程中分别从不同纤维掺量的充填体试件破坏面上获取样品，以样品破坏面为观察面，将样品置于扫描电子显微镜样品台上进行观察，得到纤维在充填体中的分布特征，如图 5.31 所示。

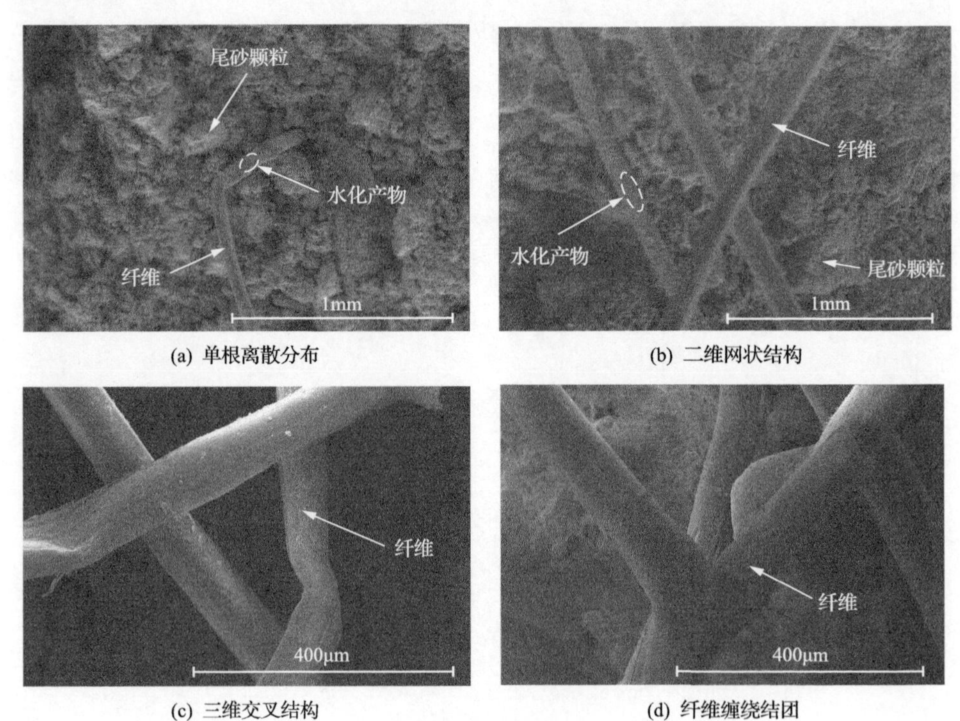

(a) 单根离散分布　(b) 二维网状结构

(c) 三维交叉结构　(d) 纤维缠绕结团

图 5.31　充填体内部纤维分布特征

由图 5.31 可知，不同掺量的纤维在充填体中主要存在单根离散分布、二维网状结构、三维交叉结构和纤维缠绕结团四种方式。当纤维掺量为 0.05%时，单位体积的充填料浆中分散的纤维数目较少，纤维主要呈单根离散分布，如图 5.31(a)所示，在充填料浆固结过程中无法形成稳定的网状结构，此时，纤维主要发挥一维锚固作用。随着纤维掺量的增加，当其达到 0.15%时，纤维的分布状态主要为多根纤维相互粘连形成稳定的二维网状或三维交叉结构，如图 5.31(b)和(c)所示，在充填料浆固结过程中起到物理支撑和加固作用；另外，这种纤维网状或交叉结构还会形成一种等效围压的作用力，在加载过程中能够约束充填体试件因轴向压缩产生的侧向变形，使充填体的体积稳定性得到提高。当纤维掺量超过临界掺量(0.15%)时，纤维在充填料浆搅拌过程中容易产生缠绕结团，造成纤维分散不均匀，如图 5.31(d)所示，无法达到最佳的增强效果。因此，通过扫描电子显微镜观察并结合不同纤维掺量下充填体抗压强度变化规律可以确定，在本次研究方案设置的纤维掺量梯度范围内，0.15%为最优掺量。

5.5.3　纤维-充填体界面相互作用

为分析纤维与充填体胶结界面之间的相互作用，将含有纤维的充填体试件破坏断口形貌局部放大，如图 5.32 所示。从图中可以看出，纤维表面被许多针棒状、絮团状的水化产物和尾砂颗粒的胶结混合物所包裹，这表明纤维与水化产物及其胶结物黏结性较好，在充填料浆固结过程中与料浆中的固相颗粒胶结形成复合结构体。

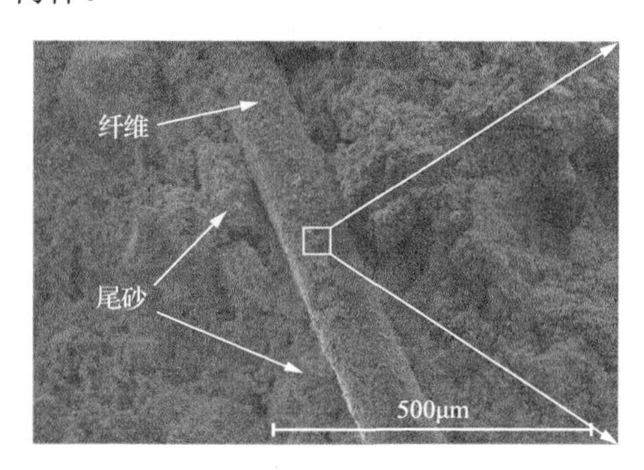

图 5.32　充填体试件破坏断口形貌

图 5.33 为纤维与充填体基体界面力学作用示意图。由图可知，由于水化产物的胶结作用，横跨于裂纹两侧的纤维在其两端形成类似“锚固”作用的区域，在加载前期，纤维和充填体基体共同受力，此时，纤维的主要作用是传递和分散荷载，降低充填体内部应力集中程度，使充填体整体受力均匀，力学性能得到改善。随着外部荷载的增加，充填体内部开始产生微裂纹，并在外力作用下不断扩展、延伸，此时，横跨于裂纹两侧的纤维因受拉将承担相应的拉应力，同时通过纤维

将部分荷载传递到裂纹两侧块体中，从而降低了裂纹两端的应力强度因子，有效地延缓或抑制了新裂纹的产生以及原有裂纹的进一步扩展，尤其是张性裂纹沿其原破裂面的扩展，使充填体试件的抗裂能力增强。

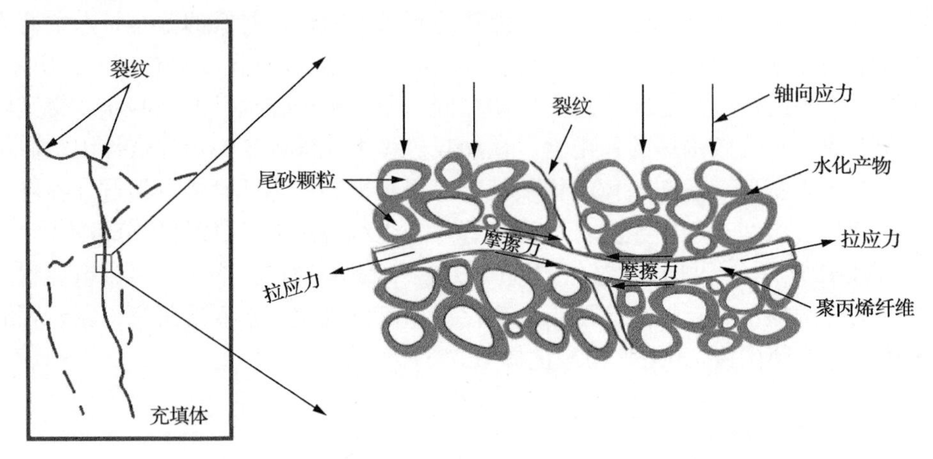

图 5.33　纤维与充填体基体界面力学作用示意图

随着轴向荷载的增加，当拉应力超过界面摩擦力时，纤维将会从充填体中拔出，并留下相应的凹槽，如图 5.34 示，在这个过程中将吸收或耗散大量变形能，使充填体试件韧性提高，抵抗破坏的能力增强。

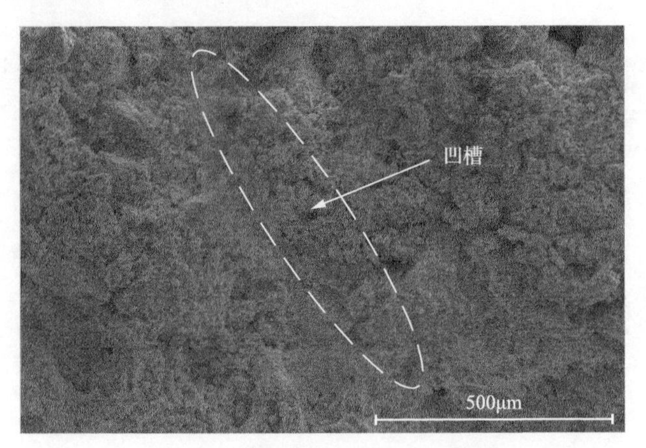

图 5.34　纤维拔出后留下的凹槽

另外，在拔出的过程中，纤维还会遭到坚硬尾砂颗粒的挤压，使其表面产生塑性变形，甚至形状不规则的尾砂颗粒还会刺入纤维产生划痕，如图 5.35 所示，两者均会导致纤维表面的摩擦系数增大，此时，裂纹若要进一步扩展，就需要提供更大的轴向应力来克服纤维与基体之间的界面摩擦力，充填体试件抗压强度因此得到提高。当充填体试件发生破坏后，裂缝两侧的块体通过纤维桥接而未发生完全分离，在机械咬合和摩擦的作用下仍具有承载能力，表现在应力-应变曲线上则是保持较高的残余强度。

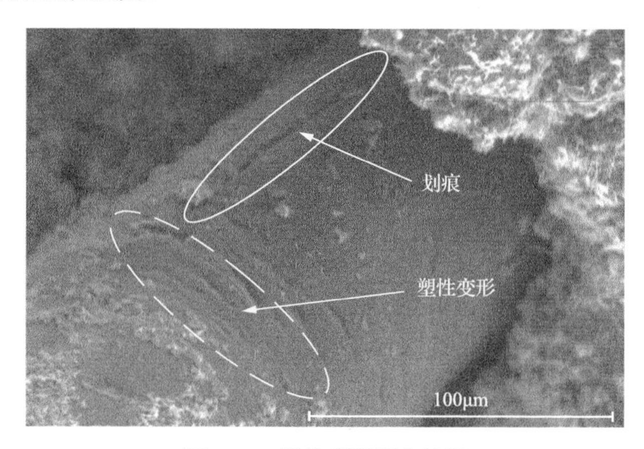

图 5.35　纤维表面形态特征

5.5.4　纤维对充填体孔隙结构的影响

充填体试件的压缩变形实质上是其内部孔隙结构变化的宏观响应，由于掺量不同，纤维的分布特征也存在差异，因此在充填料浆固结过程中，纤维对其内部孔隙结构产生不同的影响。为了定量分析掺入纤维对胶结充填料浆固结过程中孔隙结构的影响，对不同纤维掺量下充填体试件的孔径分布、特征孔径尺寸及孔隙率进行测试分析。

图 5.36 为不同纤维掺量下充填体试件孔径分布曲线，表 5.14 为不同纤维掺量下充填体试件孔隙结构特征参数。由图 5.36 和表 5.14 可知，未掺纤维的充填体试件孔径主要分布在 1.27～28.05μm，曲线峰值对应的孔径(最可几孔)为 8.35μm，随着纤维掺量的增加，充填体的孔径分布曲线峰值出现向左偏移的现象。当纤维掺量为 0.15%时，充填体的孔径主要分布在 1.31～15.56μm，最可几孔为 6.73μm，同时在 0.41～0.93μm 可观察到第二个高于其他两个曲线的峰值，其对应的孔径为 0.63μm。当纤维掺量达到 0.25%时，充填体的孔径主要分布在 0.72～15.09μm，最可几孔为 6.38μm，且在 43～135μm 也同样观察到了第二个峰值，这表明掺入适量的纤维有利于胶结充填料浆固结过程中大孔向小孔转变，改善充填体的孔隙分布结构，但当纤维掺量过高时，纤维缠绕结团(图 5.31(d))又会在一定程度上导致充填体中大孔的数量有所增加，这也进一步印证了 5.5.2 节中扫描电子显微镜观察的结果。此外，由表 5.14 可知，不同纤维掺量下充填体试件的最可几孔、平均孔径和中值孔径的大小依次是纤维掺量 0%＞纤维掺量 0.15%＞纤维掺量 0.25%，而总孔隙率大小却依次为纤维掺量 0%＞纤维掺量 0.25%＞纤维掺量 0.15%，纤维掺量为

0.15%的充填体试件表现出最低的孔隙率。结果表明利用孔隙率的大小更能表征充填体试件抗压强度的变化特征。

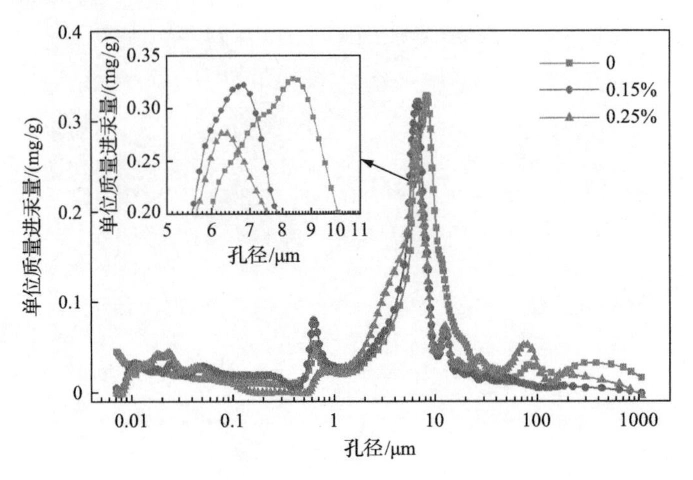

图 5.36　不同纤维掺量下充填体试件孔径分布曲线

表 5.14　不同纤维掺量下充填体试件孔隙结构特征参数

养护温度/℃	纤维掺量/%	养护龄期/d	最可几孔/μm	平均孔径/μm	中值孔径/μm	孔隙率/%
20	0	28	8.35	0.20	7.87	50.06
20	0.15	28	6.73	0.18	6.62	46.02
20	0.25	28	6.38	0.16	6.43	47.52

5.5.5　纤维充填体的破坏模式

充填体作为支撑采场上覆岩层的人工构筑物，了解其破坏特征在回采矿柱时对充填体的维护方案设计具有一定的参考。因此，为了分析不同灰砂配比和纤维掺量下充填体的破坏模式，试验过程中对单轴压缩破坏后的充填体试件进行拍照处理，得到不同条件下充填体试件典型的破坏模式，如表 5.15 所示。

表 5.15　不同纤维掺量下充填体试件破坏模式

养护龄期/d	灰砂配比 1：10				灰砂配比 1：20			
3	0	0.05%	0.15%	0.25%	0	0.05%	0.15%	0.25%

续表

养护龄期/d	灰砂配比 1∶10				灰砂配比 1∶20			
7	 0	0.05%	0.15%	0.25%	 0	0.05%	0.15%	0.25%
28	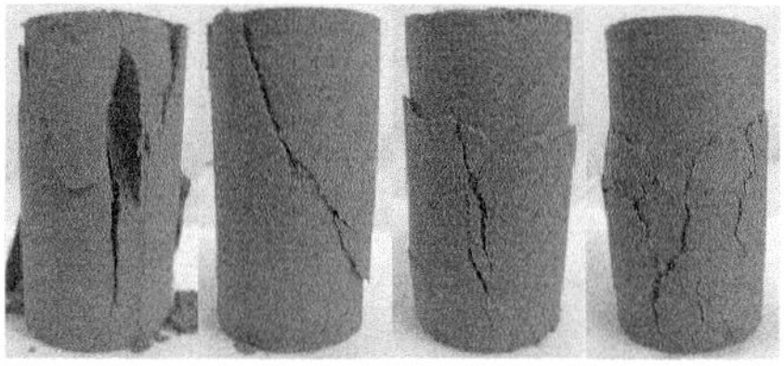 0	0.05%	0.15%	0.25%	 0	0.05%	0.15%	0.25%

从表 5.15 可以看出，充填体的破坏是其内部原生裂纹的扩展及新裂纹的产生、延伸，直至最终破坏的损伤累积过程。对比不同灰砂配比和纤维掺量下充填体试件破坏时形成的裂纹扩展路径可以看出，灰砂配比对充填体的破坏模式影响较小，纤维掺量和养护龄期的影响较为显著。根据裂纹扩展路径的变化特征，不同灰砂配比和纤维掺量下充填体试件典型的破坏模式主要表现为单斜面剪切破坏、张拉破坏和混合破坏(剪切-张拉)三种。

从表 5.15 还可以看出，当养护龄期为 3d 和 7d 时，未掺纤维的充填体试件主要表现为单斜面剪切破坏，在单轴加载过程中微裂隙沿着充填体胶结结构薄弱部位从顶部开始扩展、延伸至底部，表现为块体沿宏观破裂面的剪切滑移，破坏时形成一条与轴向存在夹角的主裂纹，将试件上、下分割成类似锥体的两部分。随着养护龄期的延长，试件破坏时形成的主裂纹与轴向的夹角逐渐变小，当养护龄期达到 28d 时，试件表现出典型的脆性张拉破坏，其破坏机制是在剪胀作用下，充填体内部将产生垂直于轴向的拉应力，当此拉应力超过裂纹的起裂强度时，便会有新裂纹产生，同时原生裂纹也从端部开始扩展、贯通，造成充填体的宏观破裂，整个加载过程中试件内部裂纹扩展迅速，破坏时能听到清脆的声响，并伴有碎屑发生崩落，最终形成的主裂纹长而宽，沿轴向贯穿整个试件，将其分割成若干块。当纤维掺量为 0.05%时，不同养护龄期下充填体试件均呈现斜面剪切破坏；当纤维掺量增加至 0.15%和 0.25%时，充填体试件主要表现为混合破坏(张拉-剪切)模式，试件破坏时没有产生明显的贯穿性裂纹，次生裂纹较为发育，与不掺纤维或掺量较低的试件相比，裂纹较短、较细；当纤维掺量达到 0.25%时，部分试件在加载过程中受到纤维的约束作用而产生压缩膨胀，呈现鼓状，整个充填体表现为裂而不断、断而不散，保持较高的完整性。

分析不同纤维掺量下充填体试件的应力-应变曲线可知，掺入纤维能改善充填体的脆性破坏，且充填体的延性随着纤维掺量的增加逐渐增强。因此，在实际工程中可通过掺加一定数量的纤维来提高胶结充填体的力学强度和体积稳定性，从而为防止外力扰动造成充填体破碎落入矿石，降低矿石贫化提供了一种潜在的方法。

5.6 纤维充填体断裂力学行为

制备灰砂配比为 1∶4，聚丙烯纤维等量替代水泥的比例为 0、0.15%、0.30%、0.45%、0.60%、0.75%和 0.90%，浓度为 75%的尾砂净浆，在恒温恒湿养护箱内养护 7d。按照纤维掺量不同，将试件进行分组，分别为 C0、C0.15、C0.30、C0.45、C0.60、C0.75 和 C0.90。按照 ASTM 规定的公式计算 K_{IC}，一般情况下，预制裂纹长度要在试样断裂后从断口上测量出来，各组试件断裂韧度如表 5.16 所示，不同纤维掺量充填体的断裂韧度如图 5.37 所示。

表 5.16　各组试件断裂韧度　（单位：$N/mm^{3/2}$）

试件编号	K_1	K_2	K_3	平均值 K_{IC}
C0	6.33	5.89	6.11	6.11
C0.15	6.62	6.15	6.28	6.35
C0.30	7.21	6.59	6.51	6.77
C0.45	8.10	7.50	8.07	7.89
C0.60	8.88	8.51	8.95	8.78
C0.75	9.24	8.95	9.11	9.10
C0.90	9.50	9.15	8.92	9.19

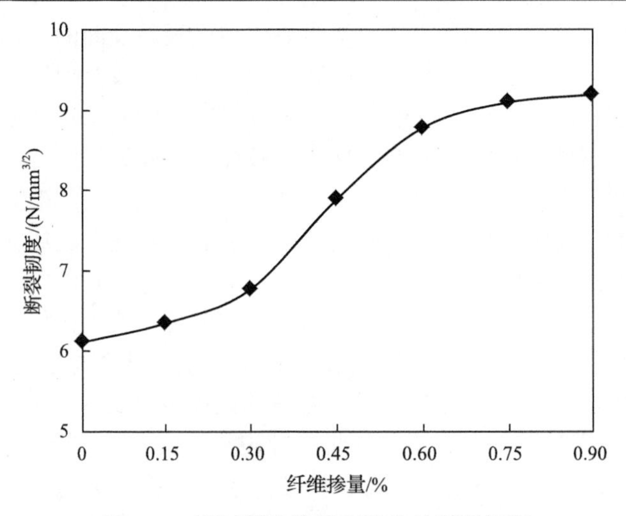

图 5.37　不同纤维掺量充填体的断裂韧度

由图 5.37 可知，随着纤维掺量的增加，充填体断裂韧度增大，可分为三个阶段：当纤维掺量从 0 增加到 0.30%时，充填体断裂韧度增长平缓，从 6.11N/mm$^{3/2}$ 增加到 6.77N/mm$^{3/2}$，增幅为 10.80%；当纤维掺量从 0.30%增加到 0.60%时，充填体断裂韧度加速增长，从 6.77N/mm$^{3/2}$ 增加到 8.78N/mm$^{3/2}$，增幅为 29.69%；当纤维掺量从 0.60%增加到 0.90%时，充填体断裂韧度增长平缓，从 8.78N/mm$^{3/2}$ 增加到 9.19N/mm$^{3/2}$，增幅为 4.67%。

纤维对于胶结充填体内部的增强作用，按其分布位置主要分为两点：第一，纤维桥联于裂缝之间，这部分纤维起主要阻裂作用，裂纹扩展处应力集中，纤维横跨于裂缝之间，此时裂纹扩展要么绕过纤维，要么拉断纤维，无论哪个过程，都需要消耗能量去克服纤维的“阻碍”，从而提高充填体的断裂韧度；第二，聚丙烯纤维分布在裂缝区域以外的位置，在尾砂颗粒与水泥基质的摩擦与胶结作用下，同样承担了充填体内部因三点荷载作用而产生的拉应力，能够有效传递和分散荷载，同时对矿物团簇的位移和变形起到约束作用，可视为纤维对充填体的“微锚固”作用。而随着掺量的增加，充填体断裂韧度增长方式经历了平缓、加速再到平缓的过程，这主要是因为掺量较少时，桥联裂缝的纤维较少，断裂韧度增长缓慢，随着掺量的增加，纤维加筋作用显著，断裂韧度显著提高，但随着掺量的继续增加，断裂韧度增大的同时，纤维在充填体内部交叉缠绕形成三维结构，间接增加了孔隙率并弱化水泥基质与纤维之间的界面作用力，导致断裂韧度增长再次变缓。基于此，纤维增韧与弱化共存，使得纤维掺量存在合理阈值，在纤维加筋土方面也印证了这一观点。

借助高速摄像-加载系统记录试样的破坏过程，得到荷载-时间曲线如图 5.38 所示，并利用显微镜对裂纹扩展实时放大观察，摄像速度设为 2200 帧/s，分辨率

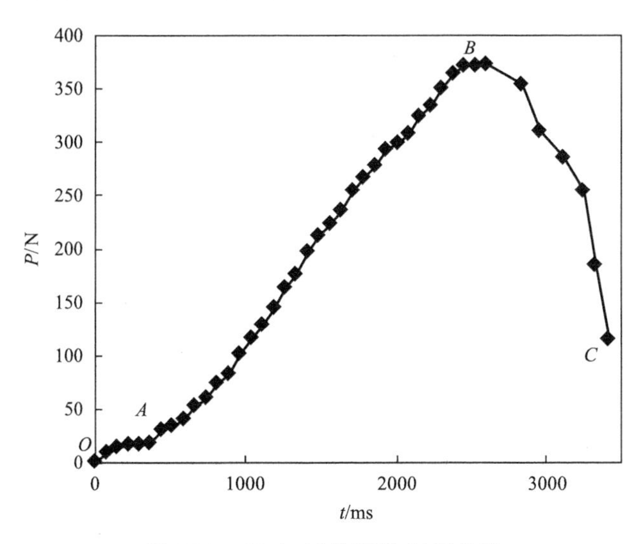

图 5.38　C0.45 试件荷载-时间曲线

为 1280×512，选取纤维掺量为 0.45%的试件进行分析，如图 5.39 所示。

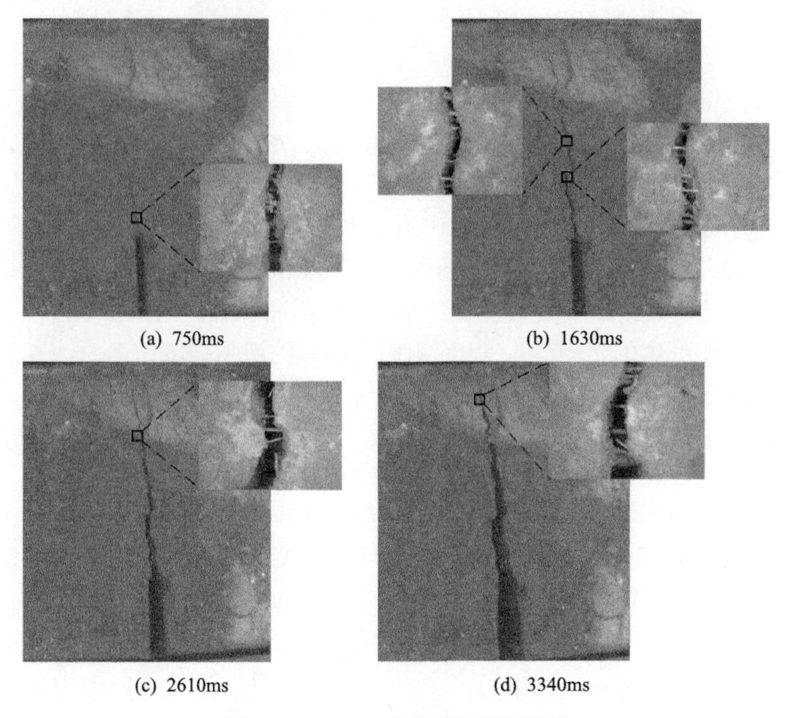

图 5.39　C0.45 试件裂纹扩展过程

由图 5.38 和图 5.39 可知，断裂裂纹的发育状态大致分为 3 个阶段。*OA* 段为初始压密阶段，该阶段时间在 500ms 之内，充填体试件整体承受三点弯曲荷载，试件尚未起裂，内部孔隙与颗粒压密填充，纤维未发挥出明显的增强作用，只在内部传递与分散应力。*AB* 段为亚临界扩展阶段，该阶段时间为 500～2300ms，荷载达到一定阈值后，在预制裂纹尖端处起裂，此阶段试件存在裂纹但并未失稳，持续时间最长，扩展速度相对较小。聚丙烯纤维本身弹性模量低，自身柔韧性好，纤维与水泥基质和矿物团簇胶结结合，在拔出过程中需要克服更多能量，如图 5.39(a)所示，此时裂纹张开口位移较小，纤维连接两断面之间并附有颗粒团簇，纤维能横跨裂纹之间起到“桥联”作用，如图 5.39(b)所示，裂纹扩展处应力集中，此时裂纹扩展要么绕过纤维，要么拉断纤维，无论哪个过程，都需要时间去克服纤维的“阻碍”，使得此阶段裂纹扩展时间最长。*BC* 段为失稳扩展阶段，该阶段时间为 2300～3420ms，此阶段试件达到峰值荷载后，与未掺纤维充填体断裂不同，并不是很快发生脆断，如图 5.39(c)和(d)所示，裂纹扩展至试件顶部，仍有纤维桥联在裂纹之间，此时纤维开始由下往上顺序拔出，这个过程中充填体试件裂而不离，离而不开，直至端部完全分离，此时荷载消失，试件断裂。

参考文献

[1] 于润沧. 我国充填工艺创新成就与尚需深入研究的课题[J]. 采矿技术, 2011, 11(3): 1-3.

[2] 李夕兵, 周健, 王少锋, 等. 深部固体资源开采评述与探索[J]. 中国有色金属学报, 2017, 27(6): 1236-1262.

[3] 徐文彬, 杨宝贵, 杨胜利, 等. 矸石充填料浆流变特性与颗粒级配相关性试验研究[J]. 中南大学学报(自然科学版), 2016, 47(4): 1282-1289.

[4] Consoli N C, Bassani M A, Festugato L. Effect of fiber-reinforcement on the strength of cemented soils[J]. Geotextiles and Geomembranes, 2010, 28(4): 344-351.

[5] Akbulut S, Arasan S, Kalkan E. Modification of clayey soils using scrap tire rubber and synthetic fibers[J]. Applied Clay Science, 2007, 38(1-2): 23.

[6] 鹿群, 郭少龙, 王闵闵, 等. 纤维水泥土力学性能的试验研究[J]. 岩土力学, 2016, 37(s2): 421-426.

[7] Hamidi A, Hooresfand M. Effect of fiber reinforcement on triaxial shear behavior of cement treated sand[J]. Geotextiles and Geomembranes, 2013, 36(1): 1-9.

[8] 黄晓燕, 倪文, 李克庆. 铁尾矿粉制备高延性纤维增强水泥基复合材料[J]. 工程科学学报, 2015, 37(11): 1491-1497.

[9] Kakooei S, Akil H M, Jamshidi M, et al. The effects of polypropylene fibers on the properties of reinforced concrete structures[J]. Construction and Building Materials, 2012, 27(1): 73-77.

[10] Li J J, Niu J G, Wan C J, et al. Investigation on mechanical properties and microstructure of high performance polypropylene fiber reinforced lightweight aggregate concrete[J]. Construction and Building Materials, 2016, 118: 27-35.

[11] 林艳杰, 李红云. 聚丙烯纤维轻骨料混凝土的抗压性能实验研究[J]. 硅酸盐通报, 2013, 32(10): 2160-2164.

[12] Zhang P, Li Q F. Effect of polypropylene fiber on durability of concrete composite containing fly ash and silica fume[J]. Composites Part B: Engineering, 2013, 45(1): 1587-1594.

[13] 蔡美峰. 岩石力学与工程[M]. 2 版. 北京: 科学出版社, 2013.

[14] 周辉, 孟凡震, 张传庆, 等. 基于应力-应变曲线的岩石脆性特征定量评价方法[J]. 岩石力学与工程学报, 2014, 33(6): 1114-1122.

[15] 王伟, 王中华, 曾媛, 等. 聚丙烯纤维复合土抗裂补强特性试验研究[J]. 岩土力学, 2011, 32(3): 703-708.

[16] 阮波, 彭学先, 米娟娟, 等. 聚丙烯纤维加筋红黏土抗剪强度特性试验研究[J]. 铁道科学与工程学报, 2017, 14(4): 705-710.

[17] 邓友生, 吴鹏, 赵明华, 等. 基于最优含水率的聚丙烯纤维增强膨胀土强度研究[J]. 岩土力学, 2017, 38(2): 349-353.

[18] 陈蛟龙, 张娜, 李恒, 等. 赤泥基似膏体充填材料水化特性研究[J]. 工程科学学报, 2017, 39(11): 1640-1646.

[19] Xu W B, Cao P W, Tian M M. Strength development and microstructure evolution of cemented tailing backfill containing different binder types and contents[J]. Minerals. 2018, 8(4): 167.

第 6 章　冻融循环全尾砂固结体的力学行为

为了克服尾矿传统排放引起的环境问题及安全问题，国内开始采用尾砂固结堆存技术和尾矿固结排放技术。尾矿固结堆存技术是指将选厂的尾矿经浓缩制成不离析、不脱水、高浓度的膏体，使用泵送或自流的方式将其输送到尾矿库，然后采用一定的方式将尾矿堆置成型，通过蒸发、固结等方式将含水率降到最低，从而在很大程度上提高尾矿坝的稳定性[1,2]。尾矿固结排放技术是指将尾矿固结处理后排放至塌陷坑，它改变了传统的尾矿库排放方式，消除了尾矿库安全隐患[3]。通过这种方式，矿山既不需要对尾矿库进行扩容，同时也解决了地表塌陷坑回填和土地复垦等问题。但是，在寒冷地区，土体、岩石表面和内部所含水分的冻结和融化交替出现，称为冻融循环，当气温上升到 0℃以上，且时间足够长时，土体及岩石表面的冰霜会融化成液态水，沿着土体的孔隙或毛细孔洞向内部渗透；当温度低于 0℃时，土体及岩石内部的水分会冻结成冰，体积膨胀，当膨胀应力较大时就会使内部产生新的裂隙。

在寒冷地区，用于堆积尾矿的尾矿坝或者尾砂固结堆体同样会经历季节性的冻融循环作用[4]。堆存或应用于地下的全尾砂固结体，由于受到外部环境的影响，固结体的内部结构及力学特性发生改变，这会对全尾砂固结体的稳定性及安全性带来极大的隐患。冻融循环作用作为一种强烈的风化方式，它对全尾砂固结体的结构及物理力学性质会产生很大的影响。冻融循环作用引起的全尾砂固结体的力学及声电特性规律研究，对尾砂固结处置坝的安全运行和长期稳定性控制及监测具有重要的指导作用。

6.1　试样制备与方法

将水泥和尾砂按质量配成灰砂配比为 1∶4、1∶8、1∶10，浓度为 78%，龄期为 3d、7d、28d 组合制作标准件，共 9 组，每组 15 个试件。试样制备步骤如下：①选择内径为 50mm、高度为 100mm 的柱状高透明亚克力管为模具；②将试模擦拭干净，在内壁均匀刷涂一薄层机油，以便于脱模；③将称量好的水泥、尾砂、自来水分别倒入搅拌机中进行充分搅拌；④用刮刀将料浆刮入试模，轻微振动使其均匀密实，随后将试件表面抹平并进行编号；⑤将试模静置 24h 后拆模，然后放入温度为(20±2)℃、湿度为 99%±1%的养护箱中养护，养护龄期为 3d、7d、28d。

对完成养护的试件进行冻融循环，每组试件进行的冻融循环次数分别为 0 次、5 次、10 次、15 次、20 次，每个冻融循环次数的试件个数均为 3 个。每次冻融循环需在–20℃的冰箱中冻结 6h，然后放置在室温 20℃的恒温恒湿养护箱中融化 6h。在试件达到规定的冻融循环次数后，对试件的质量、超声波、单轴抗压强度、表面及内部微观结构进行测量并记录[5-7]。

(1) 质量测量。先用电子秤对经过特定冻融循环次数后的固结体试件质量进行测量，然后将固结体试件放入烘干箱中进行烘干，接着再次测量其质量，通过烘干前后固结体试件的质量变化，可测出冻融循环后固结体的含水率。

(2) 超声波测量。超声波测量采用北京智博联公司生产的 ZBL-U510 非金属超声检测仪。该仪器可以采用超声脉冲技术对固结体进行数字化检测，可用于混凝土、岩石损伤、密实度、强度等的检测。

(3) 单轴压缩试验。采用电液伺服万能试验机来测定试件的单轴抗压强度，测量时采用轴心受压形式加载受检试件。为了确保试验数据的完整性和准确性，每个特定冻融循环次数后至少对 3 个试件进行单轴抗压强度测定，当试验数据离散性较大时，需适当增加试件的测试数目。单轴压缩试验加载方式采用位移控制，峰前加载速率为 0.1mm/s，峰后加载速率为 0.2mm/s。

(4) 微细观结构测量。采用相机对冻融循环过程中试件的表面结构进行拍照，并对比不同冻融循环次数下试件的表面裂隙发育演化过程。采用扫描电子显微镜获得试件的微观结构，扫描电子显微镜试验在中国科学院理化技术研究所的环境扫描仪上进行。测量过程为：先分别从冻融循环之后的试件上切取薄片，将切取好的试件用吹气球清刷其表面的粉屑，然后进行抽真空干燥，表面镀金处理，接着将试件固定于扫描电子显微镜的样品台上，依次进行观测，最后在不同放大倍数下观察固结体的微观结构。

6.2　冻融循环对固结体宏观结构的影响

冻融循环是一种剧烈的风化作用形式，会影响固结体的物理力学性质并对其宏观结构造成严重破坏。有学者对岩土体的冻融破损进行了大量的研究，指出岩土体的冻融破损一般是指在荷载、环境等损伤因素条件下，初始缺陷(如气泡、孔隙、微裂纹等)的萌生、扩展、贯通的发展劣化过程。

6.2.1　冻融循环过程中固结体质量、含水率的变化

质量和含水率是表征试样宏观物理特性的两个重要指标，对评价冻融循环对固结体的损伤影响具有重要的意义[8]。对固结体在不同次数冻融循环后的质量和含水率进行测量计算，结果如表 6.1 所示，表中 m 表示固结体质量。Δm_n 表示冻

融循环后的质量变化量，由式(6.1)计算所得。

$$\Delta m_n = m_0 - m_n \tag{6.1}$$

式中，m_0 为未进行冻融循环的固结体试件的质量(g)；m_n 为 n 次冻融循环后的固结体试件质量(g)。

$$w_{cn} = \frac{m_0 w_0 + \Delta m_n}{m_n} \tag{6.2}$$

式中，w_{cn} 为 n 次冻融循环后试件的理想含水率(%)；w_0 为未进行冻融循环的试件的含水率(%)。

$$w_n = \frac{m_n - m_{n1}}{m_n} \tag{6.3}$$

式中，w_n 为 n 次冻融循环后固结体试件的实际含水率(%)；m_{n1} 为试件烘干之后的质量(g)。

表 6.1　不同冻融循环次数后试件的质量和含水率

试件编号	3d			7d			28d		
	m/g	w_{cn}/%	w_n/%	m/g	w_{cn}/%	w_n/%	m/g	w_{cn}/%	w_n/%
C478-0	400	13.58	13.58	411.5	11.75	11.75	400	9.75	9.75
C478-5	413.5	16.40	16.50	425	14.55	14.60	415.5	13.12	13.15
C478-10	416.5	17.00	17.14	427.5	15.05	15.13	418	13.64	13.76
C478-15	419	17.50	17.75	429	15.35	15.62	420.5	14.15	14.40
C478-20	420.5	17.79	18.13	431	15.74	16.08	421.5	14.35	14.66
C878-0	405	14.78	14.78	404	14.24	14.24	404.5	13.66	13.66
C878-5	419	17.63	17.75	419	17.31	17.50	419.5	16.75	16.81
C878-10	420	17.82	18.06	420.5	17.61	17.92	421.5	17.14	17.42
C878-15	421.5	18.12	18.63	422.5	18.00	18.33	423	17.44	17.85
C878-20	422.5	18.31	19.15	423.5	18.19	18.76	424	17.63	18.04
C1078-0	402	15.41	15.41	402.5	15.30	15.30	410	15.13	15.13
C1078-5	414.5	17.96	18.01	413	17.45	17.51	418.5	16.92	16.94
C1078-10	416	18.26	18.95	417.5	18.46	18.75	421.5	17.44	17.65
C1078-15	417	18.45	20.03	420.5	18.93	19.51	423	17.74	18.03
C1078-20	418.5	18.75	20.88	422.5	19.31	20.60	424.5	18.03	18.26

从表 6.1 中可以看出，在冻融循环过程中，固结体试件的质量和含水率随冻融循环次数的增加而不断增大，理想含水率小于实际含水率。这是因为冻融循环

初期的固结体为未饱和状态，冻结后的固结体表面温度较低，在冻融循环的融化阶段，周围环境的水分会因为遇冷液化聚集在固结体表面，从而使固结体质量和含水率不断上升；冻融循环使固结体结构不断疏松，孔隙不断增大，外界水分不断向内迁移也造成质量和含水率的不断上升。冻融循环对固结体表面的损伤不断累积，会出现一些边缘块体、颗粒脱落等，造成质量损失。在两者的共同作用下，冻融循环后固结体的理想含水率大于实际含水率。冻融循环后固结体试件质量的增加值是吸收水分的质量与结构损失质量的差值。

6.2.2　冻融循环对固结体表面结构的影响

在冻融循环过程中，由于固结体外表面与外界环境直接接触，其受冻融循环的影响相对较强，所以研究冻融循环过程中外表面的结构变化对固结体的强度变化有重要意义。通过试验发现，经过多次冻融循环后试件端面会出现肉眼可见的细微裂纹，随着冻融循环次数的继续增加，试样端面会出现掉皮并伴有疏松掉渣现象，如图 6.1 所示。

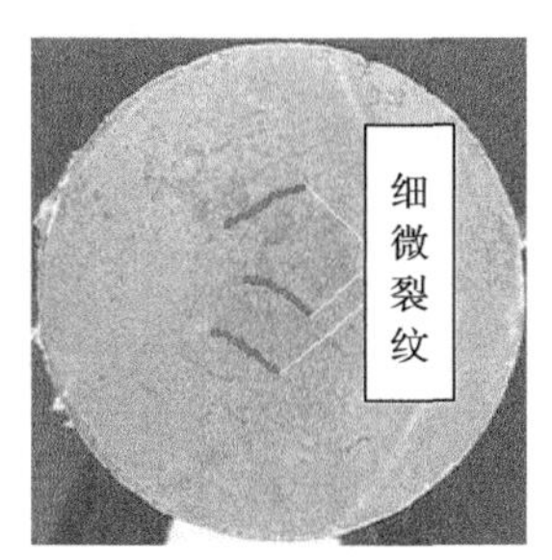

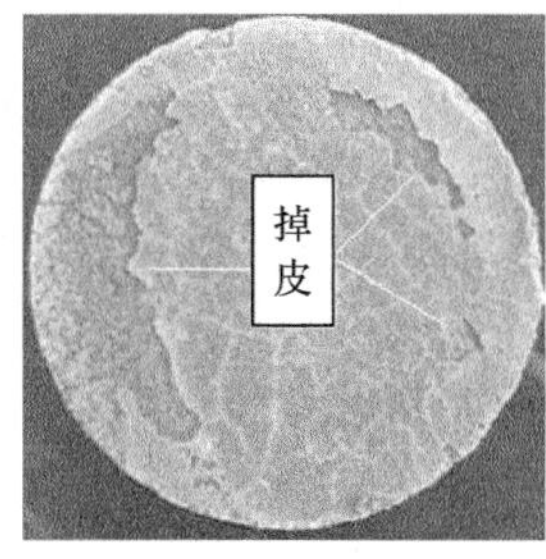

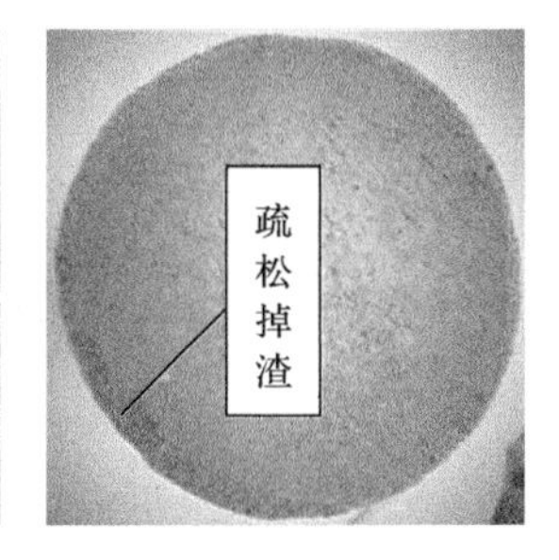

图 6.1　冻融循环后试件端面特征

固结体试件灰砂配比为 1∶4，养护龄期为 3d，在冻融循环过程中试件上端面的变化过程如图 6.2 所示。冻融循环初期，固结体试件上端面出现轻微龟裂现象，并未出现明显裂纹；当冻融循环次数达到 7 次时，固结体试件表面出现掉皮现象，随着冻融循环次数的增加，掉皮面积增大，内部颗粒出现松动并脱落；而当冻融循环次数达到 20 次时，上端面有接近 1/3 的表面出现掉皮。

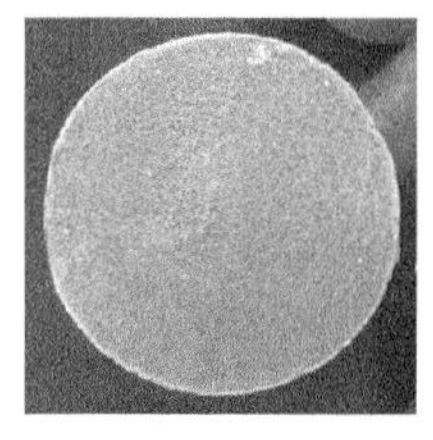

(a) 冻融循环5次

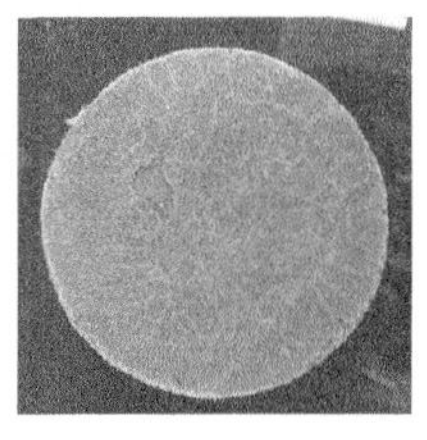

(b) 冻融循环10次

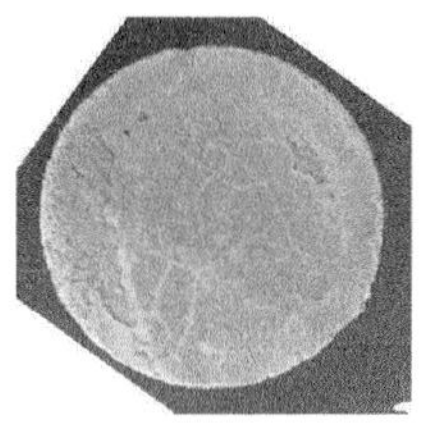

(c) 冻融循环15次

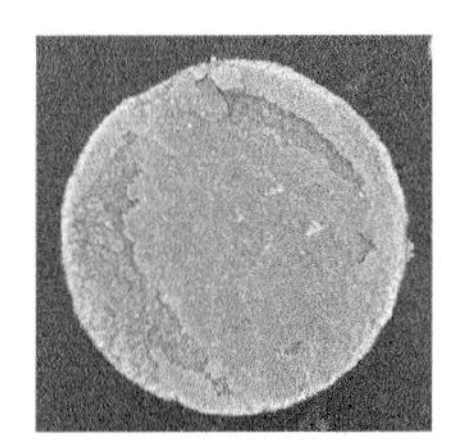

(d) 冻融循环20次

图 6.2　养护龄期为 3d 的 C478 固结体试件上端面变化过程

固结体试件灰砂配比为 1∶8，养护龄期为 7d，在冻融循环过程中试件上端面的变化过程如图 6.3 所示。当冻融循环次数达到 5 次左右时，固结体上端面出现微裂纹；当冻融循环次数达到 10 次时，上端面微裂纹加深加宽，成为明显可见的裂纹并向周围延伸；当冻融循环次数达到 15 次时，裂纹继续加宽加深，端面不再平整，向上膨胀凸起，端面边缘开始出现块体脱落现象；当冻融循环次数达到 20 次时，裂纹宽度增加更加明显，边缘块体脱落更加严重。

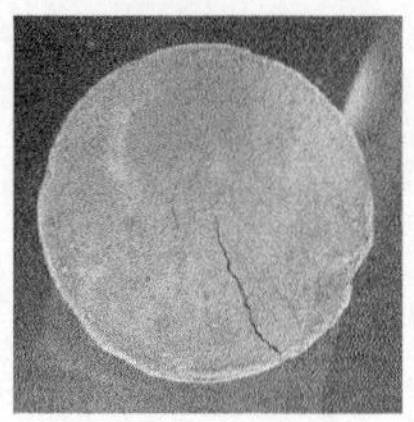
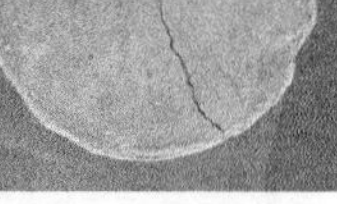
(a) 冻融循环5次

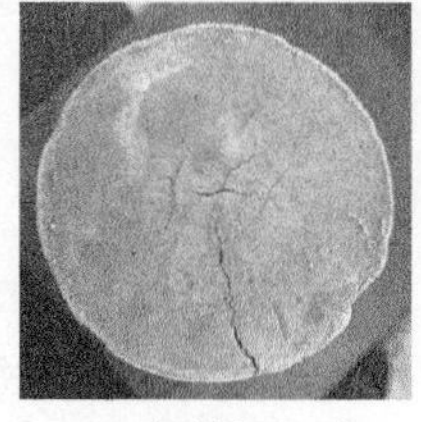
(b) 冻融循环10次

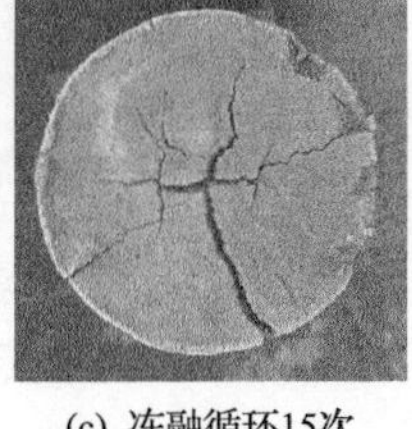
(c) 冻融循环15次

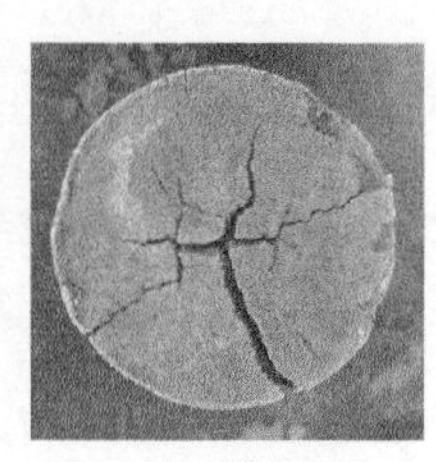
(d) 冻融循环20次

图 6.3　养护龄期为 7d 的 C878 固结体试件上端面变化过程

固结体试件灰砂配比为 1∶10，养护龄期为 28d，在冻融循环过程中试件上端面的变化过程如图 6.4 所示。当冻融循环次数达到 5 次时，固结体上端面出现一条较长的主裂纹，随着冻融循环次数的增加，主裂纹不断加宽加深，并伴随有次生裂纹的不断增加。

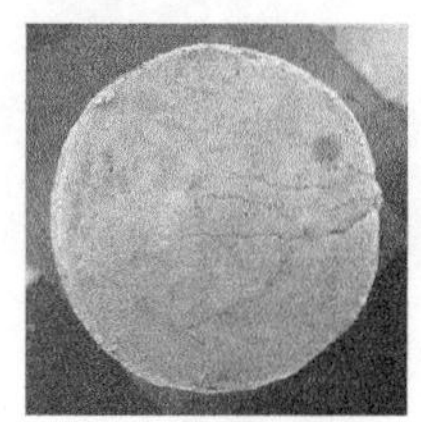
(a) 冻融循环5次

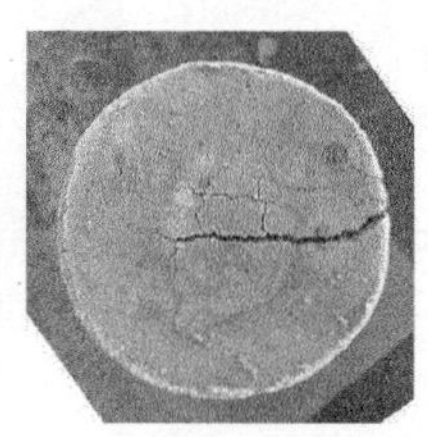
(b) 冻融循环10次

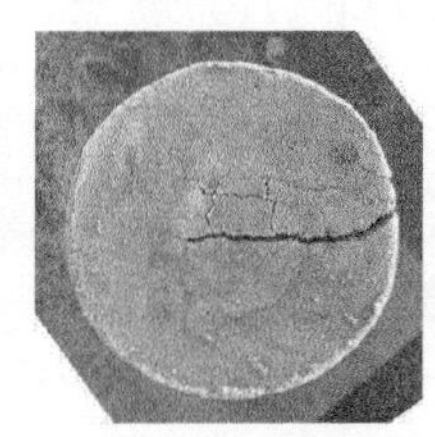
(c) 冻融循环15次

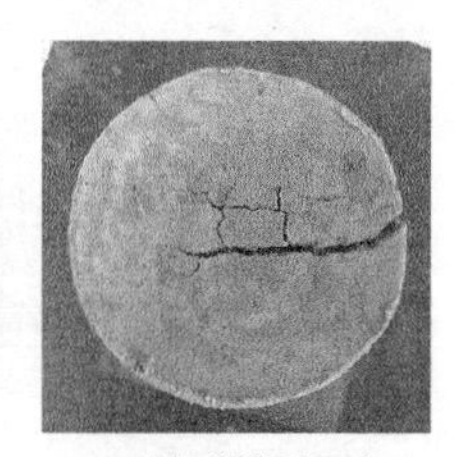
(d) 冻融循环20次

图 6.4　养护龄期为 7d 的 C1078 固结体试件上端面变化过程

固结体试件在冻融循环过程中外表面的变化特征直观地体现了固结体外表面的损伤过程，如图 6.5 所示。以灰砂配比为 1∶10 的固结体试件为例，试件外表面在冻融循环次数达到 5 次左右时会出现微裂隙，随着冻融循环次数的增加，微裂隙不断扩展，裂纹条数也不断增加，进而裂隙不断加深拓宽并向不同方向快速扩展。同时，随着冻融循环次数的增加，试件的外表面会有一定的鼓胀现象产生，如图 6.5 中冻融循环 20 次后的试件图片。当环境温度降低时，试件外表面与外界接触处最先开始冻结，接着储存在其孔隙内部的水发生冻结，这使得固结体表面产生较大的拉应力，由于尾矿固结体胶结强度较弱，因此冻结时产生的冻胀力对尾矿固结体产生的破坏作用较强，在拉应力的作用下，固结体表面颗粒发生的错动不断积累从而产生微裂纹；当环境温度升高时，外界的水分在固结体融化过程中液化并附着在固结体上传递到内部，由于固结体外表面的微裂隙在融化过程中会集聚大量的水分，在下次冻结过程中，微裂隙处的水分冻结膨胀，产生的冻胀力致使微裂隙宽度加宽，并在外表面和内部贯通、扩展，如此反复，在多次冻融循环后，固结体试件表面就形成了如图6.5所示的裂纹。随着冻融循环次数

(a) 灰砂配比1∶4，养护龄期3d

(b) 灰砂配比1∶4，养护龄期7d

(c) 灰砂配比1∶4，养护龄期28d

(d) 灰砂配比1∶8，养护龄期3d

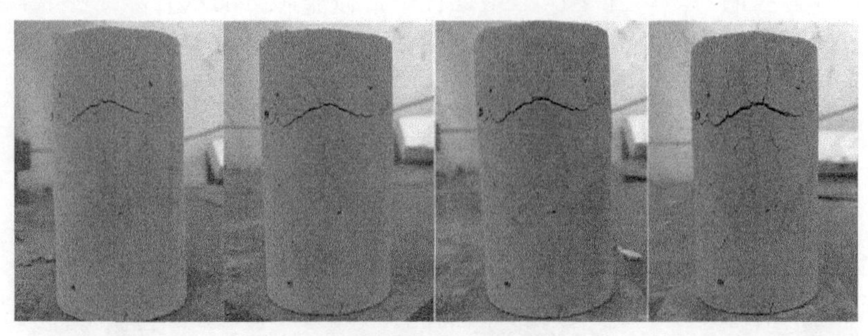

(e) 灰砂配比1∶8，养护龄期7d

(f) 灰砂配比1∶8，养护龄期28d

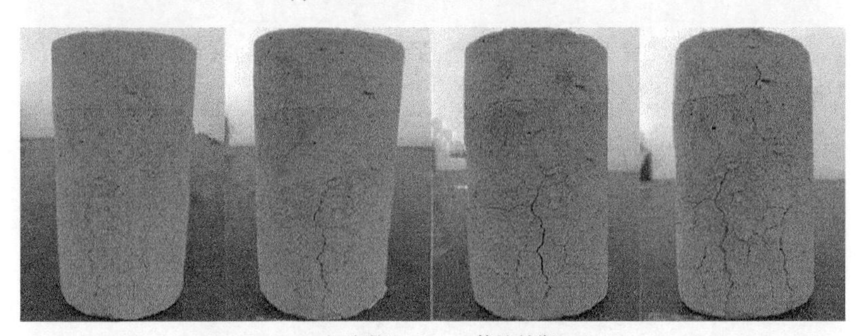

(g) 灰砂配比1∶10，养护龄期3d

(h) 灰砂配比1∶10，养护龄期7d

(i) 灰砂配比1∶10，养护龄期28d

图 6.5　固结体试件在不同冻融循环次数后表面破坏特征

的增加，裂纹不断向内部扩展，在每一次融化过程中试样内部的水分越来越多，其内部孔隙空间随每次水分的冻结不断增大，当达到一定程度时，大量的水分冻结膨胀产生的冻胀应力挤压外表面，从而产生鼓包现象。在这种条件下，固结体的结构不断被破坏，从而降低了其强度。从宏观表面上，随着冻融循环的进行，尾矿固结体表面特征发展过程为：微裂隙萌生→裂隙加宽、加深→裂隙延伸、发展→外表层破坏。

6.3　冻融循环固结体强度演化特性

6.3.1　养护龄期对固结体强度的冻融效应

养护龄期为 3d、7d、28d 的全尾砂固结体分别在 0 次、5 次、10 次、15 次、20 次冻融循环后的强度变化规律如表 6.2 所示，表中编号 C478-0 表示灰砂配比为 1∶4、浓度为 78%、冻融循环次数为 0 次的固结体试件。从表中可知，在未进行冻融循环时，编号为 C478-0 的固结体试件在养护龄期 3d、7d、28d 的强度分别为 1.83MPa、2.5MPa、3.82MPa，养护龄期为 7d 的试件强度是养护龄期为 3d 的试件强度的 1.37 倍，养护龄期为 28d 的试件强度分别为养护龄期为 7d 和 3d 的试样强度的 1.53 倍和 2.09 倍。当冻融循环 20 次时，编号为 C478-20 的固结体试件在养护龄期 3d、7d、28d 的强度分别为 1.05MPa、1.49MPa、2.46MPa，养护龄期为 7d 的试件强度是养护龄期为 3d 的试件强度的 1.42 倍，养护龄期为 28d 的试件强度分别为养护龄期为 7d 和 3d 的试件强度的 1.65 倍和 2.34 倍。结果表明，在相同的冻融循环次数下，不同养护龄期的固结体试件强度关系为 $\sigma_{28} > \sigma_7 > \sigma_3$。养护龄期较短时，固结体内部会生成大量的钙钒石($Ca_6Al_2(SO_4)_3 \cdot (OH)_{12} \cdot 26H_2O$)、少量水化硅酸钙和氢氧化钙，钙钒石能固结大量的自由水，从而使固结体在早期拥有一定的强度；养护龄期较长时，固结体内部水化反应程度增加，氢氧化钙和水化铝酸钙形成的胶凝产物不断增加并结晶，进而与水化硅酸钙相结合，使固结体的强度不断增长。固结体试件的水化反应进行得越充分，钙钒石、水化硅酸钙以及氢氧化钙等水化产物的生成量越多，内部结构越密实，抗破坏能力越强。在经历相同次数的冻融循环后，养护龄期长的固结体试件内部结构损伤较小，所以仍然保持较高的强度。

表 6.2 不同养护龄期的全尾砂固结体冻融循环后的强度变化规律

试件编号	单轴抗压强度/MPa			强度比		
	3d	7d	28d	σ_7/σ_3	σ_{28}/σ_7	σ_{28}/σ_3
C478-0	1.83	2.5	3.82	1.37	1.53	2.09
C478-5	1.51	2.1	3.32	1.39	1.58	2.20
C478-10	1.33	1.85	2.96	1.47	1.60	2.23
C478-15	1.17	1.63	2.64	1.49	1.62	2.26
C478-20	1.05	1.49	2.46	1.42	1.65	2.34
C878-0	0.78	1.56	2.15	2.00	1.38	2.76
C878-5	0.52	1.15	1.61	2.21	1.40	3.10
C878-10	0.38	0.97	1.38	2.55	1.42	3.63
C878-15	0.31	0.84	1.24	2.71	1.48	4.00
C878-20	0.25	0.66	1.11	2.64	1.68	4.44
C1078-0	0.45	0.86	1.32	1.91	1.53	2.93
C1078-5	0.34	0.71	1.11	2.09	1.56	3.26
C1078-10	0.26	0.58	0.98	2.23	1.69	3.77
C1078-15	0.19	0.48	0.86	2.53	1.79	4.53
C1078-20	0.15	0.39	0.78	2.60	2.00	5.20

6.3.2 灰砂配比对固结体强度的冻融效应

不同灰砂配比的全尾砂固结体试件在冻融循环后的强度如图 6.6 所示。从图中可知，当养护龄期为 3d、冻融循环次数为 0 次时，灰砂配比为 1∶4、1∶8、1∶10 的固结体试件强度分别为 1.83MPa、0.78MPa、0.45MPa；当养护龄期为 28d、冻融循环次数为 15 次时，灰砂配比为 1∶4、1∶8、1∶10 的固结体试件强度分别为 2.64MPa、1.24MPa、0.86MPa。图中各组试件存在同样的规律，即当养护龄期和冻融循环次数相同时，灰砂配比越大，固结体试件强度越大，即 $\sigma_{1:4} > \sigma_{1:8} > \sigma_{1:10}$。固结体试件由尾砂颗粒和胶凝材料与水发生水化反应生成的化学产物构成，水化反应生成的化学产物将尾砂颗粒间的孔隙不断填充，并且灰砂配比越大，胶凝材料越多，水化产物越多，固结体中尾砂颗粒间的孔隙越小，结构越密实，抵抗破坏的能力越强，所以相同条件下，灰砂配比越大的固结体试件强度越大。

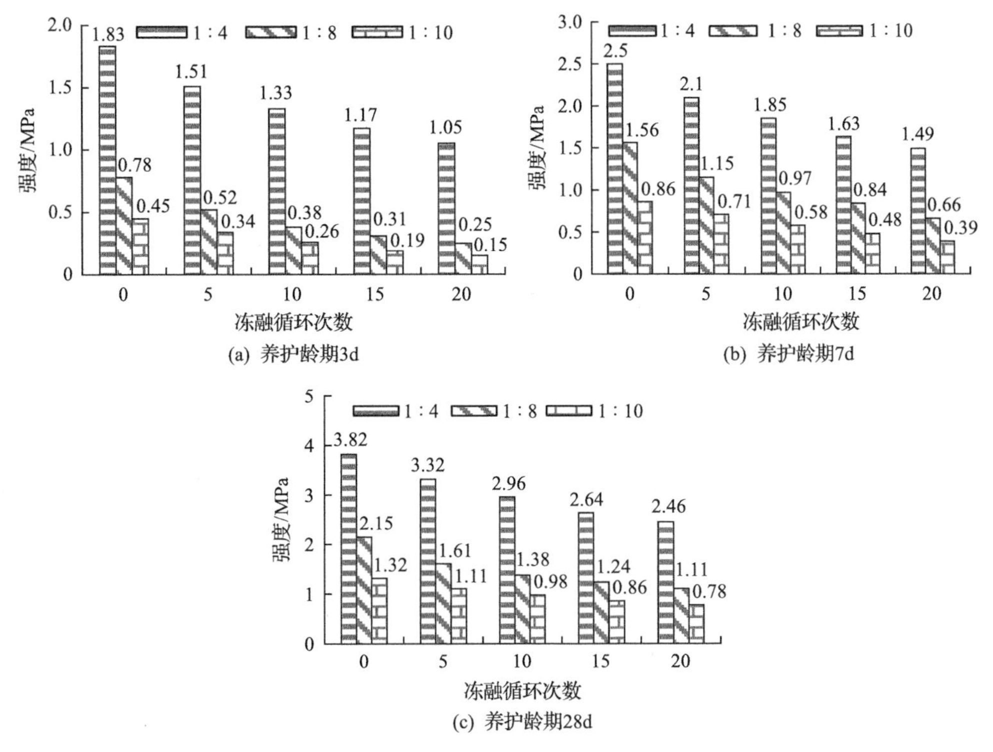

图 6.6　不同灰砂配比的固结体试件在冻融循环后的强度

6.3.3　冻融循环次数对固结体强度的冻融效应

为分析固结体在不同冻融循环次数后的强度变化规律，冻融循环的试样强度损失量按式(6.4)计算：

$$\Delta\sigma_n = \sigma_0 - \sigma_n \tag{6.4}$$

式中，$\Delta\sigma_n$ 为 n 次冻融循环后固结体试件的强度损失量(MPa)；σ_0 为养护结束后未进行冻融循环时固结体试样的强度(MPa)；σ_n 为 n 次冻融循环后固结体试件的强度(MPa)。

冻融循环后固结体试件的强度衰减系数按式(6.5)计算：

$$f = 1 - \frac{\sigma_n}{\sigma_0} \tag{6.5}$$

式中，f 为 n 次冻融循环后固结体试件的强度衰减系数。

全尾砂固结体在不同冻融循环次数后的强度变化规律如表 6.3 所示。

表 6.3　全尾砂固结体在不同冻融循环次数后的强度变化规律

试件编号	3d			7d			28d		
	强度/MPa	损失量/MPa	衰减系数	强度/MPa	损失量/MPa	衰减系数	强度/MPa	损失量/MPa	衰减系数
C478-0	1.83	0	0	2.5	0	0	3.82	0	0
C478-5	1.51	0.32	0.17	2.10	0.40	0.16	3.32	0.50	0.13
C478-10	1.33	0.18	0.27	1.85	0.25	0.26	2.96	0.36	0.23
C478-15	1.17	0.16	0.36	1.66	0.19	0.34	2.64	0.32	0.31
C478-20	1.05	0.12	0.43	1.49	0.17	0.40	2.46	0.18	0.36
C878-0	0.78	0	0	1.46	0	0	2.15	0	0
C878-5	0.52	0.26	0.33	1.15	0.31	0.21	1.53	0.62	0.29
C878-10	0.38	0.14	0.51	0.97	0.18	0.34	1.38	0.15	0.36
C878-15	0.31	0.07	0.60	0.84	0.13	0.42	1.24	0.14	0.42
C878-20	0.25	0.06	0.68	0.66	0.18	0.55	1.11	0.13	0.48
C1078-0	0.45	0	0	0.86	0	0	1.32	0	0
C1078-5	0.34	0.11	0.25	0.71	0.15	0.18	1.11	0.21	0.16
C1078-10	0.26	0.08	0.42	0.58	0.13	0.33	0.98	0.13	0.26
C1078-15	0.19	0.07	0.58	0.48	0.1	0.44	0.86	0.12	0.35
C1078-20	0.15	0.04	0.67	0.39	0.09	0.55	0.78	0.08	0.41

对比表 6.3 的强度和衰减系数，可知各组固结体的强度存在相同的规律。当灰砂配比和养护龄期一定时，随着冻融循环次数的增多，固结体强度将不断减小，强度衰减系数基本上不断增大。纵向对比表 6.3 中每 5 次冻融循环的强度损失量可知，固结体的强度损失量在前 5 次冻融循环最大，随后在 5～10 次、10～15 次、15～20 次强度损失量逐渐减小，如灰砂配比为 1:4，养护龄期分别为 3d、7d、28d 的固结体试件在前 5 次冻融循环的强度损失量分别为 0.32MPa、0.4MPa、0.5MPa，均大于各组 5～10 次、10～15 次、15～20 次的强度损失量。这主要是因为在未进行冻融循环时，固结体试件含水率较低，而后在进行冻融循环的融化过程中，固结体周围环境中的水蒸气遇冷液化后附着在固结体的表面并不断向内迁移，造成固结体试件含水率急剧上升。在冻结过程中，固结体内部新增的水分冻结成冰后，由于体积膨胀对固结体结构造成巨大损伤，导致强度急剧下降。当固结体表面逐渐趋于饱和时，外界水分只能缓慢地迁移进入固结体内部，导致融化过程中水分增加较少，冻结过程中固结体的新增水分冻结膨胀对结构损伤较小，所以在 5 次之后冻融循环过程中，固结体的强度损失量逐渐减小。

为了得到冻融循环过程中全尾砂固结体强度与冻融循环次数的关系，分别对不同灰砂配比、不同养护龄期的固结体强度与冻融循环次数进行非线性拟合，建立强度与冻融循环次数的数学函数模型。图 6.7 为不同灰砂配比、不同养护龄期的固结体强度与冻融循环次数的拟合曲线。从图中可以看出，随着冻融循环次数的增加，固结体强度不断减小，且减小幅度逐渐减弱；固结体强度与冻融循环次数遵循指数关系，曲线回归效果较好，拟合相关系数均在 0.94 以上，能够较好地反映固结体强度与冻融循环次数的关系。

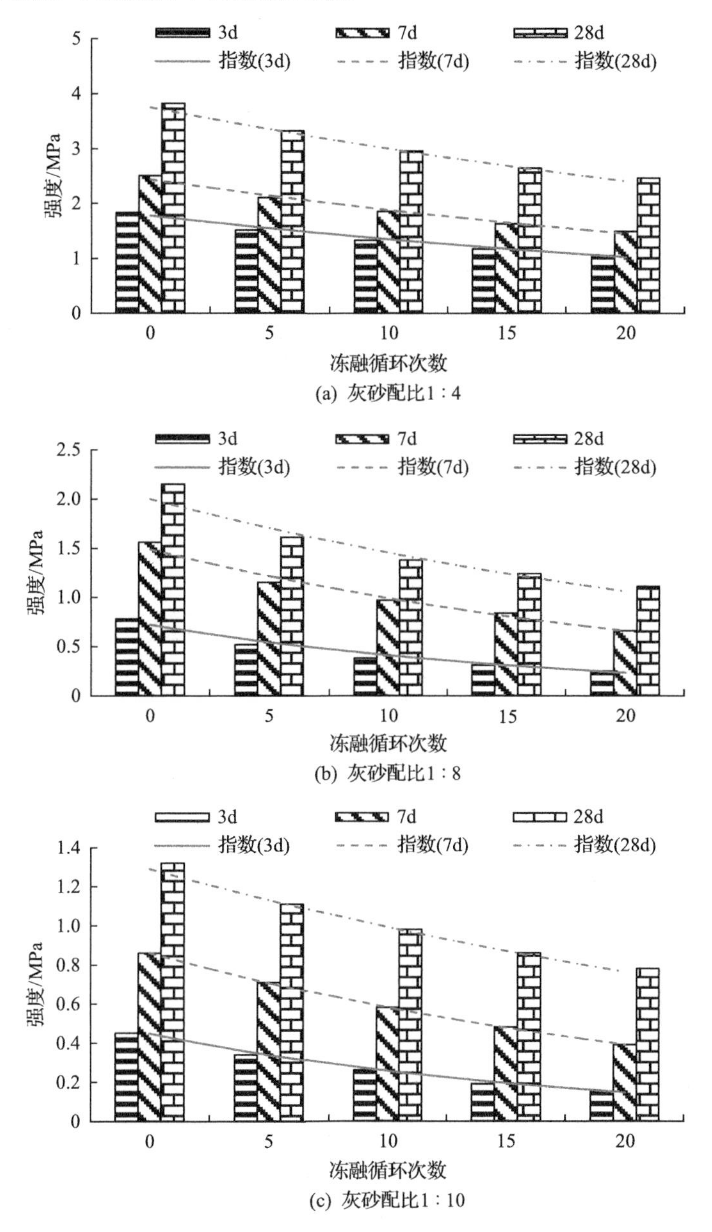

图 6.7　固结体强度与冻融循环次数的拟合曲线

固结体强度与冻融循环次数的拟合关系式如表 6.4 所示。从表中可以看出，固结体强度与冻融循环次数的拟合曲线可表示为

$$\sigma_n = a\mathrm{e}^{-bn} \quad (a>0,\ b>0) \tag{6.6}$$

式中，n 为冻融循环次数。

表 6.4　固结体强度与冻融循环次数的拟合关系式

灰砂配比	养护龄期/d	拟合关系式	a	b	R^2
1：4	3	y=2.0367e$^{-0.137x}$	2.0367	0.137	0.9878
	7	y = 2.7695e$^{-0.129x}$	2.7695	0.129	0.9872
	28	y = 4.1874e$^{-0.111x}$	4.1874	0.111	0.988
1：8	3	y = 0.9535e$^{-0.279x}$	0.9535	0.279	0.9768
	7	y = 1.8279e$^{-0.203x}$	1.8279	0.203	0.9832
	28	y = 2.3435e$^{-0.158x}$	2.3435	0.158	0.9485
1：10	3	y = 0.5929e$^{-0.278x}$	0.5929	0.278	0.9998
	7	y = 1.0504e$^{-0.197x}$	1.0504	0.197	0.9987
	28	y = 1.4692e$^{-0.131x}$	1.4692	0.131	0.9904

从表 6.4 中可发现，相同灰砂配比时，随着养护龄期的增加，系数 a 不断增大，系数 b 不断减小；固结体强度与系数 a 呈正相关关系，与系数 b 呈负相关关系。

6.4　冻融循环固结体损伤机理

6.4.1　冻融循环对固结体单轴压缩破坏形式的影响

由于冻融后固结体的结构不同，试件在进行单轴压缩试验时表现出不同的形态。根据试验结果，可以将试件单轴压缩后的形态分为以下四种模式。

(1) 劈裂破坏。试件在轴向方向存在一个或多个劈裂面，以张拉破坏为主。

(2) 剪切破坏。试件存在一个或两个相互连接贯通的剪切面。

(3) 楔形破坏。试件在压缩过程中形成楔形裂纹并发生破坏。

(4) 挤压破坏。试件在压缩过程中出现多条裂纹，并出现挤压块落、端部鼓凸、表皮剥落等现象。

冻融循环后固结体进行单轴压缩后的破坏形态如图 6.8 所示。冻融循环初期，试件单轴压缩后表层的破坏较小，破坏形态以劈裂破坏和楔形破坏居多，随着冻融循环次数的增加，试样单轴压缩后表层贯穿裂纹增多，贯穿裂纹周边伴随有较多的细小裂纹，表层出现剥落，端部出现鼓凸、块落，破坏形态以楔形破坏和挤压破坏为主要形式。其中以灰砂配比 1：10 的固结体试件较为明显，未进行冻融循环时，单轴压缩后的固结体完整性较好；5 次冻融循环后，养护龄期为 3d 和 7d 的固结体有两条贯穿裂纹产生，端部出现破碎块落；15 次冻融循环后，压缩后的试件表层剥落严重，端部片裂的现象加重，养护龄期为 3d 的试件上半部分外表层完全剥落，上端面破损严重；20 次冻融循环后，养护龄期 3d 的固结体试件压缩后出现外表层的整体剥落，养护龄期为 7d 和 28d 的试件端部经压缩后鼓凸破碎现象严重。

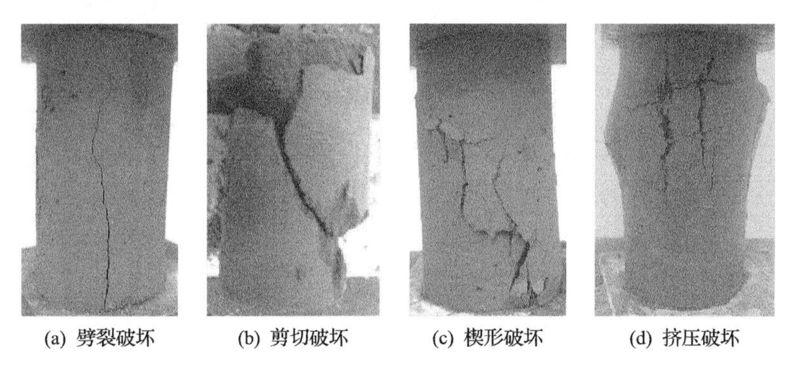

(a) 劈裂破坏　(b) 剪切破坏　(c) 楔形破坏　(d) 挤压破坏

图 6.8　固结体试样单轴压缩的形态特征

出现这种情况的原因是：冻融循环造成固结体的损伤不断积累，固结体外表层与外界直接接触，水分积累较多，冻结过程中体积膨胀形成较大的冻胀力，对固结体表面造成严重的破坏，而固结体内部主要是由于孔隙水和经外表层迁移进入的水分膨胀对结构造成损伤，所以内部结构损伤程度较轻。多次冻融循环后，固结体外表层疏松软化，在压缩过程中，端部受挤压出现鼓凸、膨胀、块落，外表层则出现剥落。灰砂配比和养护龄期不同的固结体冻融循环后的结构承载能力不同，单轴压缩后形成了如图 6.9 所示的各种不同的形态。

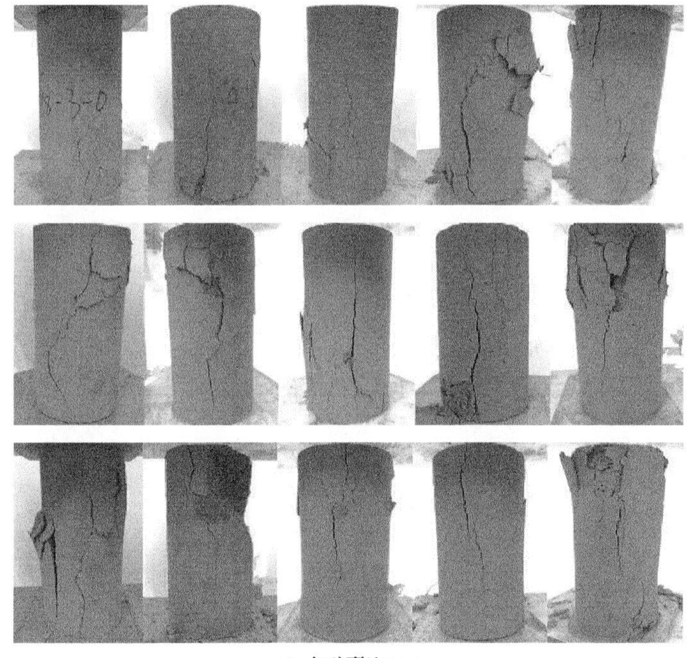

(a) 灰砂配比1：4

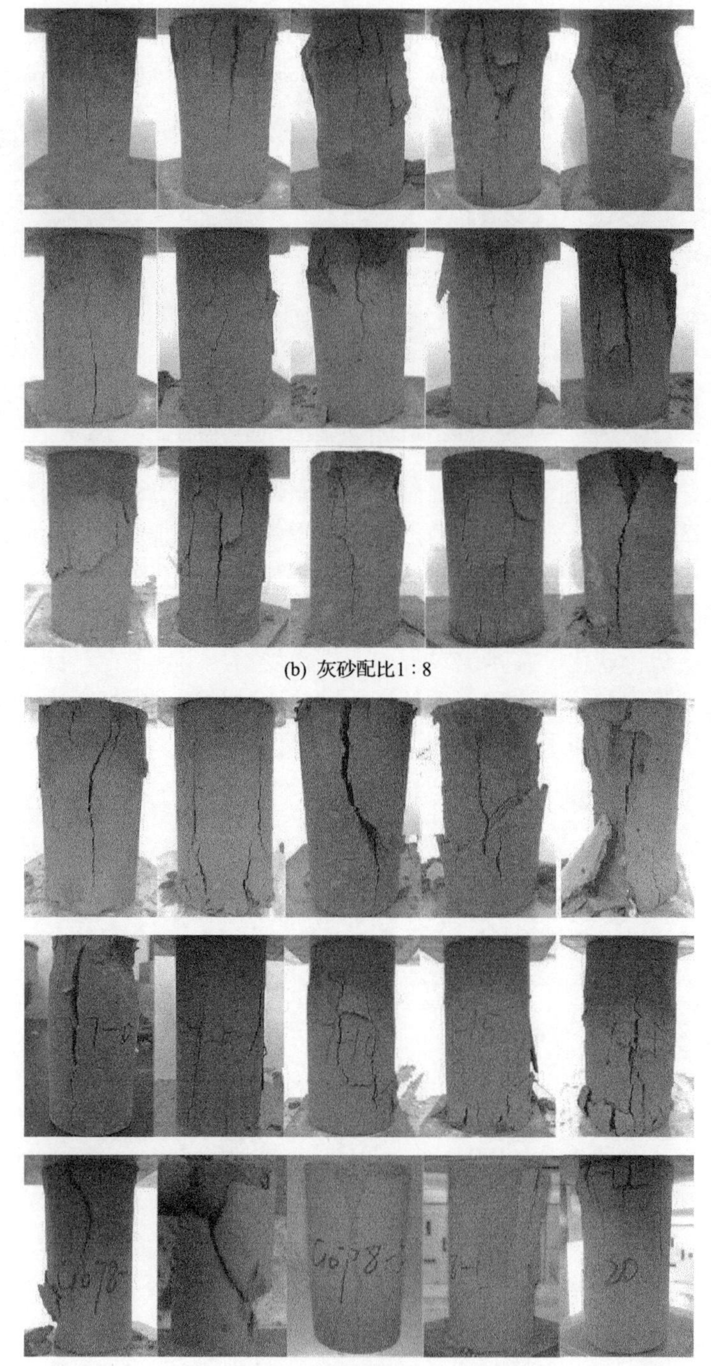

(b) 灰砂配比1∶8

(c) 灰砂配比1∶10

图 6.9　固结体单轴压缩破坏形态

6.4.2　冻融循环对全尾砂固结体微观结构的影响

冻融循环对固结体的损伤是不断累积的过程，因此了解冻融循环过程中微观结构的发展情况对深入研究冻融循环对固结体的损伤具有重要意义。扫描电子显微镜常用来观察物质微观结构和外貌特征，在生物和材料等领域得到广泛应用。其工作原理是利用二次电子信号成像来观察样品的表面形态，当一束高能入射电子轰击物质表面时，被激发的区域将会产生二次电子和背散射电子。根据高能电子和物质相互作用时不同信息的产生机理，采用不同的信息检测器采集信息，得到物质的微观形貌特征，反映样品的表面形态结构。以 C1078 组试件为例，采用扫描电子显微镜对完成不同次数冻融循环后的固结体进行观察。

固结体试件在放大 500 倍、1000 倍、5000 倍、10000 倍下的观测图片如图 6.10 所示，可见在放大 500 倍和 1000 倍时，观察到的仍为试样的大块结构，微观结构不明显，而在放大达到 5000 倍和 10000 倍时，试样的内部微观结构得以较好地呈现，因此选用 10000 为尾矿固结体微观结构的观察倍数。

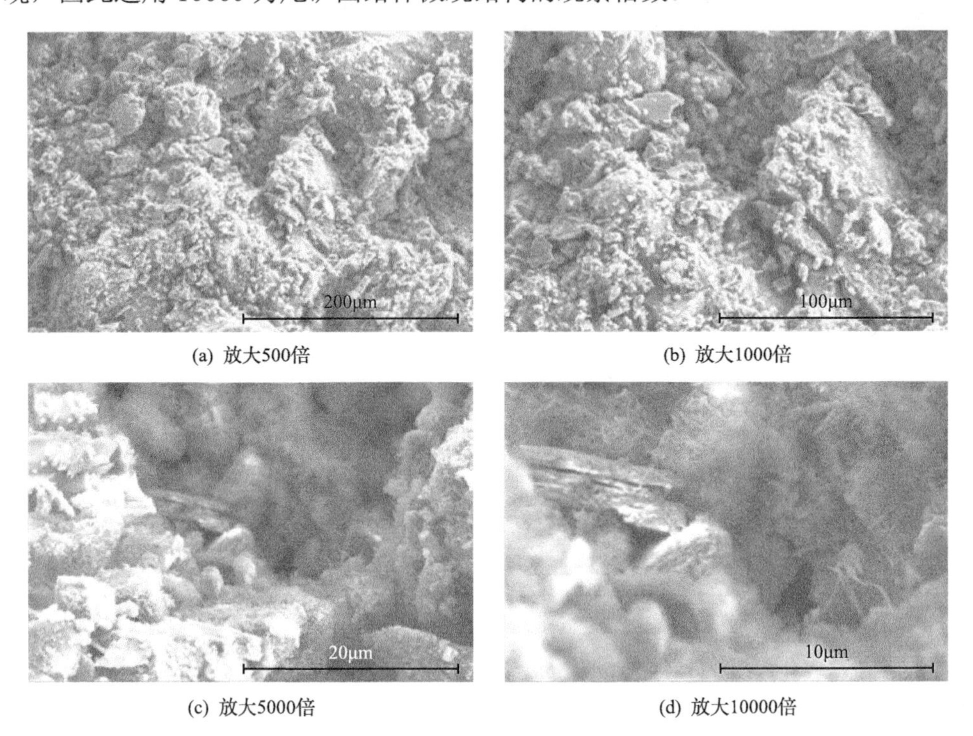

(a) 放大500倍　(b) 放大1000倍

(c) 放大5000倍　(d) 放大10000倍

图 6.10　不同倍数下的扫描图片

选择养护时间为 28d 的两组试件来观察分析不同次数冻融循环后固结体的微观结构，灰砂配比 1∶10，养护龄期 7d 和 28d 的固结体试件在冻融循环 0 次、5 次、15 次和 20 次的扫描图片如图 6.11 和图 6.12 所示。

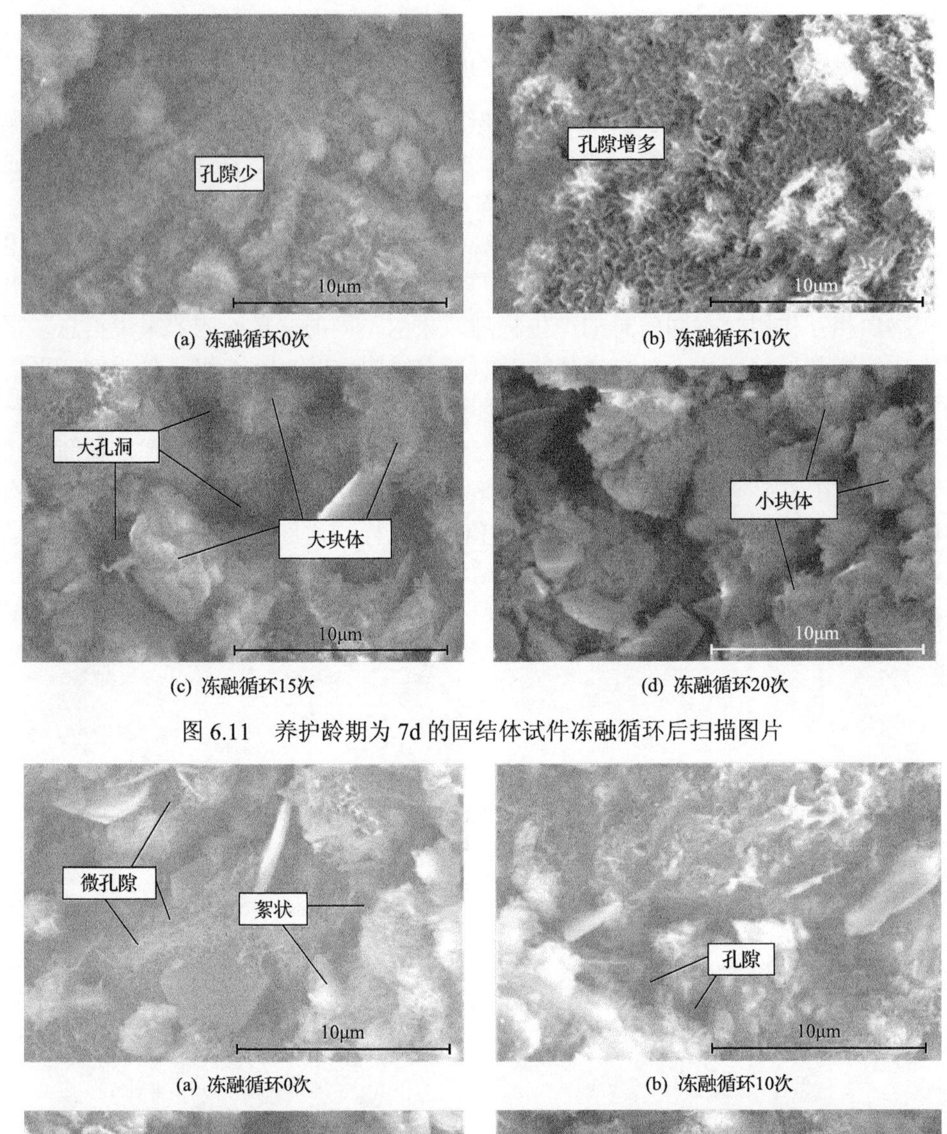

(a) 冻融循环0次　(b) 冻融循环10次

(c) 冻融循环15次　(d) 冻融循环20次

图 6.11　养护龄期为 7d 的固结体试件冻融循环后扫描图片

(a) 冻融循环0次　(b) 冻融循环10次

(c) 冻融循环15次　(d) 冻融循环20次

图 6.12　养护龄期为 28d 的固结体试件冻融循环后扫描图片

从图 6.11 和图 6.12 可以看出，在试件未进行冻融及冻融循环初期，固结体内部以絮状结构存在，整体结构相对密实，孔隙较小，絮状、板块状水化产物氢氧化钙、钙矾石以及水化硫铝酸钙等紧密地将尾砂颗粒包裹，孔隙微小且均匀，如图 6.11(a)和图 6.12(a)所示。随着冻融循环次数的增加，试样内部絮状体消失，微孔隙开始增大、连接，形成蜂窝状、针状相互交叉的形态结构，整体性仍然较好，如图 6.11(b)和图 6.12(b)所示。当冻融循环次数为 15 次时，试样内部孔隙继续增大，微孔隙连接形成裂缝，裂缝不断贯通、发展、连接周边微孔隙，使固结体内部整体结构发生变化，形成体积较大的块状体堆积形态，块状体以蜂窝状、针状交叉结构存在，整体结构变得疏松，如图 6.11(c)和图 6.12(c)所示。当冻融循环次数达到 20 次时，试样的絮状、蜂窝状结构较少存在，主要以小体积的板块状体存在，结构整体性进一步破坏，微孔隙数量较少，大都以中等以上较大孔洞存在，块状结构内部孔隙形成片网状的疏松形态，如图 6.11(d)和图 6.12(d)所示。在冻融循环过程中，固结体内部孔隙与结构变化主要是孔隙中的水分在冻结过程中体积膨胀，导致孔隙不断增大；在融化过程中体积缩小，导致微裂隙发展、连接，进而将固结体分裂成块状体并使块状体间不断贯通。说明在冻融循环过程中，固结体内部孔隙经历了不断增大、发展，最终贯通形成连续大孔洞，进而使固结体整体结构从密实状态向疏松状态发展。

6.5　基于超声波的固结体冻融损伤评价

全尾砂固结体是水化产物和尾砂凝结成的多相复合材料，其内部结构复杂，存在大量的孔隙和不可避免的微裂隙，尾砂、水泥以及水泥水化反应的生成产物连接在一起，形成了不同的接合面，如尾砂颗粒与水泥的接合面、尾砂与水化产物的接合面、孔隙与水化产物的接合面等。超声波在固结体中传播，不可避免地会遇到这些接合面，在接合面上，超声波将发生反射、折射等现象。当超声波在传播过程中遇到孔隙或孔隙水形成的异质薄层时，会发生折射、反射等现象并穿过异质薄层继续进行传播；当波长大于孔洞时，会发生绕射现象。超声波传播路径中发生的各种物理变化延长了到达接收面的距离，造成超声波能量逐渐衰减，使超声波波速降低、传播时间加长，因此超声波在全尾砂固结体中的传播情况要比在单一介质中的传播复杂得多。对于含裂隙较多的全尾砂固结体，其内部损伤不可能用声波法全部测得，而且在冻融循环过程中固结体结构不断变化，因此只能通过超声波的不同参数来反映固结体结构的不同之处，间接反映冻融循环对固结体的损伤程度。

6.5.1　灰砂配比对固结体超声波波速的影响

不同灰砂配比的固结体试件在冻融循环过程中的超声波波速如图 6.13 所示。

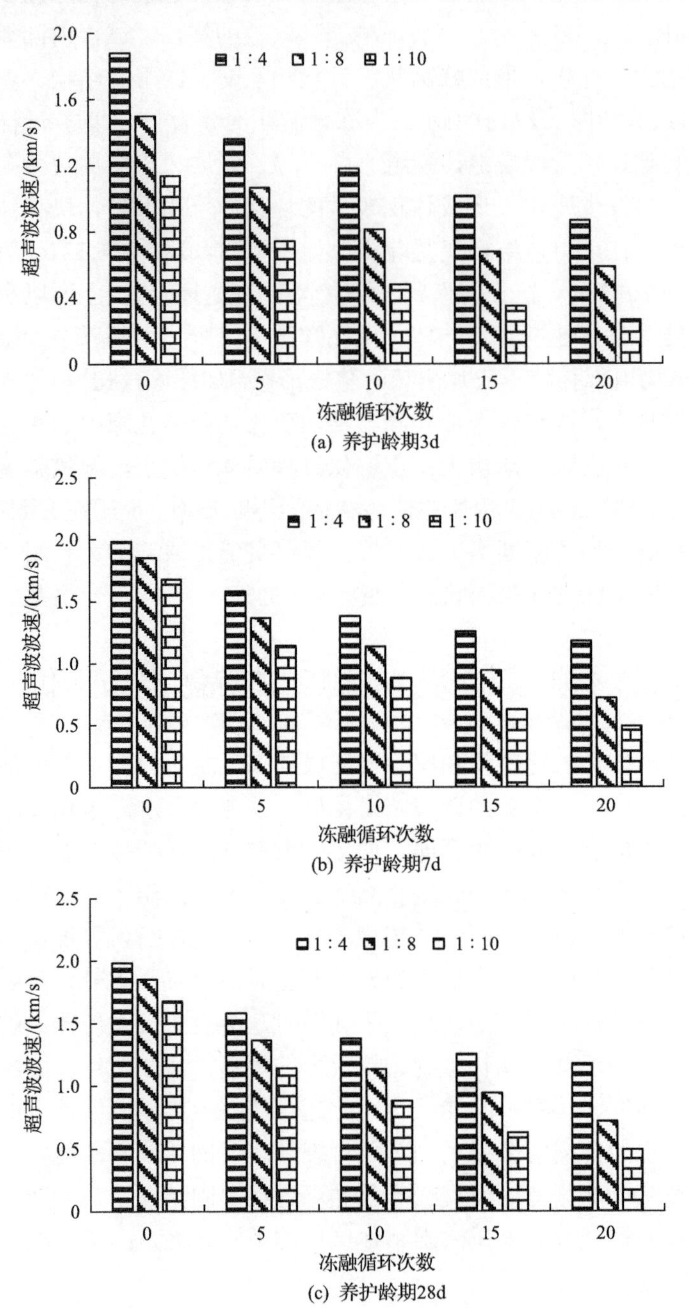

(a) 养护龄期3d

(b) 养护龄期7d

(c) 养护龄期28d

图 6.13　冻融循环过程中不同灰砂配比的固结体试件超声波波速

从图中可以看出，在冻融循环过程中，当养护龄期、冻融循环次数相同时，灰砂配比越大，固结体的超声波波速越大。与上述情况相同，超声波通过固结体的波速与固结体的孔隙结构、含水率等有较大关系，当养护龄期相同时，灰砂配比越大，水泥水化反应越剧烈，消耗的水分和生成的水化产物越多，固结体内部孔隙越小，含水率越小，固体介质结构联结性较好，超声波传播时在孔隙中水分、气体与固结体的接合面发生的反射、折射等物理现象较少，因此其能量损失较少，在穿过固结体后仍能保持相对较大的波速。

通过观察不同养护龄期的固结体在 0 次冻融循环的超声波波速，发现随着养护龄期的增加，三组不同灰砂配比的固结体试件超声波波速相差逐渐减小。在养护龄期为 3d 和 7d 时，三组不同灰砂配比的固结体试件超声波波速相差很大；在养护龄期达到 28d 时，三组不同灰砂配比的固结体试件超声波波速基本一致，只有很小的差别。其主要原因与固结体内部水化反应程度和含水率有直接关系，当养护龄期较短时，固结体内部孔隙结构含水率均较大，灰砂配比越大的固结体试件水化反应速率越快，能在相同时间内消耗较多的水分，生成较多的水化产物，水化产物在尾砂颗粒表面积聚，导致孔隙减少，进而使得固体介质的联结性增强，超声波在传播过程中穿过固液接合面损失的能量较少，因此养护龄期较短时，不同灰砂配比的试件超声波波速差距较大。当养护龄期达到 28d 时，不同灰砂配比的固结体内部水化反应基本已完成，尾砂颗粒与水化产物的联结基本完成，不同灰砂配比试件结构的主要不同在于固体颗粒团的大小，灰砂配比较大的固结体生成的大量水化产物将尾砂颗粒包裹并联结在一起形成较大的颗粒团，而灰砂配比较小的固结体生成的水化产物只是将尾砂颗粒间的孔隙部分填充联结，虽然不同灰砂配比的固结体整体结构上仍存在较大差距，但是超声波在固结体内部的传播路径差异性较小，所以在养护龄期较长时，不同灰砂配比的超声波波速相差较小。

6.5.2　冻融循环次数对固结体超声波波速的影响

固结体在不同次数冻融循环后的超声波波速如表 6.5 和图 6.14 所示。可以看出，在冻融循环过程中，固结体的超声波波速随冻融循环次数的增加而不断减小。这是因为在冻融循环过程中，固结体内的孔隙水冻结而体积膨胀，进而产生膨胀力，对固结体结构造成损伤，在融化过程中虽有一定的恢复，但损伤是不可逆的，所以固结体的原有孔隙增大，没有孔隙的部分产生微裂隙。同时融化导致含水率不断增大，使得在冻结过程中形成的微裂隙不断扩展延伸，孔隙不断增大、连接。超声波在孔隙传播过程中发生较多的反射、折射且不断被吸收，造成波速不断减小。

表 6.5 不同次数冻融循环后试样的超声波波速变化

试件编号	3d		7d		28d	
	波速/(km/s)	减小量/(km/s)	波速/(km/s)	减小量/(km/s)	波速/(km/s)	减小量/(km/s)
C478-0	1.880	—	1.984	—	2.137	—
C478-5	1.359	0.521	1.582	0.402	1.825	0.312
C478-10	1.179	0.180	1.381	0.201	1.645	0.180
C478-15	1.012	0.167	1.256	0.125	1.498	0.147
C478-20	0.865	0.147	1.179	0.077	1.412	0.086
C878-0	1.498	—	1.852	—	2.101	—
C878-5	1.064	0.434	1.366	0.486	1.678	0.423
C878-10	0.812	0.252	1.136	0.230	1.404	0.274
C878-15	0.676	0.136	0.943	0.193	1.225	0.179
C878-20	0.584	0.092	0.716	0.227	1.147	0.078
C1078-0	1.135	—	1.678	—	2.083	—
C1078-5	0.741	0.394	1.142	0.536	1.382	0.701
C1078-10	0.476	0.265	0.880	0.262	1.025	0.357
C1078-15	0.347	0.129	0.625	0.255	0.863	0.162
C1078-20	0.262	0.085	0.489	0.136	0.767	0.096

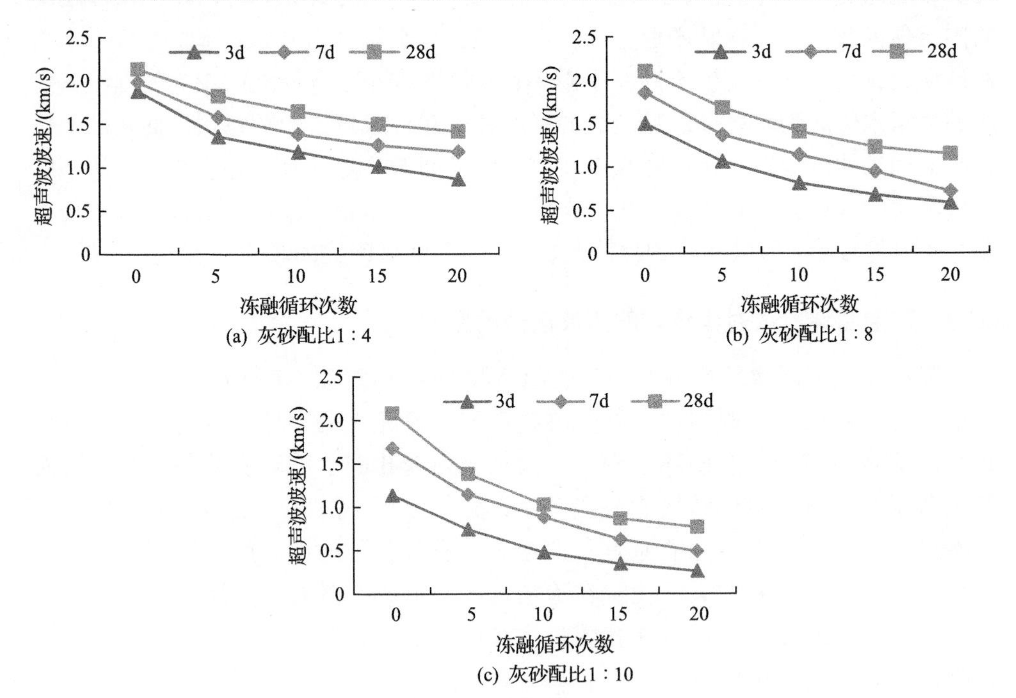

(a) 灰砂配比1∶4

(b) 灰砂配比1∶8

(c) 灰砂配比1∶10

图 6.14 不同冻融循环次数时固结体试件的超声波波速

通过观察每 5 次冻融循环的超声波波速减小量，可以发现与固结体强度一样，冻融循环前 5 次的超声波波速减小量最大，并随着冻融循环次数的增加，减小量不断减小。其原因主要是冻融循环前期，固结体处于不饱和状态，在冻融循环的融化阶段，固结体会从周围环境吸收大量的水分，大量的水分在冻结过程中会对固结体造成结构上的巨大损伤，所以前 5 次冻融循环波速减小量最大，之后随着冻融循环的次数增加，固结体逐渐趋于饱和，其内部结构的水分变化较小，冻融循环过程只是内部水分的重新分布，固结体结构的变化也较小，故超声波波速减小量较小。

为了得到冻融循环过程中全尾砂固结体超声波波速与冻融循环次数的定量关系，分别对不同灰砂配比、不同养护龄期固结体的超声波波速与冻融循环次数进行非线性拟合，建立固结体超声波波速与冻融循环次数的数学函数模型。经过多次拟合得出，固结体的超声波波速与冻融循环次数遵循对数关系，如图 6.15 所示，随着冻融循环次数的增加，曲线逐渐趋于平缓。固结体超声波波速与冻融循环次数的定量关系式如表 6.6 所示，其相关系数高达 0.98 以上，表明回归效果较好，曲线能较好地反映超声波波速与冻融循环次数的关系。拟合公式为

$$v = a\ln n + b \quad (a<0,\ b>0) \tag{6.7}$$

式中，v 为超声波波速(km/s)。

通过观察表 6.6 中系数 a 和系数 b 可知，当灰砂配比一定时，养护龄期越大，系数 b 越大，而系数 a 没有明显的规律。

6.5.3 固结体强度与超声波波速的关系

作为一种有效的无损监测手段，超声波波速能够有效地反映冻融循环过程中固结体内部结构的变化，但是固结体的质量情况应落实在力学参数上[9,10]。因此，有必要将超声波与固结体的力学参数联系起来。接下来将固结体的单轴抗压强度与超声波波速进行联结，建立冻融循环过程中单轴抗压强度与超声波波速的定量关系，在不破坏固结体的情况下通过超声波的无损监测对固结体的力学性能进行鉴定。

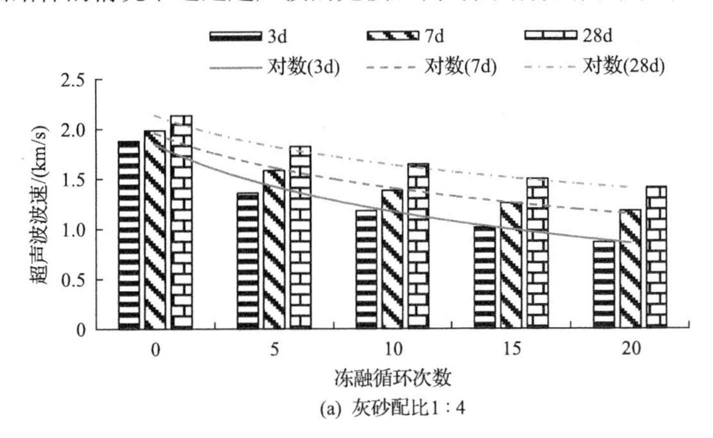

(a) 灰砂配比1：4

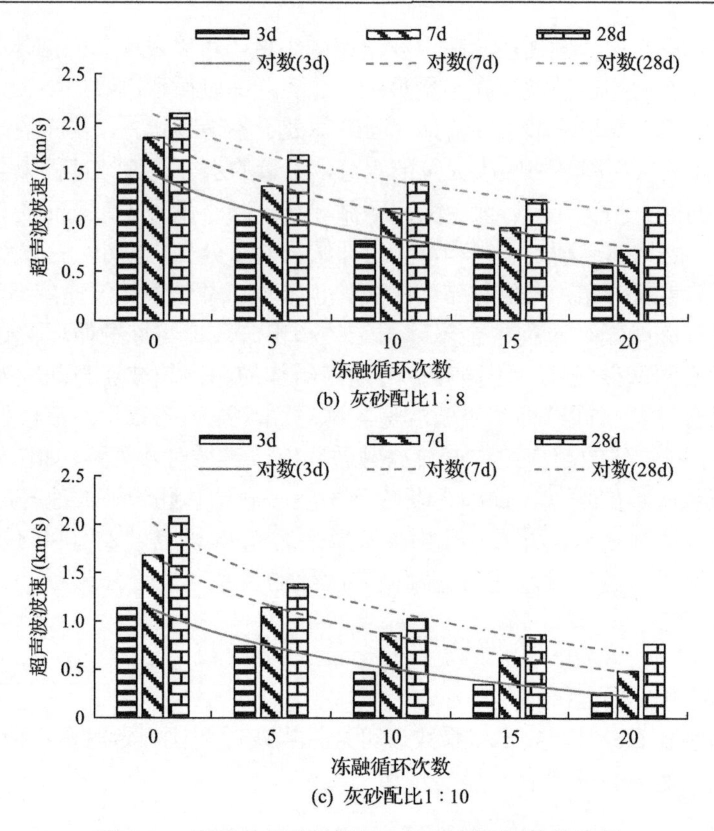

(b) 灰砂配比1∶8

(c) 灰砂配比1∶10

图 6.15　固结体超声波波速与冻融循环次数的关系

表 6.6　固结体超声波波速与冻融循环次数的拟合关系式

灰砂配比	养护龄期/d	拟合关系式	a	b	R^2
1∶4	3	$y=-0.616\ln x+1.8488$	–0.616	1.8488	0.9914
	7	$y=-0.505\ln x+1.9599$	–0.505	1.9599	0.9928
	28	$y=-0.454\ln x+2.1382$	–0.454	2.1382	0.9995
1∶8	3	$y=-0.576\ln x+1.4783$	–0.576	1.4783	0.9948
	7	$y=-0.683\ln x+1.8563$	–0.683	1.8563	0.9947
	28	$y=-0.609\ln x+2.0943$	–0.609	2.0943	0.9963
1∶10	3	$y=-0.555\ln x+1.1232$	–0.555	1.1232	0.9948
	7	$y=-0.741\ln x+1.6726$	–0.741	1.6726	0.9986
	28	$y=-0.833\ln x+2.0212$	–0.833	2.0212	0.9810

将不同灰砂配比、不同养护龄期的固结体试件在冻融循环过程中的单轴抗压强度与超声波波速数据一一对应，并对固结体单轴抗压强度与超声波波速的关系用非线性函数模型进行拟合，建立固结体单轴抗压强度与超声波波速的数学函数模型。灰砂配比为 1∶4、1∶8、1∶10 的固结体在冻融循环过程中的单轴抗压强

度与超声波波速的拟合曲线如图 6.16 所示，固结体单轴抗压强度与超声波波速遵循对数关系，单轴抗压强度越大，其波速就越大，其相关系数均在 0.96 以上，拟合效果较为显著。

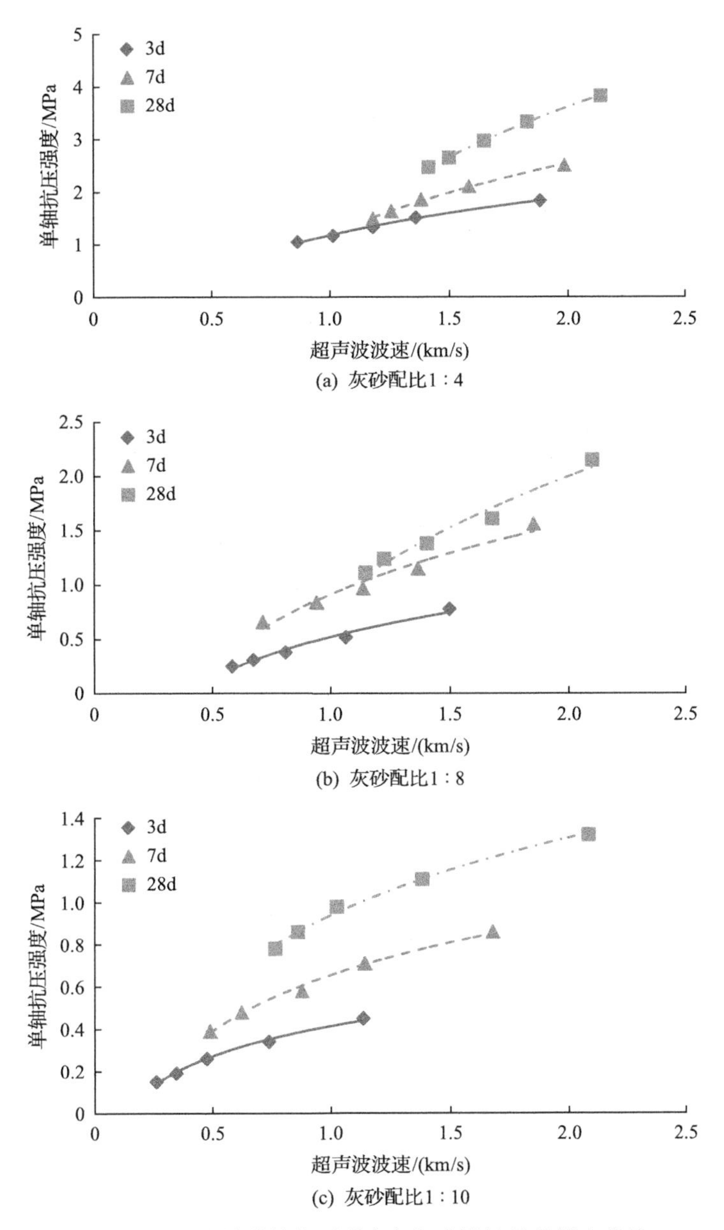

(a) 灰砂配比1∶4

(b) 灰砂配比1∶8

(c) 灰砂配比1∶10

图 6.16　固结体单轴抗压强度与超声波波速的拟合曲线

固结体单轴抗压强度与超声波波速的拟合关系式如表 6.7 所示，拟合公式为

$$\sigma = a\ln v + b \quad (a>0, b>0) \tag{6.8}$$

表 6.7　固结体单轴抗压强度与超声波波速的拟合关系式

灰砂配比	养护龄期/d	拟合关系式	a	b	R^2
1∶4	3	$y = 1.0287\ln x + 1.1785$	1.0287	1.1785	0.9962
	7	$y = 1.931\ln x + 1.196$	1.931	1.196	0.9965
	28	$y = 3.3106\ln x + 1.3133$	3.3106	1.3133	0.9996
1∶8	3	$y = 0.5566\ln x + 0.5227$	0.5566	0.5227	0.9782
	7	$y = 0.936\ln x + 0.9119$	0.936	0.9119	0.9667
	28	$y = 1.6384\ln x + 0.8625$	1.6384	0.8625	0.9713
1∶10	3	$y = 0.2044\ln x + 0.4134$	0.2044	0.4134	0.9927
	7	$y = 0.3813\ln x + 0.6546$	0.3813	0.6546	0.9939
	28	$y = 0.5296\ln x + 0.9391$	0.5296	0.9391	0.9935

从表 6.7 可以看出，当灰砂配比相同时，系数 a、b 与养护龄期呈正相关关系，养护龄期越大，系数 a 和 b 越大；当养护龄期相同时，系数 a 与灰砂配比呈正相关关系，灰砂配比越大，系数 a 越大。

参 考 文 献

[1] 阎文庆. 国内外尾矿贮存堆放方法及应用[J]. 金属矿山, 2016, 46(9): 1-14.

[2] 邓文, 江登榜, 杨波, 等. 我国铁尾矿综合利用现状和存在的问题[J]. 现代矿业, 2012, 28(9): 1-3.

[3] 侯运炳, 唐杰, 魏书祥. 尾矿固结排放技术研究[J]. 金属矿山, 2011, 40(6): 59-62.

[4] 杨永浩. 冻融循环作用下尾矿力学特性的试验研究[D]. 重庆: 重庆大学, 2014.

[5] 邢凯. 冻融循环下混凝土力学性能试验及损伤演化研究[D]. 西安: 长安大学, 2015.

[6] 徐光苗, 刘泉声. 岩石冻融破坏机理分析及冻融力学试验研究[J]. 岩石力学与工程学报, 2005, 24(17): 3076-3082.

[7] 倪万魁, 师华强. 冻融循环作用对黄土微结构和强度的影响[J]. 冰川冻土, 2014, 36(4): 922-927.

[8] 郑郧, 马巍, 邴慧. 冻融循环对土结构性影响的机理与定量研究方法[J]. 冰川冻土, 2015, 37(1): 132-137.

[9] 张慧梅, 杨更社. 冻融岩石损伤劣化及力学特性试验研究[J]. 煤炭学报, 2013, 38(10): 1756-1762.

[10] 刘泉声, 黄诗冰, 康永水, 等. 岩体冻融疲劳损伤模型与评价指标研究[J]. 岩石力学与工程学报, 2015, 34(6): 1116-1127.